我们一起解决问题

桑德尔·费伦齐的心理遗产
从幽灵到先驱

The Legacy of Sándor Ferenczi
From Ghost to Ancestor

［美］ 艾德丽安·哈里斯（Adrienne Harris） 主编
史蒂文·库查克（Steven Kuchuck）

崔界峰 等 译

人民邮电出版社
北　京

图书在版编目（CIP）数据

桑德尔·费伦齐的心理遗产：从幽灵到先驱 / （美）艾德丽安·哈里斯（Adrienne Harris），（美）史蒂文·库查克（Steven Kuchuck）主编；崔界峰等译. -- 北京：人民邮电出版社，2023.4（2023.12重印）
ISBN 978-7-115-60622-8

Ⅰ．①桑… Ⅱ．①艾… ②史… ③崔… Ⅲ．①精神分析 Ⅳ．①B841

中国版本图书馆CIP数据核字(2022)第231274号

内 容 提 要

桑德尔·费伦齐是谁？他是精神分析大师弗洛伊德最具天赋的学生，也是其最著名的病人、同事、继承者和对手。他的一生充满了传奇色彩，作为一名精神分析学家、教授和讲师，他极负盛名、非常有影响力且相当受欢迎。然而，随着他对精神分析理论与实践的深入探索和研究，他与弗洛伊德及其追随者之间产生了不可调和的分歧和矛盾，最终导致他许多作品被禁止翻译或出版。他也因此成为精神分析恢宏历史上的一个幽灵。

在本书中，两位编者携手众多国际领先的费伦齐研究学者为桑德尔·费伦齐正名，通过讲述其人生故事、研究理论和临床技术，描绘了其工作对自我心理学、客体关系理论，以及当代关系性精神分析发展的影响，并恢复了其应有的先驱地位。

本书涵盖丰富的临床片段、最新发掘的历史资料和当代的理论探索，兼具故事性和专业性，对所有心理学理论背景的临床医生、心理治疗师、学者，以及历史学家都有很大的参考价值和收藏价值。

◆ 主　　编　［美］艾德丽安·哈里斯（Adrienne Harris）
　　　　　　　［美］史蒂文·库查克（Steven Kuchuck）
　　译　崔界峰　等
　　责任编辑　黄海娜
　　责任印制　彭志环

◆ 人民邮电出版社出版发行　　北京市丰台区成寿寺路 11 号
　　邮编 100164　　电子邮件 315@ptpress.com.cn
　　网址 https://www.ptpress.com.cn
　　涿州市般润文化传播有限公司印刷

◆ 开本：720×960　1/16
　　印张：24　　　　　　　　　　　　2023 年 4 月第 1 版
　　字数：300 千字　　　　　　　　　2023 年 12 月河北第 2 次印刷
　　　　　著作权合同登记号　图字：01-2022-5751 号

定　价：118.00 元

读者服务热线：（010）81055656　印装质量热线：（010）81055316
反盗版热线：（010）81055315
广告经营许可证：京东市监广登字20170147号

纪念马丁·S.伯格曼（Martin S. Bergmann，1913–2014）和
吉尔吉·海德思（György Hidas，1925–2012）。

他们是火焰的守护者，
费伦齐的著作、传说和意义的保护者。

感谢他们和本书中的所有人，是他们帮助保存了费伦齐的著作并
将其赋予活力。我们所有人都感谢他们的贡献。

简介

  《桑德尔·费伦齐的心理遗产》一书首版于1993年，由刘易斯·阿隆（Lewis Aron）和艾德丽安·哈里斯主编，是首批阐明费伦齐对精神分析的宝贵贡献及他对当代临床医生和学者的持续影响的著作之一。在这一开创性工作的基础上，本书汇集了国际领先的费伦齐研究学者的论述，报告了关于费伦齐及其追随者的未发表的数据。

  许多人，包括西格蒙德·弗洛伊德（Sigmund Freud）自己在内，都认为桑德尔·费伦齐是弗洛伊德分析过的最具天赋的病人和学生。在费伦齐职业生涯的大部分时间里，他作为一名精神分析师、老师和演讲者，极负盛名，非常有影响力且备受欢迎。后来，费伦齐与弗洛伊德及其追随者之间出现了不可调和的分歧，这使他的许多著作被拒绝翻译或被禁止出版，他也被指责为精神失常和孤僻自闭。在本书中，两位编者探索了最新发现的历史和理论材料是如何让费伦齐的理论恢复其合法性和卓越性的地位的。他的著作一直影响着精神分析理论与实践，并涵盖了许多重要的当代精神分析主题，如分析过程、元心理学、人格结构、创伤、性欲，以及精神分析工作的社会方面及革新性方面。

  本书阐释了费伦齐的先驱性工作与随后的精神分析革新之间的直接关联，书中呈现的丰富的临床片断、新发掘的历史数据和当代的理论探索，将引起来自所有理论背景的临床医生、学者和历史学家的极大兴趣，并具有应用价值。

  本书的编者之一艾德丽安·哈里斯是美国纽约大学心理治疗和精神分析博士后项目的教师和督导师，北加州精神分析学院的教师和精神分培训师,《精神分析对话》(*Psychoanalytic Dialogues*)、《性别与性欲研究》(*Studies in Gender and Sexuality*)、《精神分析视角》(*Psychoanalytic Perspectives*)和《美国精神分析协会学报》(*Journal of the American Psychoanalytic Association*)的编委会成员，以及劳特利奇的《关系性视角系列丛书》(*Relational Perspectives Book Series*，RPBS)的联合主编。

　　本书的另一位编者史蒂文·库查克是执业临床社会工作者，美国国家心理治疗学院精神分析成人培训项目的教师、督导师和常务理事，斯蒂芬·米切尔关系取向研究中心(Stephen Mitchell Center for Relational Studies)的教师，以及《精神分析视角》的主编和劳特利奇的《关系性视角系列丛书》的副主编。

推荐语

桑德尔·费伦齐想让他的同事和学生用他们自己的方式并遵照他们自己的兴趣和人格进行思考和工作。这可以部分地解释，为什么不同理论背景的治疗师和分析师持续地被他的主张吸引。费伦齐或许是第一位，可能也是唯一一位不去谈精神分析的培训，而是遵循自己的节奏（不仅仅是遵照一个预定的过程）来学习的精神分析师。这本重要的新书阐释了费伦齐关于精神分析的独特观点，并做了总结和扩充，使得精神分析师能够从他的著作宝库中发现有价值的东西。本书还提供了费伦齐的个人历史，以及这些历史如何影响他思考人类、世界、精神分析和他自己的方式。

——朱迪思·杜邦（Judith Dupont），博士
费伦齐的临床日记和代表性论文的编辑，2013 年西格尼奖获得者

本书是由来自不同背景的临床医生和学者为了纪念费伦齐而撰写的论文集，作为弗洛伊德最亲密的朋友与合作者，费伦齐对精神分析理论与实践具有开创性贡献，他的这些贡献却曾被许多同时代的人轻视和排挤。本书敏锐地阐明了费伦齐的观点与当代精神分析思想趋势的联系，在重新将费伦齐的遗产恢复至它在历史上应有的合理位置的道路上，迈出了重要的一步。

——彼得·T. 霍弗（Peter T. Hoffer），博士
费城精神分析中心，《弗洛伊德 - 费伦齐的通信记录》
（*The Correspondence of Sigmund and Sándor Ferenczi*）的译者

当《桑德尔·费伦齐的心理遗产》（*The Legacy of Sándor Ferenczi*）一书在 1993 年出版时，费伦齐在精神分析界经常是被忽略或边缘化的。这本书是"费伦齐文艺复兴"的重要组成部分，它作为精神分析观念的一个突出示例表明，过去总在变化。本书以一种不同的氛围呈现出费伦齐从流放中归来的图景，给我们带来了极大的收益。在本书中，来自世界各地的杰出学者证实了当代费伦齐学术的持续生命力，并照亮了他的一生及他那令人振奋的革命性观点的发展。

　　　　　　　　　　——伊曼纽尔·伯曼（Emanuel Berman），博士
　　　　　　　　　　以色列精神分析学会

推荐序一

　　能为本书作序，我感到特别荣幸。这是一本被称为"费伦齐思想复兴"的论文集，通过它，我们重新发现了作为许多当代精神分析思潮的创新者和先驱的费伦齐。我也要感谢崔界峰医师，因为他主持翻译了本书，并通过本书首次将费伦齐的分析工作所引发的持续性学术争论，引入方兴未艾的中国精神分析学术领域。

　　费伦齐在 1908 年遇到了西格蒙德·弗洛伊德，并很快成为他最亲密的学生、合作者和朋友。他们之间的关系经常被描述为一种互补的关系，表现在个性和兴趣两个方面：当弗洛伊德专注于抽象的理论问题时，费伦齐则一心想要治愈病人，并努力将自己投身其中。正如朱迪思·杜邦博士的精彩总结："在他们二人当时的生活环境中，这种差异已经显而易见了：当谈到'教授'时，人人都知道这是指弗洛伊德；而当谈到'医生'时，除了费伦齐以外，也别无他指了。"随着时间的推移，这种差异便演变成了精神分析理论与实践之间的差异。

　　特别需要指出的是，费伦齐对弗洛伊德的分析原则提出了批评，分析原则即分析师在倾听和诠释时需要且必须保持克制，并控制自己的情绪反应（弗洛伊德曾说过，分析师必须像一名"外科医生"一样保持清醒，显然，他在手术过程中不能被情绪干扰）。费伦齐与弗洛伊德之间的分歧，本质上是关于如何看待和处理反移情的问题，而反移情这一概念是弗洛伊德在 1909—1910 年首创的，直到 1970 年，除了极少数情况以外，反移情一直被认为是治疗过程中必须掌控和抑制的一种障碍。根据费伦齐的说法，弗洛伊德在经历了一些失望后，从最初对神经症患者的治疗时的强烈情感卷入中退回来，并逐渐转变为心生怀疑态度。弗洛伊德未能解决自己的反移情问题，而是选择远离受创伤的病人，从自然科学家的唯物主义思想那里寻求庇护，因为自然科学家并不会有任何情感卷入其中。

情感的卷入与不卷入之间的选择是一个十字路口，从此二者分道扬镳并通向完全不同的地方。费伦齐选择的这条道路，不仅让他重新发现了创伤是一个主要的致病因素，也让他发现了创伤的后遗症并不是被压抑的痛苦事件的记忆，也不是记忆残痕，而是病人心中产生的变化，表现为自体的分裂，这在相关记忆缺失的情形下尤为突出。对费伦齐来说，情感和智力之间的分离，或者更根本地讲，被定格的、已经死亡的或将要死亡的情感部分，与清醒的和偏执的智力之间的分离，正是创伤的典型印记。

在《精神分析技术的弹性》（*The Elastic of Psychoanalytic Technique*，1928）一文中，费伦齐将精神分析描述为"一个在我们眼前自行呈现的流动发展过程，而不是一个由建筑师预先强加设计的结构"。在这篇论文中，费伦齐建议分析师在临床工作中不应该遵循某一种理论体系来指导分析，而是要以让自己设身处地去理解别人的共情能力作为指引。因此，他提出了"共情"（einfühlung，德文）原则，尽管这一原则在今天已经被广泛认可，但在当时却遭到了弗洛伊德的强烈反对。当时，共情的概念并不属于精神分析词汇的一部分，因为共情的概念强调的是"主观"维度，这与激发弗洛伊德的科学家认同的"客观"维度完全相悖。

此外，费伦齐认为，分析师必须准备好倾听病人的抱怨，并且在他们面前承认自己的错误。根据他的临床经验，他观察到客观和冷漠的分析师利用他的知识和权威使自己高高在上、无法接近，把病人的心智一分为二，并将病人的感受没收。通过放弃这一自觉舒适的姿态，分析师可以使病人更加自由，并给他们注入勇气，让他们畅所欲言。

冷漠的分析师可能会被诱导让病人重复体验过去曾经体验过的被拒绝的感受。事实上，费伦齐注意到，病人表现出重复寻求更好的解决办法的强烈冲动，而在治疗情境中，其结果在很大程度上取决于分析师的情感回应。分析师的回应必须区别于造成病人最初的创伤和分裂的回应，这样的回应才具有修复作用。如果病人仍然抱有这样的想法，即"这种事不会发生在我身上，即便发生了，也不会有人来帮我"，那么，他就"宁愿怀疑自己的判断，也不会信任我们的冷淡及我们的情感……"，这在费伦齐的《临床日记》（*Clinical Diary*）一书中有所描述，它是一部无与伦比的著作，写于费伦齐早逝前不久的 1932 年。

费伦齐在早期对分析情境下的强迫性重复的重要性的倡议，以及他从 1929—1932 年的贡献，均被主流精神分析界称为"异端邪说"，并被说成他多年来患有的精神障碍的一种症状，这在欧内斯特·琼斯（Ernest Jones）所编著的《西格蒙德·弗洛伊德的生活和工作》（*Sigmund Freud Life and Work*，1957）第三卷中有所描述。尽管上述诬蔑没有任何证据的支持，但琼斯的诬蔑严重影响了费伦齐的名誉的恢复进程，并阻碍了他的著作《临床日记》的出版，这进一步导致费伦齐的思想教学内容从多数精神分析培训项目中被取消（Bonomi，1998）。

《临床日记》最终于 1985 年出版，并很快成为重新认识费伦齐思想的强有力的工具书。促进费伦齐遗产的复兴和传播的第二件大事，是以完整的形式逐步出版弗洛伊德与费伦齐之间的往来书信，这是一项受到迈克尔·巴林特（Michael Balint，费伦齐的学生中的重要一员）长期珍视的工程，而这一切直到安娜·弗洛伊德（Anna Freud）死后才成为可能。在安德烈·E. 海纳尔（André E. Haynal）的指导下，三卷书信中的第一卷于 1992 年出版（法文版），随后各种语言的版本也相继出版。

促进"费伦齐思想复兴"的另一个重要事件是国际桑德尔·费伦齐大会（International Sándor Ferenczi Conference），它是来自不同学派和取向的分析师相遇并切磋的聚会，创造了一个受费伦齐的学术观点激发的思想交流空间。历届大会的举办时间和举办地点如下：1991 年，纽约；1993 年，布达佩斯；1995 年，圣保罗；1998 年，马德里；1999 年，特拉维夫；2001 年，布达佩斯、伦敦和巴黎；2002 年，多伦多；2004 年，伦敦；2006 年，巴登-巴登；2008 年，米什科尔茨；2009 年，布宜诺斯艾利斯；2012 年，布达佩斯；2015 年，多伦多；2018 年，佛罗伦萨。下一届国际桑德尔·费伦齐大会计划在圣保罗举行。

2015 年，我们成立了由社会团体、研究中心和其他机构组成的国际桑德尔·费伦齐学会（International Sándor Ferenczi Network，ISFN），目的是按照费伦齐预期的发展路线进一步发展精神分析。关于国际费伦齐学会举办的会议、网络研讨会和其他活动的信息可以在相关网站上查寻。

"桑德尔·费伦齐的遗产"是 1991 年举行的第一次国际会议的主题。两年后，学术界以这一主题发表了一系列论文。在当时要么对费伦齐的学术思想一无所知，要么对其怀有敌意的学术环境中，这一主题对唤醒费伦齐的记忆产生了极大影响。

这本同名的新论文集出版于 2015 年，那时学术环境已经完全不同了，精神分析界更能接受费伦齐的学术思想，并乐于接受他的遗产。费伦齐也不再是精神分析界的一个"幽灵"，而是一个公认的精神分析"先驱"。

卡洛·波诺米（Carlo Bonomi）
国际桑德尔·费伦齐学会主席
2022 年 12 月 22 日

推荐序二

很幸运，我率先拿到了本书的中文译稿，让我先睹为快。

关于桑德尔·费伦齐，由于在国内看不到有关他的论文著作出版，因此过去我对他的了解实在太少，只限于道听途说的水平。例如，我曾在中德班的第一期精神分析培训中（1997—1999 年），偶尔听到有的老师幽默地说起费伦齐的"亲吻技术"（kissing technique）、"内摄"（introjection）等概念；后来，我曾遇到一位法国精神分析师高尔泰（Gortais）教授，他声称自己的学术方向是研究费伦齐。我有些不解：费伦齐，有什么可研究的？

现在，这本研究费伦齐的论文集激起了我对他的兴趣，丰富了我对她的认知。

桑德尔·费伦齐是匈牙利的神经病学家和精神分析家，1873 年 7 月 7 日出生于米什科尔茨，他的父亲和母亲都是来自波兰加利西亚自治区的犹太人。在费伦齐 15 岁时，他的父亲去世了。在家乡的新教学校毕业后，费伦齐去维也纳攻读了医学，并于 1894 年在维也纳大学获得了医学博士学位，之后作为内科医生服役于军队。服役期满后，费伦齐开始在神经病学方面私人执业。

费伦齐曾经读过西格蒙德·弗洛伊德的《梦的解析》（*Die Traumdeutung*），在见到弗洛伊德之前，他就对弗洛伊德的工作有了基本的了解，但并没有给弗洛伊德留下深刻的印象。几年后，通过卡尔·古斯塔夫·荣格协会的测验，费伦齐变得更容易接受弗洛伊德的思想。1908 年 2 月 2 日，费伦齐拜访了弗洛伊德，不久他便逐渐成为弗洛伊德最亲近的门徒，并与弗洛伊德一直保持师徒及父子般的关系近 20 年。他不仅经常和弗洛伊德一起旅游，还和弗洛伊德一家一起度过了许多暑假。

1908 年 4 月 27 日，在萨尔茨堡举行的第一届精神分析大会上，费伦齐提出了精神分析学和教育学的观点，第一次致力于将精神分析工作纳入学校课程。由于费伦齐的很多朋友都是作家和艺术家，因此他在布达佩斯文化生活中发挥了重要的作用，并掀起了现代主义文化的风潮。费伦齐成为弗洛伊德思想的发言人，并深受其他作家朋友的欢迎，但是他却遭到了大多数医生群体的批评和拒绝。

从 1908 年起之后的二十多年里，费伦齐与弗洛伊德一直保持着频繁的书信往来，这些书信约有 1400 封，是一场对精神分析史产生深远影响的交流。

1909 年，费伦齐同弗洛伊德、卡尔·荣格（Carl Jung）等一起访问了美国克拉克大学，并帮助弗洛伊德准备学术报告。同年，费伦齐发表了《内摄与移情》（*Introjection and Fransference*）一文，这是他的第一个理论成果，也是他献给弗洛伊德的意义最重大的礼物。

1910 年，在弗洛伊德的建议下，他提出成立国际精神分析协会（International Psychoanalytical Association，IPA），起草了协会章程，和荣格一起出任主席，并于 1913 年和伊斯特万·霍洛斯（István Hollós）、拉霍斯·莱维（Lajos Lévy）、桑德尔·雷多（Sándor Rado）、雨果·伊格诺图斯（Hugo Ignotus）一起成立了匈牙利精神分析协会（Hungarian Psychoanalytical Association）。

1919 年，费伦齐在布达佩斯大学担任精神分析学教授，并于 1933 年 5 月 22 日在布达佩斯逝世，享年 60 岁。

从上述资料中，我们不难看出，费伦齐与荣格同属于弗洛伊德的亲传弟子，他们都是国际精神分析协会的重要缔造者和组织者，也是国际精神分析运动的重要推手。费伦齐曾与荣格一起出任 IPA 的主席，与荣格是同等辈分、同等资历的精神分析学家。但是，在过去的许多年里，费伦齐并没有像荣格那样出名。这究竟是何原因？

　　也许，这跟费伦齐与弗洛伊德之间的情感关系有关。

　　费伦齐 15 岁时父亲去世，他的内心或许一直都在寻找一位精神上的"父亲"。从费伦齐 35 岁初遇弗洛伊德开始，费伦齐就一直对弗洛伊德怀有某种对父亲般的崇敬、认同和期待；同时，费伦齐通过自己长期的临床实践，在治疗病人的过程中获得了很多感悟和体会，创新性地发展出了一套自己的学术理念和操作方法，如关系取向、精神分析师与病人之间进行相互分析等。但是，这没有得到弗洛伊德的充分认可，费伦齐与弗洛伊德及其追随者之间也出现了不可调和的分歧，于是，费伦齐的许多著作被拒绝翻译或被禁止出版，他也被指责为精神失常且孤僻自闭，费伦齐与病人之间的相互分析甚至被弗洛伊德批评为一种危险而疯狂的操作。

　　费伦齐因此被精神分析界冷落、放逐、埋没。

　　对此，富有创新精神、智慧的头脑，而又性情温和的费伦齐，也只是默默地承受，甚至没有进行激烈的反抗，更没有像荣格那样公开地离经叛道。

　　这也许就是费伦齐的命运吧，他的个性特点使他无法像在智力上实现自主那样，做到在情感上保持独立。来自弗洛伊德的批评，让费伦齐备受煎熬。

　　费伦齐与弗洛伊德究竟有哪些不同？

　　简单来说，弗洛伊德在为病人做精神分析治疗的时候，一个经典的场景是：

　　病人躺在斜靠背的躺椅上，闭上双眼，让心灵"飞"一会儿；弗洛伊德则安静地坐在病人的侧背后，不动声色地守候着病人，尽量减少情感卷入，避免让自己的情感"沾染"病人的心灵。只有这样，弗洛伊德才能保持旁观者的理性和医生的权威，并用他那思维缜密的头脑，为病人做出深刻的精神分析理性诠释。

　　尽管弗洛伊德也提出过精神分析是一种"通过爱来治愈"（healing

through love）的心理疗法，但他试图将精神分析中的"移情"爱概念与现实世界中的"真实"爱概念区分开来。

因此，弗洛伊德的这种治疗方法，被后人幽默地称作"一个人的心理治疗"。尽管弗洛伊德始终以病人为中心（主体），他却将自己游离在外。弗洛伊德没有对治疗关系互动给予足够充分的重视。

费伦齐对探索爱的治愈潜力更感兴趣，并重视治疗关系对治愈病人所起的作用。他认为，分析师必须有能力去爱，并在治疗中跟病人有心灵上的连接、情感上的互动，以便更好地帮助遭受过创伤的病人。

在具体操作中，费伦齐对病人报以真诚的态度和尊重，做到了情感自主性和内部心智自由性之间的相互匹配，并始终保持心智和情感的开放性。费伦齐允许自己对病人有情感卷入，让自己的心灵真正参与到和病人的对话中，他甚至尝试跟病人交换角色，让病人做他的"精神分析师"，来分析他的潜意识症结和反移情。这就是当初被认为的所谓的"大胆的相互分析实验"，它被后人感叹为一种精神分析治疗的"先锋式探索"。这种临床试验推动了精神分析朝着"关系取向""双人心理学"的方向发展。

费伦齐关于精神分析的创新思想和关系互动的临床操作方式，直接影响了后来的斯蒂芬·米切尔（Stephen Mitchell）、梅兰妮·克莱茵（Melanie Klein）、玛格丽特·马勒（Margaret Mahler）、威尔弗雷德·比昂（Wilfred Bion）、唐纳德·温尼科特（Donald Winicott）、迈克尔·巴林特等人的学术思想的发展。

可以说，费伦齐在从经典精神分析到现代精神分析理论与实践的历史发展中，占有承前启后的重要地位，这一地位标志着费伦齐不仅是幽灵，而且是先驱。

本书由艾德丽安·哈里斯和史蒂文·库查克主编，共汇集了 17 篇关于费伦齐的研究论文，这些论文的作者分别是临床心理学家、精神分析师、精神病学教授等，他们都是精神分析领域的佼佼者。

感谢中文版译者崔界峰、温贤涛、范娟、成云所付出的辛劳，让本书能够及早与中国读者见面。

　　透过本书，我们能够更加了解精神分析历史的发展脉络，并穿越时空，窥视蒙着神秘面纱的先驱费伦齐，与费伦齐灵犀一遇，发现、丰富和认领他的遗产，重新找回曾经失去的精神分析的知识和智慧，恢复我们曾被切断的与历史的连接。通过阅读本书，我们还可以学习研究者对费伦齐思想的重新解读、临床应用及后续发展所取得的重大成果，促进精神分析在未来中国的光大发扬。

丛中

2021 年 12 月 5 日于北京

推荐序三

崔界峰医师及其同事的这部译著，堪比久旱甘霖。

对精神分析本身进行考古式的精神分析，重建脱失的环节，是笔者这几年的一个"私好"。正如某位来访者的个人叙事中脱失的部分所形成的巨大张力，会引起分析师的注意一样。长久以来，据笔者的观察，弗洛伊德的理论在国内为各家教授所重视，然后是客体关系理论诸家学说、自体心理学与主体间性理论、依恋及关系学派，等等。然而，从弗洛伊德到这些分支的中间时段，脱失了必要的环节。

考证精神分析的"家谱图"，弗洛伊德的思想在传递到这些"枝梢"之前，主要经过了两个"主干"，即卡尔·亚伯拉罕（Karl Abraham）和桑德尔·费伦齐，所以，我提议将精神分析分为"亚伯拉罕系"和"费伦齐系"，把克莱茵学派、自我心理学及自体心理学都算作前者，把英国独立学派和美国人际关系学派算作后者。然而，我们不得不承认，笔者一直比较"偏心"，亚伯拉罕的原著笔者基本上都通读过，所以对于亚伯拉罕是如何通过克莱茵等人影响客体关系理论的发展稍稍熟悉一点，但对于费伦齐笔者一直以来不够了解，进而形成了一种"缺乏深度"的错觉，直到笔者有机会阅读这本由多位专家合力编著的论文集。

现在，我们得以迎回这位被"废黜"了几十年的"精神分析王者"，通过对本书的学习，很多脉络得以清晰。"通过爱来治愈""内摄""言语的迷惑"（confusion of tongues）、"自我的自恋性分裂"（narcissistic split of the self）、"相互卷入"（mutual enactment）……许多这些我们"日用而不知"的概念皆首创于费伦齐，或者由其理论直接引申而来。费伦齐及其曾经的战友奥托·兰克（Otto Rank）"决定首先发起一场反对高估阉割情结的科学运动"，这个"成果"尽管在今天看起来谈不上"辉煌"，但考之以今天的临床工作，围绕俄狄浦斯情结的解析要么不重要，要么"靠后站"。我们通常在这片更多地以关系为标志的临床区域开展工作，而忘却了开辟这片领地的王者费伦齐。

从一开始，费伦齐就把移情视为分析师的内摄，从这个角度来看，他是温尼科特和比昂的先驱。尽管比昂身为克莱茵的"嫡系"，但他对移情、投射性认同的理解与他的老师显著不同。这一点曾让我困惑不已，因为从明面上讲，克莱茵对亚伯拉罕的理论继承性更强，现在通过对本书的学习，我有了新的思路：或许费伦齐对克莱茵的影响，通过比昂又重新"释放"出来。当代的克莱茵流派显著受到贝蒂·约瑟夫（Betty Joseph）的影响，而约瑟夫的分析师是被费伦齐分析的巴林特，而且约瑟夫与比昂有着几十年的密切合作关系。从这个角度来说，当代克莱茵学派是亚伯拉罕系精神分析与费伦齐系精神分析的整合形态之一。

提到"爱"，许多同道或许更容易联想起人本主义学派，似乎经典的精神分析理论家耻于谈爱，或者把爱严格约束在理性之爱的区域内。而费伦齐（1901）的爱本身就像人类灵魂的健康与疾病之间的一个"边界地带"，他不仅不回避爱的议题，还区分了"孩子般的柔情"（childlike tenderness）和"成年人的激情"（adult passion），并且不回避临床中的爱的运用。正如本书的作者之一所说，费伦齐对精神分析大师弗洛伊德所期待的东西，正是他 20 年后努力为自己的病人提供的东西：相互开放性和真实坦诚。从这个角度来看，王者费伦齐是弗洛伊德个人阴影的"照亮者"之一。

惊鸿一瞥，灵机一动，关系与爱，王者归来。

感恩诸位作者及译者的努力。

是为序。

张沛超

2021 年 12 月 3 日于深圳

译者序

这本译著的整个"出生"过程,经历了三年多的时间,而构思译者序则花费了将近三个月的时间。经历了初译时的艰苦努力,经历了对译稿的反复修改和润色,经历了出版社的更换,充分足够的孕育过程或许注定了这个"孩子"一旦出生,就非同寻常、惊艳夺目。

翻译本书的初衷其实特别偶然,还带有很大的冲动性。记得数年前我系统学习温尼科特的理论时,发现费伦齐及其精神分析思想经常被提及和引用,当时我的内心产生了极大的震动和共鸣,于是我上网查阅了费伦齐的相关资料。我惊奇地发现,国内对费伦齐的相关研究极少,只有一些零星的讲述,在这些研究中,只有两篇简单介绍费伦齐思想的论文,而没有一本系统介绍费伦齐的专著!于是,在朋友的鼓励和支持下,我萌生了翻译一本关于费伦齐的精神分析思想的书的想法。看了这本英文版论文集后,我更加坚定了这个想法,于是,我召集了几位心理咨询师和研究生一起翻译本书。俗话说,冲动是魔鬼,而魔鬼是幽灵,是天使,也是无意识的呼唤。本书的翻译难度要比想象中大很多,可以说,译稿经过十几遍的修改和润色,对于一些翻译难点,我还请教了国内资深的分析师,最终才得以顺利定稿。

这是一本当代费伦齐研究学者撰写的 17 篇研究费伦齐思想的精神分析论文集,也是《关系性视角系列丛书》的其中一本。在我国,关系性精神分析这一称谓听起来既熟悉又陌生,因为在精神分析甚至心理咨询中,咨访关系已经被公认甚至被默认为产生疗效的必要条件和核心要素,而在各种著作和培训课程中很少有关系性精神分析的专题，国内的分析师似乎只是凭常识来应对，而对咨访关系缺乏深入的理解和探索。

费伦齐这位精神分析大师，正如本书的书名一样，在从经典理论到当代精神分析理论与实践的道路上，既是幽灵又是先驱，离我们忽远忽近，显得扑朔迷离，我们只能透过他的原著及当代费伦齐研究学者的论文，并结合我们自己的临床感悟，来感受和领略他伟大而深远的思想。他影响了几代杰出的精神分析思想家和作家，以及他们的患者和随后几代的临床治疗师。

弗洛伊德和费伦齐是经荣格介绍相识的，二人相差 17 岁，他们的生活背景有很多共同之处，出生地都是曾经的奥匈帝国，并且都来自犹太家族。他们通过学医和私人执业，实现了向上流动并获得了独立于机构的自由执业能力。弗洛伊德的父亲是羊毛商人，费伦齐的家族既开办印刷厂又是音乐世家，可以说，他们都是当时的富人。他们之间的关系充满了爱恨情仇，他们既是老师和学生，又是医生和病人，还是父亲和儿子，也是"同性伴侣"，更是专制者和反叛者，这些错综复杂的关系，我们可以从他们之间的交往和通信记录中领略一二。

本书传达的费伦齐的精神分析思想，主要涉及分析师与病人之间的关系，其中包括权力、性和金钱这三大核心领域的问题。

权力关系其实就是人与人之间的政治关系。有哲人说过，不关心政治，多是无知或奴性。所谓远离政治而洁身自好，本质上是一种逃避或无视。古今中外，人与人之间的关系大致遵循两种法则：一种是丛林法则，强调竞争，弱肉强食，适者生存；另一种是关爱法则，强调合作，同情弱者，爱者生存。而咨访关系是一种特殊的职业关系，它是从牧师、医师等职业中不断演变和分化出来的，是用商业的金钱关系作为一种框架和保护设置、用信任和爱意作为一种态度、用心理学理论和技术作为一种手段来构建的一种简单而深刻的互动关系。在以契约为基础的双方的合作关系中，权力的斗争必然存在，消费者是上帝，或者分析师是权威。从分析一开始，这样的权力不平衡和不对称现象就存在，随着关系的进一步加深，以及来访者退行的出现，这种不平衡和不对称现象会日益显著，如何避免分析师的自恋性膨胀、如何避免分析师的权力滥用、如何避免分析师的职业性伪善、如何避免来访者重复创伤、如何避免压抑来访者的自主性，以及如何修通分析师与来访者之间的共谋，成为心理咨询中迫切需要面对和解决的问题。如同父母或当权者会压制甚至精神虐待孩子或无权者一样，分析师也会面临同样的诱惑和挑战。在这一点上，费伦齐的精神分析思想不但体现了主体间性理论，而且体现了人本主义和自由主义的思想。在费伦齐的分析世界中，最大限度的真诚态度、探索精神、对病人的尊重，以及心智开放性等都被格外推崇。

性关系包括柔情之爱、激情之爱，以及性别之间的张力。在心理咨询中，分析师最难以应对的困境就是移情，尤其是情欲化移情。有移情的地方，就一定有反移情。说得更直白一点，来访者的移情是分析师与来访者相互诱惑的结果，或者说是分析师的反移情的结果。经历情欲化反移情的分析师，就类似于在激情和幻想阵痛中挣扎的俄狄浦斯父母。如果拉康派精神分析师听了这话，可能并不能苟同。拉康所谓的"回到弗洛伊德"，更强调语言和他者在自我无意识中的作用，而这恰恰从反面证实了，与他者的关系在自我形成中的巨大影响是不容回避的事实。

另外，满怀柔情的语言（包括关怀、爱意、支持、包容和认可等）和充满激情的语言（包括激情、愤怒、竞争、嫉妒和攻击性等）之间，以及儿童的语言（直觉的、多变的、热情的、顺从的、天真的、敏锐的、简单的）和成年人的语言（理智的、恒定的、冷漠的、威权的、伪善的、迟钝的、复杂的）之间会有很大矛盾和误解，这一点在父母与孩子之间、分析师与来访者之间的言语互动中显得格外突出。也许正如费伦齐所说，"只有共情才能治愈"，我们与其回避和掩饰分析过程中的"爱"的真实性，不如直面它，所谓爱的破坏性并不在于爱本身，而在于对爱的否认和分裂。

关于性别问题，正如霍妮所批评的那样，弗洛伊德的分析思想明显有贬低女性的倾向。而费伦齐认为，弗洛伊德的观点牺牲了女性的利益，忽视了女性幻想拥有或获得男性生殖器是由创伤导致的可能性，而不是一种生物学倾向。这一观点带有当代的女性主义思想色彩，更强调女性特质和母亲在分析中的作用，这极大地促成了马勒的"普通的奉献性母亲"（ordinary devoted mother）和温尼科特的"足够好的母亲"（good enough mother）等观点的提出。

在针对异性恋以外的少数群体方面，当时的费伦齐就采取了宽容且开放的态度，没有对同性恋采取道德性的和病理性的理解，而是将其视为解决俄狄浦斯情结的一种变异形式。当弗洛伊德意识到费伦齐对他的爱时，他拒绝承认自己有同性恋倾向，而费伦齐坚持认为导致偏执的原因并不是同性恋本身，而是对同性恋的否认，他本人也试图将同性恋灵性化或升华化来理解自己。在将近 100 年前的那个时代，他对同性恋问题的如此开放的态度，实属难能可贵。

费伦齐还极有创见地将分析情境与性爱过程进行类比，他将分析师痴迷于诠释的倾向等同于在性爱中带有虐待色彩的性征服行为，其中充满了"大脑的和自慰的"姿态，不允许自己真实地看到伴侣及其独特性。另外，他将分析师有时失去耐心，不愿意再花足够长的时间以达成双方之间真正的内心接触，没有考虑在实施诠释（性爱活动）时所必需的节奏感和同步性等行为等同于伴侣双方无法满足彼此的情形，并认为这种情形会导致性爱中的早泄或性高潮缺乏。当我们在临床中遇到性功能障碍的病人时，我们会发现他们的问题在本质上是由伴侣一方或双方在建立亲密关系方面存在障碍导致的。费伦齐的创见或许在性高潮研究领域也影响了威廉·赖希（Wilhelm Reich）的性革命观点。

金钱关系在本质上是契约关系、服务关系和信任关系。咨访双方之间的金钱关系作为一项服务设置，是在一般的商业关系的基础上进行了超越的，咨访双方之间需要发展出一个"分析性第三方"，来维持双方的平等性和互惠性。在真实的分析情境中，分析师用自己的时间来帮助病人，病人用自己的金钱来补偿分析师。在这个稳定的关系框架内，病人与分析师以各自的方式成为艺术家和灵媒。"对于作为艺术家的分析师来说，他的灵媒是他心灵生活中的病人；对于作为艺术家的病人来说，分析师就是他的灵媒。但是作为活生生的人类灵媒，他们有自己的创造能力，因此他们自己也是创造者。"

在费伦齐看来，所有的"诠释"实际上都是在对病人的投射产生内摄后的投射行为。他更强调分析师的主观能动性、开放性、可渗透性、机智性和谦逊性，分析技术的弹性和灵活性，分析体验的真实鲜活性，以及咨访关系的平等性、相互性和互惠性。

费伦齐只活了 60 岁，他因患恶性贫血死在了弗洛伊德前面，弗洛伊德在感到惋惜和悲痛的同时，把怨恨投向了费伦齐的来访者塞文，并谴责是塞文将费伦齐消耗殆尽的。当然，这一谴责既不公平也不客观，因为只有费伦齐和塞文本人明白这一关系对他们二人意味着什么。作为众多受伤医者中的一员，费伦齐用自己的血肉之躯和满腔热血为我们做了大胆的尝试，他与塞文的相互分析对于分析师处理情欲化的移情和反移情有极大的借鉴意义。费伦齐告诉弗洛伊德，是塞文分析了他，从而拯救了他。费伦齐在临终时说，"一旦尝试进行相互分析，单向、片面的分析就不再需要"，这成了他留给精神分析后继者的一个遗愿和嘱托。

作为国内第一本关于费伦齐的译著，我希望费伦齐的精神分析思想能够深入人心，给中国精神分析界带来一缕春风。对费伦齐来说，从幽灵到先驱是一次叛逆，更是一次平反，对我来说，这是一个投射，更是一个认同。这本译著就是一个见证。

在此，我想感谢温贤涛心理学博士、天津泰达医院的范娟、厦门仙岳医院的成云三位初译者的辛勤劳动，感谢作家水淼和武海在出版方面提供的极大帮助，感谢人民邮电出版社的编辑杨楠的付出，感谢所有病人给予我的灵感和动力，感谢孟祥武给予我的鼓励，感谢丛中、徐钧和张沛超的大力推荐，感谢国际桑德尔·费伦齐学会主席卡洛·波诺米博士给予的无私帮助和大力推荐，最后感谢我的妻子和儿子对我的包容和支持，是他们的奉献让我可以更加专注地做事情。

崔界峰

2023 年 3 月 31 日于北京风峰心理工作室

作者名单

刘易斯·阿隆，博士，美国职业心理学委员会委员，纽约大学心理治疗和精神分析博士后项目的主任。他是美国精神分析协会（American Psychoanalytic Association，APA）精神分析分会的前任主席（第39届）、国际关系性精神分析和心理治疗协会（International Association for Relational Psychoanalysis and Psychotherapy，IARPP）的创立主席、纽约州围产期协会（New York State Perinatal Association，NYSPA）心理学家-精神分析家分会的创立主席、社会研究新学院桑德尔·费伦齐中心（Sándor Ferenczi Center）的联合创办人和联合主任、威廉·阿兰森·怀特精神分析学会（William Alanson White Psychoanalytic Society）的荣誉成员，以及以色列荷兹利亚跨学科研究中心（Interdisciplinary Center，IDC）心理学院的副教授。他是《精神分析对话》的联合创始人，《关系性视角系列丛书》的联合主编，《心智会议》（*A Meeting of Minds*，1996）、《为人类提供心理治疗：走向进步的精神分析》（*A Psychotherapy for the People:Toward a Progressive Psychoanalysis*）的作者（后者是与凯伦·斯塔尔合著的），《关系性精神分析：传统的涌现》（*Relational Psychoanalysis:The Emergence of a Tradition*）的主编之一（与斯蒂芬·米切尔合编），也是大量论文和著作的作者和编者。

加利特·阿特拉斯（Galit Atlas），博士，纽约私人执业精神分析师，创造性艺术治疗师和临床督导师。她是纽约大学心理治疗和精神分析博士后项目教学团队的临床副教授、表达性分析学院（Institute of Expressive Analysis，IEA）的教师、美国国家培训项目（National Training Programs，NTP）

的教师，以及国家心理治疗研究所（National Institute for the Psychotherapies，NIP）四年成人培训项目的教师。她供职于精神分析进展的编委会，是APA精神分析分会的主任，她的论文和专著多聚焦于性别和性欲方面的内容。她一直从事个人培训和团体督导工作，并著有《欲望之谜：精神分析中的性、渴望和归属感》（*The Enigma of Desire: Sex, Longing and Belonging in Psychoanalysis*）。

安东尼·巴斯（Anthony Bass），博士，纽约大学心理治疗和精神分析博士后项目、哥伦比亚大学精神分析培训和研究中心、斯蒂芬·米切尔关系取向研究中心、美国国家心理治疗研究院国家培训项目、费城关系性精神分析研究院的教师。他是《精神分析对话》的主编，国际关系性精神分析和心理治疗协会的创始主席。

卡洛·波诺米，博士，沙利文精神分析研究院（位于意大利的佛罗伦萨）的教师和督导师，《国际精神分析论坛》（*International Forum of Psychoanalysis*）的副主编，桑德尔·费伦齐文化协会（Associazione culturale Sándor Ferenczi）的联合主席。他与尤迪特·梅萨罗斯一起发起了费伦齐纪念馆（Ferenczi-House）项目。

弗朗哥·博格诺（Franco Borgogno），博士，意大利都灵大学心理学系的临床心理学教授，国际精神分析协会和美国精神分析协会的正式会员，意大利精神分析学会的培训师和督导师，《精神分析之旅》（*Psychoanalysis as a Journey*，2007）和《剖腹自杀的女孩和其他临床案例集》（*The Girl Who Committed Hara-Kiri and Other Clinical and Historical Essays*，2012）的作者。

B. 威廉·布伦南（B. William Brennan），神学硕士，文学硕士，执业精神健康顾问，在罗得岛州普罗维登斯独立执业的精神分析师和精神分析史学家。他毕业于国家心理治疗研究所国家培训项目。他写过关于伊泽特·德·弗瑞斯特（Izette de Forest）和费伦齐的《临床日记》中的病人身份的论文，以及一本关于费伦齐及其美国圈子的专著。

克里斯托弗·福琼（Christopher Fortune），博士，致力于费伦齐研究的精神分析史学家。他曾在国际上发表演讲，并在学术期刊和大众杂志上发表了相关论文、章节、综述和会谈。他是《费伦齐-果代克的通信记录：1921—1933年》（*Sándor Ferenczi-Georg Groddeck Correspondence:1921–1933*，2002）的编辑。他是多伦多大学的博士，现在是加拿大温哥华西蒙·弗雷泽大学人文学院的副教授。

杰伊·弗兰克尔（Jay Frankel），博士，纽约大学心理治疗和精神分析博士后项目的助理临床副教授，纽约视觉艺术学院批判性理论和艺术硕士项目的教授，精神分析培训与研究学院的教师；他是《精神分析对话》的副主编、超过20本期刊论文和图书章节的作者，以及《关系取向儿童心理治疗》（*Relational Child Psychotherapy*，2002）的合著者。

艾德丽安·哈里斯，博士，本书的联合主编，美国纽约大学心理治疗和精神分析博士后项目的教师和督导师，北加州精神分析学院的教师和精神分析培训师，《精神分析对话》《性别与性欲研究》《精神分析视角》和《美国精神分析协会学报》的编委会成员。她是《动摇国家之船》（*Rocking the Ship of State*）和《一言难尽的性别》（*Gender As Soft Assembly*）的作者，《她脑海中的风暴：关于癔症的百年研究》（*Storms in Her Head: The Centennial of Studies on Hysteria*），《关系性传统》（*Relational Traditions*）的第3、4、5卷，《首先，不要伤害：精神分析、战争制造与阻抗》（*First, Do No Harm: Psychoanalysis, War Making and Resistance*），以及《21世纪咨询室里的幽灵》（*Ghosts in the 21st Century Consulting Room*）的联合主编。她对性别研究、发育理论、分析脆弱性和自我照顾等领域有广泛涉猎，并发表了多篇研究论文，尤其对身处一战阴影下的分析师的生活和工作有极大兴趣。她与杰里米·萨夫兰（Jeremy Safran）和刘易斯·阿隆一起，在社会研究新学院创立了桑德尔·费伦齐中心。

安德烈·E. **海纳尔**，哲学家，内科医生，国际精神分析协会的分析师，著有十几本专著和数百篇文章。他是《弗洛伊德-费伦齐的通信记录》的主要编辑，也是西格尼奖的获得者。他最近出版的著作是《消亡与复兴》（*Disappearing and Reviving*，2002）。

薇罗尼卡·D. **海纳尔**（Véronique D. Haynal），精神分析治疗师，生活教练，非言语沟通研究者（曾在瑞士日内瓦大学任职）。

海迪·**克里斯蒂娜**·**卡赫图尼**（Haydée Christinne Kahtuni），博士，临床心理学家，精神分析师，《关于桑德尔·费伦齐思想的词典——当代精神分析临床的贡献》（*Dictionary on the Thought of Sándor Ferenczi——A Contribution to the Psychoanalytic Contemporary Clinic*，2009）和《简明精神分析性心理治疗：理解和关照人的灵魂》（*Brief Psychoanalytic Psychotherapy: Understanding and Care of the Human Soul*，1996）的作者，青少年心理治疗（IPUSP）和医院心理学（HCFMUSP）的特约专家，大学教授，临床督导师，1998—2004 年任人格心理学系主任（UNIP）（教授弗洛伊德、费伦齐、克莱因和温尼科特的精神分析理论和实践等内容）。她是桑德尔·费伦齐学会（Sándor Ferenczi Society）的成员，也是费伦齐创伤理论领域的专家。她在巴西圣保罗从事青少年和成人的精神分析临床工作。

刘易斯·A. **科什娜**（Lewis A. Kirshner），医学博士，哈佛大学医学院临床精神病学教授，波士顿精神分析学会与学院（Boston Psychoanalytic Society and Institute）的培训教师和督导师，《好好生活：拉康以后的自我病理学》（*Having a Life: Self Pathology after Lacan*，2004）的作者，《温尼科特与拉康之间：一份临床契约》（*Between Winnicott and Lacan: a Clinical Engagement*，2011）的编辑。

史蒂文·库查克，执业临床社会工作者，本书的联合主编，美国国家心理治疗学院的教师、督导师、常务理事，成人培训项目的联合主任，斯蒂芬·米切尔关系取向研究中心、现代心理治疗学院和表达性分析学院的教师，国际关系性精神分析和心理治疗协会的常务理事。他是《精神分析视角》的主编，劳特利奇的《关系性视角系列丛书》的副主编，《精神分析师之人生经历的临床意义：当个体成为专业人士时》（*Clinical Implications of the Psychoanalyst's Life Experience: When the Personal Becomes Professional*, 2014）的编辑，以及分析师的主体性相关领域的论文和书籍的作者。他在曼哈顿从事精神分析和临床督导工作。

尤迪特·梅萨罗斯（Judit Mészáros），博士，匈牙利布达佩斯桑德尔·费伦齐学会的联合创始人和主席，匈牙利精神分析协会的培训师和督导师，匈牙利布达佩斯罗兰大学的荣誉副教授。

阿诺德·Wm. 拉赫曼（Arnold Wm. Rachman），博士，纽约大学精神病学中心副教授，纽约大学精神分析博士后项目创伤和灾难研究项目的教员，社会研究新学院桑德尔·费伦齐中心的董事会成员，美国国会图书馆《伊丽莎白·塞文的论文》（*The Elizabeth Severn Papers*）的捐赠者，《桑德尔·费伦齐：满怀柔情与激情的心理治疗师》（*Sándor Ferenczi:The Psychotherapist of Tenderness and Passion*）、《疑难病例的心理治疗》（*Psychotherapy of Difficult Cases*）和《乱伦创伤的分析》（*Analysis of the Incest Trauma*）的作者。

埃亚尔·罗兹马林（Eyal Rozmarin），博士，《性别与性欲研究》的联合主编，《关系性视角系列丛书》的副主编。他在精神分析期刊上发表过多篇书籍的章节和论文，包括《精神分析对话》《性别与性欲研究》和《当代精神分析》（*Contemporary Psychoanalysis*）。他的研究方向是对主体性、社会和历史之间关系的探索。

彼得·L. 鲁德尼茨基（Peter L. Rudnytsky），博士，执业临床社会工作者，佛罗里达大学英文系教授，佛罗里达精神分析研究院在训分析师。他拥有哥伦比亚和剑桥大学的学士学位，以及耶鲁大学的博士学位。他编撰了《费伦齐在精神分析中的转向》（*Ferenczi's Turn in Psychoanalysis*，1996）和《理解精神分析：弗洛伊德、兰克、费伦齐和果代克》（*Reading Psycho-analysis: Freud, Rank, Ferenczi, Groddeck*，2002），并获得了格拉迪瓦奖。他在盖恩斯维尔市私人执业。

凯伦·斯塔尔（Karen Starr），心理学博士，与刘易斯·阿隆合著《为人类提供心理治疗：走向进步的精神分析》，与吉尔·布雷斯勒（Jill Bresler）合编《关系性精神分析与心理治疗的整合》（*Relational Psychoanal-ysis and Psychotherapy Integration*），并著有《灵魂的修复：犹太神秘主义与精神分析中的转型隐喻》（*Repair of the Soul: Metaphors of Transformation in Jewish Mysticism and Psychoanalysis*）。她是精神分析与犹太生活系列丛书的编委会成员，纽约城市大学和长岛大学 C. W. 波斯特分校研究生中心的临床督导师，她在纽约和长岛大颈镇私人执业。

引言

桑德尔·费伦齐的遗产：遗失的和寻回的思想

自《弗洛伊德-费伦齐的通信记录》出版后的 19 年、《桑德尔·费伦齐的心理遗产》（Aron and Harris，1993）出版后的 22 年，以及《临床日记》法文版出版后的 30 年以来，关于费伦齐和精神分析的争论已经发生了巨大的变化。关系性精神分析只是在最近才被赋予为一种术语而出现在这个领域的（Greenberg and Mitchell，1983；Mitchell，1988），现在已经对许多理论家和实践家产生了巨大影响。关系性精神分析将英国客体关系理论（Klein，1992；Fairbairn，1952；Winnicott，1971；among others）与人际精神分析（Sullivan，1953；Fromm，1956）相融合，将研究的焦点从性和攻击驱力转向真实的外部世界，以及幻想化的内部客体关系。正如有些学者所讲述的那样，在关系性精神分析中，客体寻求行为和关系是发展的核心，动机（而不是驱力）更为重要（Mitchell，1988；Greenberg and Mitchell，1983）。当代弗洛伊德学派（Bach，2001；Richard，1999）和后比昂学派场论（Civitarese and Ferro，2013；Stern，2013a，2013b），都以它们各自的方式强调治疗关系的核心地位，费伦齐的许多观点也成为这一时期精神分析对话中不可或缺的部分。

这是一个科学、哲学和文化极其丰富的时代。在精神分析和其他学科中，后现代的辩证思维方式已经取代或至少超越了笛卡尔式假设的光芒，双人心理学成为核心，分析师的心理也被挖掘出来审视（主要是为了临床数据），以确定它对患者和治疗的影响（Aron，1996）。女性、有色人种、经济困难人群、女同性恋者、男同性恋者，双性恋者和跨性别者，以前是被边缘化的，尤其是被社会和精神分析所忽略或蔑视的，现在他们的声音已经被纳入这一现代化的精神分析领域。费伦齐或许是第一位投入大量的时间和精力来与这些被剥夺权利和遭遇创伤的群体进行临床工作的分析师，这一切发生在后现代浪潮、当代弗洛伊德学派和关系性精神分析出现半个世纪之前。他也是率先按常规来治疗严重精神障碍患者的治疗师之一。从这个意义上看，他不仅改变了经典精神分析的进程，也预示了将来所有流派的发展方向。

本书证明了一个无可辩驳的事实：如今看来，费伦齐仍是精神分析领域的典范。在他重新回归的理论思想（反移情的重要性、早年客体关系和母婴关系的重要性，以及创伤的核心因素）中，我们看到了他在精神分析发展史上的建设性地位。在他的学术作品中，我们看到了他在推动国际精神分析运动过程中的作用是多么重要。在理解了他与文化、社会和政治进展性观点的联系后，他成为我们心中的精神分析身份的榜样，让我们增加了仰慕与赞赏。

遇见费伦齐，透过他的工作、同事和思想，我们重新找回了曾经失去的精神分析知识与智慧，而那段历史曾被草率地对待甚至丢弃，这位先驱也一度备受冷落。因为费伦齐遭受的被放逐对待，不论是在实践中还是在理论上，精神分析都已经付出了巨大的代价。发现、丰富和认领费伦齐的遗产，是在强调现代革新的重要性的情况下，恢复我们曾被切断的与历史的连接。事实上，大量现代理论学家和本书的大多数作者已经指明了费伦齐与早期人际理论学家和客体关系理论学家的直接关联，以及更进一步地说，费伦齐与关系性精神分析的直接关联。当然，弗洛伊德存在于我们所有人的精神分析 DNA 中（Brown，2011；Galit Atlas，in press），并持续不断地为我们的工作及不断进行的革新提供指引的明灯。

不过，这里还有另外一条直通路径。这条路径曾在一段时间内从人们的视线中消失了，但从未完全减弱，这条来自费伦齐的路径以特别直接的方式呈现出来，也许这在很大程度上是因为，年龄、时代、超前的甚至先觉的敏感性使他以父亲或祖父的角色成为所有经典的和当代的观点、精神分析学派和运动的化身。更具体地说，正如上面所指出的，以及本书的许多作者所指出的那样，费伦齐关于咨访关系、创伤、分析师的心理及环境的思考，不仅预示了当代精神分析的观点，当其与更多的经典理论处于紧张状态时，也促进和深化了弗洛伊德和他的追随者之间的对话（Aron and Starr，2013）。这条从经典理论到当代精神分析理论与实践的路径是费伦齐遗产的核心部分，标志着他的地位不仅是幽灵，而且是先驱（Loewald，1989）。

1991年，刘易斯·阿隆和艾德丽安·哈里斯在纽约市举办了一次国际桑德尔·费伦齐大会，在美国，此类会议属首次举办。包括尤迪特·梅萨罗斯、安德烈·E. 海纳尔、吉尔吉·海德思和朱迪思·杜邦等在内的一大群来自欧洲各个地方的"声音"，与阿隆、哈里斯和其他美国专家，包括特蕾丝·拉根（Therese Ragen）、休·夏皮罗（Sue Shapiro）、阿诺德·Wm. 拉赫曼、杰伊·弗兰克尔、克里斯托弗·福琼、阿克塞尔·霍弗（Axel Hoffer）和本杰明·沃尔斯坦（Benjamin Wolstein），共同参与到费伦齐思想的发掘或再发掘的过程中。两年后，在会议本身及许多同类专题演讲和更多原创论文的启发下，阿隆和哈里斯编写了《桑德尔·费伦齐的心理遗产》一书，为费伦齐带来了更多对他感兴趣的精神分析师。费伦齐不再仅仅是早期精神分析历史上的一个"坏男孩"，一个被认为应该从弗洛伊德的核心圈子驱逐的、在更普遍的专业团体中沦为笑柄的分析师，他在书中的表现与他在早期的学术会议上的表现，让我们看到了一个复杂而深邃的、极有天赋的理论家和临床实践家。

在那次会议上，发现了费伦齐并声称他是一位长期被遗忘的先驱的美国精神分析师，与通过拯救工作使费伦齐的地位得以被人发现的欧洲（主要是匈牙利和英国）精神分析师相遇了。我们要感谢迈克尔·巴林特对费伦齐的《临床日记》（1932/1988）的持续保存并最终将它译成英文。许多人使费伦齐的思想得以存活（其中一些人参加了那次会议并出版了该书的原始版本和现行版本），让他的手稿几十年来未遭到破坏。巴林特也许是这群保护主义者中的佼佼者，二战后他一直生活在英国，继续进行与费伦齐相关的学术研究和写作，在那里，他成为客体关系理论的开创者。他把《临床日记》的手稿从布达佩斯带到了伦敦，但是，他仍然害怕翻译和出版这些手稿。巴林特死后数年，在一个与巴林特曾经工作的环境大不相同且更具进步性的精神分析环境中（对费伦齐而言亦是如此），费伦齐的手稿才得以出版。在他关于费伦齐与弗洛伊德的分歧的著作中，他设定了一种优雅且充满爱意的基调，感受并传达出了二人之间的冲突的悲剧，以及其为精神分析所付出的代价。巴林特以既不妖魔化也不理想化的立场，道出了冲突双方中每一方的问题所在。他的态度是克制的、成熟的，并且他对他们两个人都有很深的情感共鸣。巴林特的"声音"一直是讲述这个故事的重要方式之一（Balint, 1969）。梅萨罗斯、海纳尔、海德思和杜邦同样也表现出了勇敢和执着的坚持，使费伦齐的著作保持鲜活和完整，尽管这些著作直到最近几年才被人看到。这些精神分析师的贡献是无价的。1993年出版的《桑德尔·费伦齐的心理遗产》和本书都反映了对费伦齐的重新发现的重要意义，以及在费伦齐模式下学术和理论构建的巨大演变，同时彰显了那些拯救他的遗产并因此使这些进展成为可能的人的英勇之举。

与会议一起，阿隆和哈里斯的书介绍了弗洛伊德最著名的病人、同事、继承者和对手，并为之辩护。编辑如此解释道：

费伦齐之所以被主流精神分析师排挤和漠视，是因为他激进的临床试验，他恢复了对外部创伤病因的重要性的兴趣，以及他被认为鼓励病人的危险退行并试图用爱来治疗他们。所有这些批评都在对费伦齐性格的诽谤和指控中得到了加强，在他生命的最后几年里，他被指控在其临床试验及与弗洛伊德的争论中精神崩溃甚至疯了。

他们这本有影响力的书试图将费伦齐从这些诽谤和由此导致的职业放逐中解救出来。阿隆和哈里斯认为，费伦齐对早期精神分析的贡献仅次于弗洛伊德。他们注意到了，作为讲师、理论家和临床实践家的他在组织和代表精神分析运动及影响力方面所处的核心地位。事实上，费伦齐是第一位大学体系内的精神分析学教授，他创立了国际精神分析协会和布达佩斯精神分析协会，帮助创办了《国际精神分析学报》(*International Journal of Psychoanalysis*)，并实施了第一个正式的训练分析（针对欧内斯特·琼斯）。精神分析史学家伊迪丝·库兹韦尔（Edith Kurzweil）在对这本书的介绍中写道："阿尔弗雷德·阿德勒（Alfred Adler）认为，费伦齐是弗洛伊德的门徒中最杰出的一位（1993）。"作为英国的迈克尔·巴林特、欧内斯特·琼斯、梅兰妮·克莱茵和约翰·里克曼（John Rickman），以及美国的克拉拉·汤普森（Clara Thompson）、格扎·罗海姆（Geza Roheim）和桑德尔·雷多等人的分析师，费伦齐影响了几代杰出的精神分析思想家和作家，以及他们的患者和随后几代的临床治疗师。由于费伦齐的分析存在明显的错误步骤、失误、边界的破坏，并且在他的控制之外，还有一股政治力量（即与弗洛伊德及其追随者相关的政治力量）在发挥作用，这位学富五车、才华横溢的元老级活动家和导师被遗忘了半个多世纪。

在文献方面的贡献

在阿隆和哈里斯主编的书出版时，《弗洛伊德-费伦齐的通信记录》还没有被翻译成英文，而上面提到的费伦齐的《临床日记》(1932/1988)——与斯蒂芬·米切尔的第一本关系性精神分析著作是在同一年出版的（正如巴斯在本书中所指出的那样）——其英文版的版权只有 5 年，尽管其法文版于 1985 年就出版了，并且当时许多人认为这一年是将费伦齐的思想引向复兴的一年。此外，在 1985 年，桑德尔·费伦齐学会在布达佩斯成立了，此后国际桑德尔·费伦齐大会每隔 2～3 年会在世界各地举行一次。阿隆、哈里斯，以及其他作者都是学术先锋，在上述重要且勇敢的行动的帮助下，他们使费伦齐的作品得以保存，并为未来的费伦齐学者铺平了道路。

自 1993 年以来，一些学者，包括鲁德尼茨基、波凯（Bokay）、格劳贝尔-德乌斯特（Giambieri-Deutsch）、拉赫曼、海纳尔、塞卡奇斯-维兹（Szekacs-Weisz）、基夫（Keve）和梅萨罗斯，在文献方面做出了重要的贡献。2018 年，杰里米·萨夫兰、刘易斯·阿隆和阿德丽安·哈里斯在社会研究新学院成立了桑德尔·费伦齐中心，这距费伦齐与弗洛伊德的首次会面恰好 100 年，距 1926 年费伦齐在纽约度过 4 个月后恰好 80 年，在那里他治疗了一份完整名册上的所有患者，并在新学院举行了包括精神病、精神分析理论和技术等主题在内的数十场讲座。费伦齐的讲座受到了热烈的欢迎，事实上他说第一个晚上就有 300 名听众。桑德尔·费伦齐中心就是为了向他在新学院任期致敬而建立的，旨在赞助有关费伦齐的会议和推动有关费伦齐的研究、奖学金和出版物等事项，并鼓励费伦齐著作的首次翻译和出版，该中心与欧洲类似的中心合作，使精神分析保持活力，成为一门具有文化性、知识性和心理治疗性的学科。

近年来，各大期刊都推出了关于费伦齐遗产的专刊，包括《公鸡苍鹭》（*Le-Coq-Héron*，1999）、《国际精神分析论坛》（1998，2004）、《整合式治疗》（*Integrative Therapy*，2003），以及《精神分析探究》（*Psychoanalytic Inquiry*，1997，2014）。2010 年，《精神分析视角》在当时的联合编辑史蒂文·库查克和德博拉·派因斯（Deborah Pines）的共同指导下出版了一本"费伦齐相关主题"的专刊，其中包括阿隆和哈里斯主编的《桑德尔·费伦齐的心理遗产》的最新介绍。这份介绍和目前已绝版的 1993 年版《桑德尔·费伦齐的心理遗产》，都可以在费伦齐中心的网站下载。2011 年，经过为期 6 年的大规模筹资项目，桑德尔·费伦齐学会和国际桑德尔·费伦齐基金会（International Sándor Ferenczi Foundation）（成立于 2006 年）购买了费伦齐曾作为办公室的部分桑德尔·费伦齐故居，作为国际费伦齐中心的所在地。

从幽灵到先驱

　　在临床思维和操作技术方面，费伦齐也许比其他任何著名的精神分析学家都更能体现经典与现代的结合。通过我们现在的观察，我们发现费伦齐一生都是一只脚站在经典精神分析世界里，另一只脚站在当代精神分析世界里。他的专业词汇和对内在精神世界的强调，仍然在与经典的和更现代的弗洛伊德学者和实践者对话，而他对咨访关系的相互性实验，以及对"此时此地"和治疗关系的潜力的强调——这些均包含于许多其他因素中——也在关系取向分析师和其他当代心理治疗师中引起了共鸣。对于我们这么多人来说，他的观点如此中肯且合理，可能还有其他的原因。许多精神分析师也在他们的生活中感受到了自己是局外人或"他者"，于是他们对费伦齐产生了某种认同，这进而使他们的经历与费伦齐的工作产生了相应的共鸣。此外，关系取向分析师、非国际精神分析协会培训项目的毕业生，以及那些没有获得精神分析证书的人，有时会被指责为不是真正的精神分析师（Aron and Starr，2013），而费伦齐曾被强制驱逐出学术机构和被排斥在精神分析主流之外的经历，得到了他们的理解与认同。

　　你将要阅读的文献出自世界上最有影响力的一些研究费伦齐的学者之手。我们很荣幸能够在上一版的基础上收录一些新的作者和其他一些资深学者的新论文，以及一些新的、在国际费伦齐学派和精神分析界崭露头角的重要"声音"。来自不同地方和不同理论背景的学者聚集在一起，他们的观点有时是重叠的，有时是一致的，有时是互补的；在这个意义上，这本论文集也许是对费伦齐这个人的一次恰当且公正的悼念与致敬，他曾因自己的观点与精神分析的主流文化有差异而被草率地排斥，就像他那个时代的许多同事和公民因与占统治地位的宗教-政治思想相悖而被排斥一样。

第一部分　背景

　　虽然我们把这本论文集分成了三个部分，但有些章的内容会相互引用，共同呈现发展的历史进程，因此，就像在精神分析中（或在生命中）一样，本书所呈现的大事记和分类，可能要比本书的组织结构显示出更多的非线性叙述特点。"背景"部分的内容也可以包括在"历史"部分中，"历史"部分的内容当然也与"理论与技术"部分的内容相互关联，因为这三个领域的发展总是如此。无论读者是否选择按本书呈现的顺序来阅读，我们都希望本书能增加你对桑德尔·费伦齐的"发掘与再发掘"（Aron and Harris，1993，2010）的体验。

　　在推动国际费伦齐思想复兴方面，很少有人能比得上匈牙利精神分析学家和费伦齐研究学者尤迪特·梅萨罗斯。1993 年，她为书中各章提供了背景性框架，随后将读者引入催生并支持费伦齐的教育和职业生涯发展的社会和思想的世界。20 年后，她在此基础上提出了几个关键问题并提供了答案，以帮助读者理解费伦齐在当前精神分析界的卓越地位。费伦齐吸引我们的是什么？他所倡导的什么东西将来自不同学术领域的临床治疗师和学者聚集在一起长达数十年？在这个各大精神分析流派纷争不断的时代，是什么让那些持有相反的理论观点的人与费伦齐产生某种联结，让生活在世界各地的来自不同的个人文化、职业文化和政治制度背景的专业人士之间有了共同的思维方式？费伦齐身上的什么品质让同代人要在现在与精神分析和费伦齐产生联系，就像他们在费伦齐失势前所做的那样？

　　卡洛·波诺米以一个非常令人不安的梦来开始他的论文。他认为，费伦齐在将这个梦通过写信的方式告诉弗洛伊德时，把这个梦视为一种征服的标志，尽管波诺米读出了这个梦的复杂性，明白费伦齐用这个梦传达了一种对背叛的掩饰，以及想要治疗——最终，甚至要去拯救——弗洛伊德和精神分析的愿望。波诺米详尽地研究了费伦齐的《临床日记》（1932/1988）、往来信函、著作和其他可靠资源，将费伦齐视为弗洛伊德的顺从而叛逆的儿子、学生、病人、朋友、同事和准分析师。他探讨了费伦齐关于精神分析中呈现的分裂的观点，这种分裂具体体现在，弗洛伊德最初对病人的热情和关心，与后来他更为冷酷和更多地强调外科手术的精确度的态度。波诺米认为，这些承载着很大异议和极度失望的思想和情绪——大多数情况下是隐秘的——占据了费伦齐的内心，而这些动力学状态塑造了他的个人发展和职业发展。

在 1993 年的版本中，精神分析历史学家安德烈·E. 海纳尔在弗洛伊德和他的学生（特别是费伦齐）的工作中，对当时流行的精神分析技术的起源进行了探索。他对往来通信、专业论文和理论发展等方面的思考，揭示了弗洛伊德和费伦齐之间复杂的关系，包括个人领域和职业领域的异同点。在这篇较早的文章中，海纳尔开始探索他所谓的"费伦齐的态度"，这是他和薇罗尼卡·D. 海纳尔现在以非凡的学识、洞察力和热情深入研究的主题。他们以此为背景，描述了作为一种文化遗产的结晶的费伦齐的个人态度和精神分析态度的演变过程，并呈现了它们是如何成为费伦齐的精神分析身份的一个组成部分的。

两位海纳尔为我们展示了在费伦齐的理论和技术的实验中，他的个体独特性所发挥的关键作用。他们采用术语"伦理"（ethics）来向我们展示费伦齐致力于帮助患者所持有的关切度，以及他的临床使命所探及的深度。他的性格，海纳尔称之为"态度"，是强度和激情中的一个重要因素。他并不苛刻或喜欢道德说教，相反，他对咨询关系的工作很感兴趣，无论是在理论上还是在临床上。他具有高超的评价能力和判断力，能在一个想法和课题高度复杂的领域与他人合作。费伦齐性格中的所有这些方面都使他成为精神分析领域内一位极富想象力和创造力的革新者，然而，两位海纳尔却煞费苦心地向我们展示了，费伦齐是一名团队成员、合作者，以及一场运动的强有力的创造者。这篇文章深入探讨了如何修复费伦齐被精神分析运动伤害、被折磨至生病，以及被边缘化的问题。它还对《塔拉萨：一个生殖性理论》(*Thalassa:A Theory of Genitality*，Ferenczi，1924/1989) 这本"难解之谜"进行了实用的分析，并重点讨论了费伦齐对创伤理论的开创性贡献，包括源自外部的虐待的现实，在很大程度上，这一当代精神分析的转折由于费伦齐的工作被阻滞而姗姗来迟。

第二部分　历史

如果弗洛伊德和其他人把精神分析治疗比作侦探工作的话 (Freud，1916)，那么我们无疑要与 B. 威廉·布伦南一起做一次真正的精神分析侦探之旅了。布伦南在他的精神分析研究与写作 (2009，2001) 中投入了大量精力来解读费伦齐的《临床日记》(1932/1988)，并研究相关的伦理问题及由此产生的对费伦齐及其患者的洞察。这一章探讨了费伦齐与克拉拉·汤普森的工作。汤普森在《临床日记》(Ferenczi，1932/1988) 中被化名为 Dm，而杜邦揭示了她的真正身份，后来汤普森成为人际精神分析发展的领军人物。通过汤普森在接受库尔特·艾斯勒 (Kurt Eisler) 的采访时谈到的她与"费伦齐爸爸"的治疗细节，以及在此基础所进行的颇有争议的分析，布伦南提供了看待汤普森案例的新视角，这一切在不久前还被隐匿在弗洛伊德的档案中。

福琼在他早期的论文 (Fortune，1993) 中具体而生动地描述了伊丽莎白·塞文 (Elizabeth Severn) 这位病人，她在《临床日记》中的化名为 RN。这一章大量揭示了费伦齐在面对这位富有挑战性的病人和同事的压力下所实施的相互分析的优势和劣势。目前，福琼的工作还涉及费伦齐 (和弗洛伊德) 一生中的另一位重要人物——乔治·果代克 (Georg Groddeck)，他是德国的内科医生和精神分析师，可能也是第一个认真探索躯体疾病和精神疾病之间的关系的人。福琼讨论了果代克对费伦齐的影响，而这一引人入胜的研究主要是通过对他们二人 12 年来的书信往来进行的。

作为费伦齐相关文献的多产贡献者（1989，1993，1997a，1997b，1997c，2000，2003，2007，2010a，2010b，2014，among others），阿诺德·Wm. 拉赫曼早先的贡献是将研究集中在费伦齐关于性的思想上，特别是费伦齐对当时被称为异装癖患者的工作（1993），以及对在当时具有先见之明的、后来大量涌现的跨性别相关文献的研究。与福琼一样（1993），拉赫曼目前的工作与伊丽莎白·塞文这一个案有关。基于新获得的数据，包括对塞文的论文的发现和库尔特·艾斯勒对塞文的采访（Severn，1952），拉赫曼完成了对塞文的治疗和她的专业敏感性的精致且复杂的解构（包括后来被称为相互分析的发展和影响）。他为自己的观点提供了坚实的资料支持，他认为塞文应该在帮助费伦齐发展其关于诊断、治疗和创伤理论的思想方面，做出了贡献。

艾德丽安·哈里斯对费伦齐撰写的《两种类型的战争神经症》（*Two Types of War Neuroses*，1926/1994）进行了反思，并将他的论文与他对创伤、精神病性过程和原始状态等主题的兴趣，以及他的同事在第一次世界大战的阴影下进行治疗和写作的情况联系起来。通过观察和治疗第一次世界大战期间的退伍军人，费伦齐提出了许多关于创伤的思想。战争以多种方式对精神分析界造成了影响，哈里斯认为，费伦齐在精神分析领域被抹去的事实，使这一代战后分析师无法对这一职业产生更大的影响。她的论文则试图识别甚至放大他们这一代分析师的声音。

我们决定将主要归功于塞文的三章（不算她在其他几章中的内容）纳入进来，这既是对她对费伦齐和当代精神分析的影响的证明，也是对他们之间的关系及其对精神分析的历史、理论和临床的影响的复杂性的证明。这一决定也反映了现存的重要原始资料——有些资料是最近才被发现的——以及这些杰出的研究学者对费伦齐和塞文之间的关系的多方面的研究兴趣。在分析师和历史学家彼得·L. 鲁德尼茨基的这一章，他指出《自我的发现》

（*The Discovery of the Self*, 1933）一书包含了费伦齐和塞文的几乎不加掩饰的个案史，这使得这本书成为精神分析史上的重要文本之一，并对《临床日记》具有重要的补充价值。塞文第一次拥有自己的权利，以自己的身份成为一个主体，她的全部工作都需要被彻底地重新思考。塞文的书和鲁德尼茨基的调查研究，使我们能够更充分地欣赏塞文作为理论学家和临床治疗师的工作，并深入了解费伦齐作为一个病人的艰苦挣扎。

刘易斯·阿隆除了与艾德丽安·哈里斯共同编写了 1993 年的版本，并在我们已经提到的费伦齐的其他相关学术研究方面有所贡献外，还与哈里斯一起撰写了一篇介绍性的概述，通过提供有关历史背景和理论背景的内容向新的读者介绍了费伦齐（1993，2010）。此外，在早期的版本中，他与特蕾丝·拉根一起撰写了关于费伦齐的大胆的相互分析实验，虽然这种治疗范式存在很多问题和缺陷，但作为一次先锋式探索（尤其是在 22 年以前），它仍值得被加以改进和重新思考。在本书中，阿隆与斯塔尔合作探讨了弗洛伊德与费伦齐的私人关系和职业关系，展示了这两位犹太启蒙运动者之间的动力学关系，这种动力学关系在很大程度上是由对反犹太文化和恐同文化的内化和反应塑造的。

第三部分　理论与技术

虽然婴儿渴望获得其发育所需的客体和情感，但他们别无选择，只能接受一切，无法选择并保护自己免受所摄入的有毒元素的影响。弗朗哥·博格诺写道，当费伦齐思考"内摄"的重要作用时，他曾提出，婴儿究竟把什么东西摄入了自己的体内，这些东西又是如何提供给婴儿的。博格诺认为，从费伦齐的观点来看，正是他者（照料者）所表现出的特定品质塑造了婴儿随后的认同感，以及由此产生的对自己和对世界的看法和理解。

　　加利特·阿特拉斯在她关于性的文章（2011，2012a，2012b，2013，2014）中阐述了她创造的术语"高深莫测和求真务实的知晓感"（enigmatic and pragmatic knowing），该术语主要综合了克莱茵学派、客体关系学派，以及关系性精神分析学派的观点。在她的这一章，她还探讨了在满怀柔情的语言和攻击性的语言之间产生的"言语的迷惑"问题（1933），这种迷惑会在两个扩展的案例中展示。阿特拉斯认为，患者和治疗师使用嬉戏和逗趣在回避攻击方面达成了共谋，以保护咨访双方在治疗中出现的温柔而脆弱的感受。

　　在精神分析中，有一种观点认为，分析师要优先考虑患者的内心世界，为所谓的分析"中立"创造必要条件（至少大部分经典思想家的观点是这样的），并提供非侵入性情境［有关这一主题最新的探讨性研究，请参见罗伯特·格罗斯马克（Robert Grossmark，2012）］，以使病友的内心活动在咨询室中得以呈现。一个与之相反的更新的立场表明，治疗师总是要参与到临床关系中，因此他们永远不可能仅仅是一个匿名的"中立"观察者。在1993年的版本中，杰伊·弗兰克尔探讨了这一悖论，以及费伦齐是如何试图解决这个看似无法调和的矛盾的。在弗兰克尔最近的工作中，他继续关注分析师在探索病人的内心世界，以及分析师与病人之间的关系方面的努力，特别是费伦齐最著名的概念——"与攻击者认同"（identification with the aggressor）。

　　尽管弗洛伊德认为精神分析是一种"通过爱来治愈"（F/JU，6.12.1906）的治疗方法，但是他试图将精神分析中的"移情"爱概念与现实世界中的"真实"爱概念区分开来。费伦齐对探索爱的治愈潜力更感兴趣，而弗洛伊德则担心分析师强烈的反移情会导致"移情性污染"（transference contamination）。费伦齐认为，分析师必须有爱的能力，才能更好地帮助遭受过创伤的病人。史蒂文·库查克探讨了这个观点，因为它适用于分析师的爱意和情欲化的感受，以及它们与当代的治疗行为、性别和性取向观念之间的关系。

安东尼·巴斯在拉根和阿隆早期工作的基础上，与本杰明·沃尔斯坦（1993）等人对费伦齐的"相互分析"进行了深入的探讨。巴斯认为，费伦齐的精神分析观点——最终通向双人心理学道路的咨访双方的共同努力及有关相互分析的实验——与经由费伦齐在这一领域的工作而直接延续并演变成的人际和关系取向的理论与临床实践之间存在关联。当然，巴斯也承认费伦齐在关于相互性方面的理解和运用上，存在一些问题和局限性。但他也从自己的个人治疗和临床实践中引入了一些示例，来说明费伦齐的相互性理论在当代的应用情况。在这个过程中，巴斯向我们展示了，对费伦齐最初技术的一些微小（但意义重大）的改动，是如何使其成为强有力的干预措施的，这些干预措施在保持适当的咨访边界和治疗框架方面，仍然遵循着经典的那个时代的智慧。

虽然雅克·拉康（Jacques Lacan）对费伦齐的著作很熟悉，但他出现的时候已经太晚了，未能遇到费伦齐。拉康在他的研讨会和著作中确实多次提到过费伦齐，费伦齐著作的一些方面显然对拉康产生了影响。尽管如此，他对费伦齐著作的总体上的态度是不屑一顾的。刘易斯·A. 科什娜撰写的这一章总结了拉康著作中对费伦齐的重要引用之处，并详细阐述了这两位大师之间的某些类似的观点。

埃亚尔·罗兹马林提出了一些深刻的问题，因为他和我们一样想知道发育和创伤的本质。罗兹马林给我们带来了两个不同但相关的开创性概念：费伦齐的"言语的迷惑"（1933）和琼·拉普兰奇（Jean Laplanche）的"神秘信息"（enigmatic message）（1995）。正如他所指出的，这两个概念都与成年人和儿童之间存在的令人迷惑的和潜在的创伤性差异有关。虽然这两个概念在含义上有些重叠，但费伦齐和拉普兰奇所探索的迷惑有很大的不同。拉普兰奇提出了迷惑的一个版本，在这个版本中，成年人的语言是超负荷的，但这种语言在大多数情况下是慈爱且含蓄的，而费伦齐却揭示了迷惑的另一个版本，即成年人的语言明显是生硬的，而且通常是有害的，因此它是灾难性的。

费伦齐生命的终结，就像许多结束一样，最终带来了一个新的开始——一次复兴，正如我们和其他人提到的，人们对他在这一领域的贡献重燃兴趣。随着时间的推移，陈旧的职业宿怨逐渐消退，伤口已经愈合，精神分析理论、认识论和霸权主义最终眷顾了这位具有远见卓识的思想家。我们会以另一个开始作为本书的结尾。巴西精神分析学家海迪·克里斯蒂娜·卡赫图尼和吉塞拉·帕拉纳·桑切斯（Gisela Paraná Sanches）出版了费伦齐著作的第一部词典。他们的目标是为初学者和更资深的精神分析读者提供一个综合的、广泛但又精选的关于费伦齐的定义和著作摘录的文集。其收录的内容包括他的主要概念、原创思想、新的表达，以及其他相关的观点，以指导和促进读者对费伦齐著作的深入研究。虽然该词典仅以葡萄牙文出版，但我们正在努力将这项雄心勃勃的著作翻译成英文和其他语言。卡赫图尼选了词典中的一小部分——关于费伦齐的创伤理论的部分——并将其翻译成了英文，以供本书使用。

表面与分离

在某些情况下，人们或许可以通过封面来判断或理解一本书。1896 年，在年仅 23 岁的费伦齐搬到匈牙利首都仅仅 3 年后，弗兰茨·约瑟夫桥便建成了。这座桥连接了布达和佩斯两座城市（这两座城市以前是分开的，直到 1873 年，即费伦齐出生的那年，两座城市才合并在一起）。我们选择了一张照片作为本书英文版的封面，照片上的桥从昏暗中显现，逐渐变得清晰、明亮起来。隐藏在云层和黑暗中的城市的部分地区，则是费伦齐在其生命的最后几年里生活的地方。

第二次世界大战结束时，德国军队摧毁了这座桥，后来这座桥被重建，并于 1946 年的圣斯蒂芬节作为解放自由桥（有时被称为自由桥）重新开放。圣斯蒂芬节是匈牙利最重要的节日，也是庆祝国家建国的节日。这张照片唤起了许多关于自由的悲剧性丧失和黯然失色，同时象征着对未来的开放。就像阿隆和哈里斯的那一版《桑德尔·费伦齐的心理遗产》一样，我们的目标是庆祝费伦齐（在这种情况下继续）从理论上的流放中归来。这些文章为费伦齐对当代精神分析学派的贡献、影响与融合提供了新的、明亮的视角。其中一些文章引入了新的历史发现。每一篇文章都照亮了费伦齐的思想（在某些情境下，也照亮了他的病人和导师的思想），由此，他在个人和职业方面的理论和发展得以显现。

最后的寄语

我们正在进行一系列有趣的对话，并且我们并不希望得出结论。与有时伴随着结局而来的确定性及我们知道会导致认知停滞的确定性不同，我们的愿望是让问题跟随本书的问题和试探性的答案，继续引发人们思考，就像本书的前作所呈现的那样。我们期待本书呈现出一种能够忍受由不确定性造成的紧张局势的能力（就像梅萨罗斯向我们传达的有关费伦齐的信息那样），而不会匆忙得出草率的或有偏见的结论。本着这种精神，我们也因迈克尔·巴林特的言论而感到振奋，作为费伦齐曾经的被分析者、同事和朋友，他是这样评价费伦齐的："即使是最常见、最日常、最常规的体验，他也从来不会放弃探寻和随意结束；在最后处理或最终解决问题之前，他也从来不会终结任何可能性（Balint，1948/1957）。"

除了各种问题，我们还希望出现数量更多、角度更广的新的开端。我们愿意相信，费伦齐已经重新获得了尊敬，获得了专业人士的欣赏、钦佩，以及（从某种意义上讲）鼓舞人心的地位，他的身上有很多值得我们学习和利用的东西。随着理论的发展和演变，我们期望每一代心理治疗师和精神分析师都能以自己独特的方式重新发现费伦齐，就像不同时代的分析师和作者在本书中所描述的，以及多年来在办公室和诊所中所实践的那样。

用 1993 年去世的汉斯·罗耶瓦尔德（Hans Loewald）的话来说（同年，阿隆和哈里斯的书出版了）：

那些了解幽灵的人告诉我们，幽灵渴望从他们的幽灵生活中解脱出来，让自己像先驱一样安息。作为先驱，他们生活在过去的时代，而作为幽灵，他们被迫用他们的影子生活来缠扰当代人……在分析的光照下，幽灵……像先驱一样被安置和指引，他们的力量被接管并转化为今世的新活力，由此他们得以安息（1989）。

这就是桑德尔·费伦齐。

目录

第一部分

背景

第 1 章
当代世界的费伦齐 [1]

尤迪特·梅萨罗斯

为什么我们要谈费伦齐？这个问题正是 2004 年国际精神分析论坛上的一个特别专题。本书只是过去 20 年来关于费伦齐遗产的许多期刊、图书和论文中的一个例子。迄今为止，费伦齐的主要理论和治疗的原创性观点已经被发掘或再发掘，并被整合进当代精神分析理论和治疗性常识的主流中，从对心理治疗的动力学过程有着不可或缺的贡献的反移情，到母婴之间早期客体关系的重要性，再到他在创伤理论中的范式转变。

是什么使我们对费伦齐有如此大的兴趣？他代表的是什么，数十年来一直将诸多学术领域的临床工作者和研究者聚集在一起？我们在他的全部作品中探寻到的本质是什么？他既是一个淘气鬼，又是一个聪慧的男孩，他创立了布达佩斯学派，这里没有围墙，没有校长，也没有真正意义上的学生。他是一个不喜欢体制结构的人，但是他认为那必不可少，并倡导建立了一些组织，其中就包括 100 多年前创立的，至今仍在运行的国际精神分析协会。在 21 世纪这个冲突剧增的世界里，是什么让我们与费伦齐产生了连接，使其观点成为生活在全世界多种文化和政治制度下的专业人士普遍运用的思考方式？

费伦齐的哪些人格特质和思考方式，为当代人（就像过去的那些人一样）触及精神分析和费伦齐铺平了道路？迄今为止，正是许多同仁不懈的研究、出版和教育工作，才促成了真正的费伦齐思想复兴。这一复兴的出现显然有许多原因，但其中一些原因肯定与费伦齐的自由主义精神有关，他不是一个教条主义者，他在当时的匈牙利社会中有极广的人脉关系，在国际精神分析运动中也有杰出的表现。

在本章，我收集了许多实例，包括费伦齐的思考方式和理论方法、他与同时代人和周围文化的关系，以及他那充实、丰富了精神分析并影响了当代分析师的理论和治疗性创新。这一切都指向了一种开明的思想、一种宽容的态度，以及一种合作的精神——无论是在学术上还是在医学上——而且，它们都是通过尊重他人（包括病人在内）的自主权而发展起来的！

一种自由主义、尊重与互动交流的最佳组合

这是费伦齐自由主义的一个明确标志，即他尊重病人的自主性，并将精神分析视为分析师和被分析者双方在智力和情感方面的共同努力；他在20世纪20年代早期就认识到要将反移情视为移情-反移情无意识对话的一部分，并纳入精神分析治疗中。由此，精神分析变成了病人与分析师之间关系要素的多向互动过程系统。费伦齐对反移情现象的积极思考，反映了分析观点的根本性转变（Ferenczi，1919/1980，1928/2006；Haynal，1988；Cabré，1998；Mészáros，2004；Aron and Harris，2010）。这为精神分析的发展铺平了道路，使精神分析成为一个互动交流系统，一个"基于关系"的过程（Haynal，2002），或者，正如保罗·罗森（Paul Roazen）很贴切地指出的，这是精神分析中的一个"双向通道"（Roazen，2001）。

在分析师和被分析者之间的信任关系的基础上，精神分析假设移情-反移情的关系动力与内在心理过程是同时存在的。因此，一种新的精神分析方法被发展出来了。强调诠释的沟通和基于指导的治疗，已经被对情感觉

察及能省映自己与他人的无意识过程的关系的需要所取代，分析师要聚焦于病人当下的情感和认知能力。根据费伦齐的说法，"过分热衷于诠释是分析师的幼稚病之一"（Ferenczi，1928/1980）。他接着说道：

（分析师）必须让病人的自由联想在其身上发挥作用；同时，病人要让自己的幻想与关联材料一起发挥作用；分析师要不时地将新出现的联系与先前的分析结果进行比较，并且一刻都不能放松地对自身的主观倾向进行必要的警惕和批评。

可以看出，分析师与被分析者进入了一种相互省映的关系。一个高质量的省映关系对治疗有极大的价值。正如阿克塞尔·霍弗（1996）所强调的那样，真实的沟通成了精神分析师的一项基本要求，因为虚假的陈述会导致解离和先前的病态关系动力的重复。费伦齐在他后来的著作中经常会谈到，病人与治疗师之间的虚假的、不真诚的交流，是对病人先前负性关系经历的重复。这种交流方式是一种扭曲现实的说话方式，不仅会威胁到病人对治疗关系的信任，还会固化他们曾经的创伤性经历。就像我们今天所说的，虚假的省映会导致虚假的自体客体。采用反移情和真实沟通的态度的技术被纳入了布达佩斯学派大多数分析师的精神分析方法中。与费伦齐关系密切的迈克尔·巴林特和爱丽丝·巴林特（Alice Balint，1939）、范妮·汉恩-肯德（Fanny Hann-Kende，1993），以及特蕾丝·贝内德克（Therese Benedek），从 20 世纪 30 年代初就受到这种观念的指导。在他们离开匈牙利后，这种观念仍对精神分析的发展产生着巨大影响。事实上，贝内德克是 20 世纪 40 年代初第一批在芝加哥学院进行督导时教授学生如何使用反移情的人之一（Gedo，1993）。在费伦齐到美国演讲之后，通过哈里·斯塔克·沙利文（Harry Stack Sullivan）和他的一个美国的被分析者，费伦齐的一些观念在 20 世纪 20 年代末那些思想开明的美国精神病学家和精神分析师中流行起来，并被整合进了新的理论和方法中。

在每一项试验和创新中，费伦齐都努力将精神分析作为病人和分析师之间的一个双方合作过程（Rachman，1997）。有多少分析师会亲自写信给给他正在接受治疗的病人？在其中的一封信中，费伦齐因自己的母亲去世而取消了一次治疗，他在信的结尾很恭敬地写道："谨致问候，您的医生，桑德尔·费伦齐。"[2]

费伦齐不仅认为治愈本身对于改变一个个体的命运而言是极其重要的，而且认为精神分析可以影响社会。他认为："在无政府主义和共产主义之间应该有一条合理的个人主义和社会主义的道路，它可以准确地权衡在培养一个有教养的人的过程中，多大程度的压抑是必要的和不可避免的。必要但不能太多（Erös，2001）。"当被问及1914年席卷欧洲的破坏性战争冲突时，他说道：

> 战争突然撕下了面具，让人们敏锐地意识到他们真实的内在自我，它向他们展示了内心孩子般的、原始的和野蛮的内容……这里要吸取的教训很可能是：在和平时期，我们不要羞于承认心中原始的，甚至是兽性的存在；与自然有如此密切的联系并不令人羞愧。在战时，我们不要像许多懦夫一样否认我们最优秀的文化价值观，我们不要破坏它们，除非绝对必要（Ferenczi，1914/2000）。

费伦齐的基本方法之一是找到最优的解决方案。这是他的个人生活和职业生涯的一个主题和指南针。例如，对他来说，"最优"指的是适合病人的、根据病人自身的生活状况进行的最合适的治疗，就像一个被烫伤的病人需要手术治疗一样。他考虑的是病人的利益，而不是根据医生的个人喜好来做决定。我们再用烫伤病人来举例，对医生来说，快速的手术探查和清洗当然比传统的涂膏药更加便捷。然而，发炎组织的切口会在病人身上留下永久性的疤痕。正如费伦齐所提倡的那样，"我们必须尽一切努力防止在女性身体上留下疤痕组织"（Ferenczi，1899/1999）。前面我们提到过，他主张"过分热衷于诠释是分析师的幼稚病之一"，因此他也将年轻的医生身上的这种过分热衷于诠释的行为看作"可怕的链球菌"（Ferenczi，1899/1999）。他不假思索地说："他们急切地……想要摆脱对遥远的危险的恐惧，只是简单地、一刀切地解决棘手的问题。"费伦齐本人在作为一名年轻的医生时就注意到了这一现象，以及在养育儿童方面普遍存在的其他类似的过度行为，即成年人站在自己的立场对儿童过分限制，从而阻碍了儿童的发展。

1908 年，他写道，基于"不必要的压抑"（unnecessary repression）的道德教育必须被基于相互合作的学习过程取代（Ferenczi，1908/1980）。他的自由主义对权威原则提出了批评，因为这种权威原则不仅对人际关系产生了不良影响，在科学进步方面也是一种阻碍力量。费伦齐经常说，如果新的经验不能与现有的理论相匹配，那么我们必须质疑的不是经验的有效性，而是理论的有效性。从他一开始使用"主动技术"（active technique）进行临床试验的工作中（见费伦齐最早的关于精神主义的科学论文），到他晚年采用的相互分析技术，我们都可以发现这种态度。众所周知，实验及其结果总是受到代表当时主流思想的人士的批评态度的影响，这也是费伦齐的命运，他拥有创新性的头脑，但他无法像在智力上实现自主一样，做到在情感上保持独立。来自弗洛伊德的批评，让费伦齐备受煎熬。

寻找最优原则也出现在其他许多作者的思想中。与费伦齐关系密切的玛格丽特·马勒提出了术语"最佳共生"（optimal symbiosis）（Mahler，1967）——在这个术语中，她将分离和个体化的过程描述为个体的心理诞生——以及"普通的奉献性母亲"（Mahler，1961）。而唐纳德·温尼科特的"足够好的母亲"这一绝妙的术语（Winnicott，1953）暗指了什么是最佳的母性行为。

20 世纪 30 年代初，费伦齐、迈克尔·巴林特和他的妻子爱丽丝·巴林特，以及年轻的特蕾丝·贝内德克，都以我们如今的方式与他们的病人一起工作。移情-反移情动力成为精神分析过程的一部分，包括首次会谈和首次病历记录（Lévy，1933）。他们也意识到了早期客体关系的主要原理。布达佩斯学派的头两代精神分析师中的大多数成员都讲一种共同的语言。当他们移居国外时，他们已经积累了一个共享的知识库，每个人都可以使用这个知识库。这个过程是，每个人每次选择收集到的知识链中的一个环节进行进一步的提炼，并调整和重塑原来的观点，使这一知识库一直延续下去。例如，拉霍斯·莱维是一个有魅力的内科医生，也是早期心身医学领域的关键人物，并且是费伦齐和弗洛伊德的家庭医生，他在首次病人会谈的报告中这样写道："我们必须认识到病人的躯体和心理的个体化特征。 事实上，医生的任务不是治愈病痛，而是治疗患病的个体（Lévy，1933）。"他还观察到，"伴随着抱怨而来的面部表情的微妙变化激起了我们心中的几乎无意识的共鸣"（Lévy，1933）。就像乔治·果代克一样，费伦齐、巴林特和莱维确切地掌握了病人如何表达她（或他）的疾病，以及如何运用医患关系中的移情-反移情动力来理解这种无意识的沟通。然而，将这一概念理解得最深刻的是迈克尔·巴林特，他在 1926 年的一项研究中首次探讨了这一动力学机制（Balint，1926；Mészáros，2009），并在 1957 年出版了一本关于这一主题的典范性著作，即《医生、他的病人和疾病》（*The Doctor, His Patient and the Illness*，Balint，1957a）。人们可以通过书名来认识莱维所表达的概念，"医生的任务不是治愈病痛，而是治疗患病的个体"，这显然已成为当时布达佩斯学派精神分析师共享知识库的一部分。

"直指母亲"——早期客体关系

费伦齐很早就意识到了母婴关系的重要性，他在《临床日记》中提到了这一点："在分析过程中，我们必须深入探究，'直指母亲'（right down to the mother）（Ferenczi，1932/1988）。"

费伦齐知道并描述了这样一个事实，如果一个孩子被单独放在一边，不被欢迎或在情感上被拒绝，或者在没有爱的环境下被养育，那么他甚至可能会死去（Ferenczi，1929/1980）。后来，这一著名论断在住院综合征的研究中被证实，这项研究是由匈牙利裔精神分析学家勒内·A. 斯皮茨

（René A. Spitz）在美国进行的。哈里·斯塔克·沙利文的文章中很早就有关于孩子的情感需求的概念。例如，他写道，孩子有被温柔对待的需要（Sullivan，1953）。这一观点是费伦齐（Ferenczi，1933）在他最后的一篇论文《言语的迷惑》（*Confusion of Tongues*）中引入精神分析文献的。柔情与爱意是体现婴儿与母亲之间最佳原初客体关系的要素。根据费伦齐和巴林特的说法，这种爱意与人体所有的性欲发生区没有任何联系。如果没有这种原初的爱意，婴儿就不可能获得最好的发展。关于情绪发展的主流生物社会学观点认为，母亲和婴儿形成了一个情感交流系统，在这个系统中，母亲在调节婴儿的情感状态和心理状态方面起着至关重要的作用。同样，温尼克特写道："婴儿可以在没有爱的情况下被喂养，但是没有爱或无人情味的照顾无法成功地培育一个新生的、具有自主性的孩子（Winnict，1971）。"[3] 许多关于现代依恋理论的研究成果也证实了以往的实证研究（Bowlby，1969，1973，1980；Fonagy，2001）。

精神分析及其跨学科联系

时至今日，在我们考虑精神分析的跨学科性质时，我们会理所当然地认为，这一领域不但会与其他学术领域产生相互影响，也会与多个不同类别的艺术表现形式（电影、美术和文学）产生相互影响。然而，在 20 世纪初这一观点被认为是标新立异的。弗洛伊德曾热衷于在精神分析和其他学科之间建立这种关系，但是，根据他在 1914 年的抱怨性声明，"在维也纳……博学的和受过教育的人充满敌意且冷漠"，他们无法接受这一观点（Frued，1957）。在布达佩斯，情况就大不相同了，这不仅是因为该市当代先锋派知识分子的开放性和对现代主义的接受能力，也是因为费伦齐与一些杰出的文化人物的广泛关系网络——主要是作家，如马洛伊·山多尔（Márai Sándor）、科斯托拉尼·德若（Kosztolányi Dezso）和弗里杰什·卡林西（Frigyes Karinthy），这些作家的作品已成为文学经典。他们都是通过精神分析认识费伦齐的，并且将精神分析思想融入了他们的写作中。

费伦齐是一个善于接纳不同意见的人，并且尊重人们对精神分析的兴趣。他们中的许多人来自不同的学科领域。来自教育学、哲学、文学研究、社会学和人类学领域的人，能够在一种以交汇滋养为特征的关系中与精神分析联系在一起。这就是为什么精神分析人类学很早就被盖扎·罗海姆（Géza Róheim）发展为一门独立的学科，这也是为什么精神分析思想在20世纪20年代布达佩斯学派的先锋知识分子中生根发芽。费伦齐不仅促进了布达佩斯学派在多个学科领域的发展，还进一步推动了精神分析的发展，这就意味着，如果不扎根于文化，或者不反思与社会有关的问题和困难，精神分析就不可能兴旺发达。时至今日，我们可以肯定的是，精神分析与其他学科，特别是视觉艺术和文学之间已经形成了极其紧密的联系。

体验是一种塑造心灵的力量

"体验"（erlebnis，德文）的概念，正如卡洛·波诺米在他的一项研究（Bonomi，2000）中所讨论的，或者一般来说，在体验的哲学意义上，是费伦齐思想的核心。体验代表了一种心智形成的力量，这种力量的心理动力投射会呈现出来，这一观点来自费伦齐最常被引用的关于创伤理论范式转变的论文《言语的迷惑》（Ferenczi，1933/1980；Mészáros，2010）。最终，人际体验的内在心理形成代表了创伤体验的心理学基础。在这种观点中，决定性因素包括在人际关系和实际体验中产生的创伤源。因此，费伦齐抛弃了弗洛伊德的二次创伤理论，其依据是幻想体验所造成的紧张也可能会导致创伤；也就是说，只要出现一个与病理方向有关的内在心理过程就足够了。费伦齐的理论构架阐明了受害者和施害者之间的人际过程和内在心理过程，其中包括自我防御机制的运作，如与攻击者认同、分裂、最小化、否认或投射。与攻击者认同——在 40 年后被人们熟知，名为"斯德哥尔摩综合征"——代表了自我的完全丧失，在极端情况下可能导致自我毁灭。费伦齐在《临床日记》一书中写道，"在面对攻击且缺乏躯体和心理上的外部防御工具的情况下，（受害者）别无他法，要么因缺乏爱而毁灭，要么通过自体改造来适应攻击者的欲望（甚至是最隐蔽的欲望），以使他平静下来。认同代替了仇恨和防御……"（Ferenczi，1933/1980）。通过自我防御机制，费伦齐证实了创伤事件的后果是如何影响遭受创伤的个体的。今天，我们会说，如果至少有一个人为遭受创伤的个体提供安全保障，并使她或他能够分享创伤经历，如果该个体通过讲述开始意识到这些支离破碎的片段并将它们连接在一起，那么她或他就有机会立即调动愈合过程。相反，与创伤体验和拒绝态度有关的羞耻、焦虑、恐惧，会使个体在社会环境中被孤立，这是一个致病因素，其本身也是跨代创伤过程的源头。

能够与不确定性共存

在谈到费伦齐时，迈克尔·巴林特说："即使是最常见、最日常、最常规的体验，他也从来不会放弃探寻和随意结束；在最后处理或最终解决问题之前，他也从来不会终结任何可能性（Balint，1957b）。"

这不仅仅是体现思维开放性的一个标志！决定论思维会整合那些可以与现存的理论构架相结合的部分，同时把那些不可能被整合的片段、现象和经验排除出去。我们可以简单地说，这是一种走捷径的方式。这种走捷径的方式，实际上是为了减少不确定性因素所做的一种尝试。我们需要大量的内在安全感才能承受长期的不确定性所带来的挫折感。费伦齐能够忍受理论缺陷带来的不确定性，并进行实验以减少这些缺陷。举个例子，想想他在精神分析领域采用主动技术所进行的实验，在这些实验中，他努力提高精神分析的有效性。应该指出的是，他也描述了实验的阴性结果。在他二十多岁时，他写道：

我们从错误中学到的东西最多，这并不是什么新鲜事。问题是，在通常情况下，我们以妒忌之心隐瞒了我们通过这种方式得到的教训，因为我们在变得非常聪明上投入了很多，如果可能的话，我们希望在别人眼里永远是绝对正确的。这就是在社会上，特别是在医疗实践中经常出现的情况（Ferenczi，1900/1999）。

容忍不确定性的能力难道不是优秀研究者的标志之一吗？的确，一个人要想发现和认识新的联系，不仅需要天赋、机智和耐力，还需要在发现变得清晰、熟悉的现象无法符合我们现有的事实体系时，能够抵挡上述认知失调的沉着而冷静的态度。这种冲突常常诱使我们在得出结论时走捷径，因为我们发现不确定性压力所带来的紧张感是一种负担。尝试用主动技术努力提高分析师的工作效率的费伦齐，也经常体验持久的紧张甚至失败。他容忍复杂性和不确定性的能力是他非凡的优势之一，而且他有与同事分享经验教训的愿望。

你知道，也许，除了自由联想以外，我最初倾向于制定某些行为规则……后来的经验告诉我，一个人永远也不应该命令或禁止任何行为的改变……如果我们有足够的耐心，病人迟早会提出这样一个问题：他是否应该冒险做出一些努力，如去挑战恐惧回避行为……换句话说，我们必须由病人自己决定付诸行动的时机（Ferenczi，1928/1980）。

费伦齐承认自己的失败和弱点；他与它们建立了一种反思性的和批判性的关系，并将这些内容写进了他的著作中（Borgogno，2004）。费伦齐"倡导了一种创新实践，这是对未来范式转变的指引"（Borgogno，2007）。他认为自己患的急性贫血源于心身问题，这反映了一种内在的混乱，即一个在智力上独立但在情感上渴求的人的痛苦挣扎。同样，他在《临床日记》中也谈到了自己与弗洛伊德之间的关系存在矛盾和冲突：

就我而言，当我意识到我不仅不能依靠"更高的权力"的保护，相反，只要我走自己的路而不是他的路，我就会被这种冷漠的权力践踏，我的血液危象便会发生……现在，就像我必须制造新的红细胞一样，我必须（如果可以的话）为我的人格建立一个新的基础吗？……我的同事也抛弃了我……在弗洛伊德与我的争论中，他们所有人都因为过于害怕弗洛伊德而不敢客观地对待我，甚至不敢对我有一丝同情心（Ferenczi，1932/1988）。

为精神分析运动注入能量

费伦齐为精神分析运动注入了能量。从一开始到去世，他参加了每一次精神分析大会，倡议成立了多个专业组织（国际精神分析协会和匈牙利精神分析协会），创建了布达佩斯的第一个大学精神分析系（1919 年）和第一个综合诊所（1931 年），并帮助创办了《国际精神分析学报》（1920 年），他还做了一些广受欢迎的讲座，其影响范围远远超出了狭隘的职业圈。他的文章不仅发表在学术期刊上，也发表在报纸和杂志上，从而让更广泛的受过教育的读者获益。他很少对所做的事情居功自傲，其中就包括他为国际精神分析运动所取得的成就。在 1928 年的一次采访中，他说道："当然，我仍然认为我最持久的创举就是我花费毕生精力工作的国际精神分析协会，到目前为止，这个组织几乎在世界各地的每一个文化中心都有分会组织（Ferenczi，1928/2006）。"

今天，在国际精神分析界，到底是谁提议创建国际精神分析协会的，这个问题仍充满了不确定性。正如一些著作和信息材料所表明的那样，即使在今天，人们也更容易将这个想法归功于弗洛伊德，而不是归功于其他人（如费伦齐）。尽管弗洛伊德和费伦齐，以及那些来自匈牙利和其他国家的同时代的人——那些与费伦齐关系密切并了解他的著作和成就的人，包括伊斯特万·霍洛斯、米哈利·巴林特（Mihály Bálint）、科斯托拉尼·德若（Kosztolányi Dezso）和马克斯·艾丁根（Max Eitingon）——都知道费伦齐创立了国际精神分析协会，起草了协会的成立章程，并于 1910 年将其提交给纽伦堡精神分析大会进行讨论。

费伦齐就像一位有远见的英明政治家，他意识到自己正在创建一种结构体系，这是必要的，但也可能是许多冲突的根源。费伦齐于 1911 年在《治疗》（*Gyógyászat*）上发表了以下关于这一主题的文章：[4]

> 我熟悉社会生活中的一些旁门左道，我也明白这种现象会在政治、社会和科学协会中有多么频繁地出现，幼稚的自命不凡、虚荣、毫无意义的形式主义、盲目服从和个人利益占据了上风，没有人诚实地致力于公益事业……。这些协会无论在本质上还是在结构上，都保留了家族的特征……协会中的生活是一个空间……在那里（基于家族生活的模式），仇恨和崇拜占据了优势，先驱的旧秩序被恢复，类似于一个被崇拜的英雄或党派领袖的一位新父亲，同事中的一位新兄弟，信任他的女性中的一位母亲，孩子们的新玩具…这一点已经在其他协会中被证实，即使在我们这些狂野的、不受约束的和无组织的分析师中，这一普遍存在的规律也存在，我们的父亲和精神领袖的形象被浓缩成了一个梦幻般的形象（Hollós citing Ferenczi，2000）。

然后，费伦齐表示了一些希望，并说道：

> 尽管受过精神分析教育的成员最适合建立协会，该协会可以将家庭组织的所有优势与最大可能的个体自由结合起来……在协会中，父亲不会被认为是绝对权威……在那里，真相可以相互分享………因此，协会生活的前自体性欲阶段，可以被更高级的客体爱阶段替代，在这个阶段，提供满足感的不再是对情绪化的性欲发生区（虚荣心、野心）的搔弄，而是观察客体本身（Hollós citing Ferenczi，2000）。

看看巴林特是如何回忆的："他很少被彻底地研究，很少被正确地引述，经常被批评，而且这些批评往往太过频繁且毫无道理。后来，他的观点不止一次地被重新发掘和再发掘。他是国际精神分析协会的缔造者……（Balint，1949）。"马克斯·艾丁根评论道："费伦齐总结精神分析发展的过去和当今趋势，并得出结论，创建精神分析协会的时机已经成熟……（Eitingon，1933）。"

费伦齐真正让人着迷的地方在于，他通过充满创造性的力量，将他的创新性智慧运用于学术框架中，尽管这些创新性智慧存在着种种矛盾和冲突，它们仍促使精神分析发展至今。在这一点上，我想提出一个观点，费伦齐在思想史上具有无与伦比的重要地位，即使在当今时代，我们仍能感觉到他的影响，如果精神分析团体没能聚集在一个组织中，这一切将是不可想象的。救济与移民紧急委员会（Emergency Committee on Relief and Immigration）是由美国精神分析协会成立的一个小型组织。该委员会与国际精神分析协会合作，在 1938—1941 年间帮助大约 150 名欧洲分析师及其家属脱离欧洲，摆脱法西斯主义的铁蹄蹂躏（Mészáros，2014）。这激发了人们非同寻常的团结。该委员会不顾美国的反移民政策，撇开个人和职业上的竞争，与精神分析界合作帮助欧洲的同事从可能的死亡中逃到美国。他们不仅拯救了很多个体，而且为后人保留了欧洲精神分析精神的火种。

费伦齐，错失的环节——结束语

为什么是费伦齐？15 年前，我询问过几位同事，包括卡洛·波诺米、安德烈·E. 海纳尔、吉尔吉·海德思、朱迪思·杜邦、安-路易丝·西尔弗（Ann-Luise Silver）、鲁道夫·普菲茨纳（Rudolf Pfitzner）和朱迪思·维达（Judith Vida），他们是怎么遇到费伦齐的（Mészáros，2000）。

对于他们无法回答的问题，他们一直都在寻找答案并在他们迄今为止所获得的知识和信念体系中进行反思。年轻的安德烈·E. 海纳尔扪心自问："一个人可以从哪里学到一些确定的东西？"一个老掉牙的答案在他耳边回响："……据他们说，所有答案都在弗洛伊德那里（Haynal，2000）。"他并没有找到答案。后来又有一次，他问他的督导，这个或那个知识来自哪里，因为弗洛伊德那里并没有。这位著名的分析师也不知道答案，但他答应给他在纽约市的学识渊博的朋友打电话问问。于是，他打了电话，并得到了以下答案：来自体验。对此，海纳尔又提出了另一个问题："但这是谁的体验呢？"然后，他在图书馆里偶然发现了一本书，其中有一篇费伦齐的论文，上面如此写道："关于下列问题，在分析过程中谁睡着了，症状是如何随着病人-分析师关系的变化而变化的……我们如何理解……我们的感受，他/她的感受……有人知道答案。"因此，有某个人知道迄今为止我们所获得的知识中仍缺少的东西，因为"他曾经尝试对很多事情进行试验，诚实地公开自己的错误并尽力去思考它们，他甚至把所有这些都记录下来了……"，所以我们可以把目光转向他。在20世纪70年代和80年代，来自巴黎、日内瓦、纽约、波士顿、洛杉矶、布达佩斯、佛罗伦萨、都灵、伦敦和慕尼黑的同人提出了与海纳尔类似的问题。这些人开始相互沟通和交流。费伦齐就是其中缺失的一环，他的思维、感受和存在方式，可以或可能使我们更接近临床现象的多维度途径、更接近精神分析技术本身，以及更接近理论观点的多层面本质。

在阅读费伦齐时，我们很容易通过自身来反思和寻找替代方案以解释某种特殊现象，而不会感受到必须马上得到答案的压力。在精神分析内部和外部的世界里，费伦齐提供了一种人文主义的观点，这种观点绝对优先于以成功为导向的、以自我为核心的，或者我们甚至可以说是自我扩展性成就的观点。在费伦齐的世界中，最大限度的真诚态度、探索精神、对患者的尊重，以及心智开放性等方面都格外受重视。费伦齐针对权威的抗争、对整个体系的抗拒——基于关系层面或社会层面的——以及他为了实现情感自主性以匹配其内部心智自由性所做的挣扎，成为我们许多人的典范。正如同道所提出的，这是"我们对费伦齐的世界视野的职业性认同"（Kahuni and Sanches，2009）。

　　费伦齐的遗产不仅是精神分析领域的重要内容，而且是一种更深刻意义上的学术思想及一种包含跨学科复杂性的思维方式。我们注意到费伦齐精神已经汇集了来自纽约、布达佩斯、佛罗伦萨、都灵、巴黎、伦敦、特拉维夫、布宜诺斯艾利斯和圣保罗等地的专业人士。它使他们聚集在一起，共同守护这一珍贵遗产。也许你们中的许多人和我一样了解费伦齐是谁。他知道如何观察、如何保持沉默，以及如何倾听。他可以忍受不确定因素造成的紧张局势，而不做出迅速的、有偏见的结论，而且他知道自己的错误和自己的责任所在。

　　在我们的临床工作、研究甚至日常生活中，我们总是在寻找缺失的环节。问题是：我们如何能够与不确定性共存，如何针对出现的问题寻找科学答案或最佳解决方案？在 21 世纪这个充斥着冲突和负担的世界里，我们如何才能找到个人问题和社会问题之间的联系或关于二者的精神分析性反思呢？我们生活在不同的土地上，有着不同的文化背景，但我们都尊重人类的主权，并把精神分析的工具集中在自主性人格的发展上。这一点仍然是发展一个低冲突型社会的基本要素。

　　（本章由崔界峰翻译。）

·　注　释　·

1. 本章内容的早期版本参见《当代世界的费伦齐》（*Ferenczi in Our Contemporary World*），发表在《精神分析探究》（34：1–9，2014），并获得出版许可在此引用。

2. Ferenczi's letter to Vilma Kovács on July 21, 1921. Manuscript, Sándor Ferenczi Society, Budapest.

3. 这是发表在《精神分析探究》（34：1–9，2014）上的一篇论文的扩充版。

4. 最初的匈牙利文版本与英文版的文字内容有所不同（有删减）。英文版的题目是：《论精神分析运动的组织》[*On the organization of the psycho-analytic movement*；In S. Ferenczi (ed), Final Contributions to the Problems and Methods of Psycho-Analysis. London: Karnac Books, Maresfield Reprints, pp. 299–307]（原著出版于 1911 年）。

第 2 章
寻找雄性命根[1]
——以桑德尔·费伦齐的视角重新解读精神分析的起源

卡洛·波诺米

精神分析根基中包含的分裂

费伦齐在生命的最后几年里开始对精神分析的发展方向表示不满,他提倡分析师要对病人采取具有更少防御性和更多开放性的态度,并试图以此来对整个精神分析学科领域进行重组。他对精神分析的革新表现为一种不同的退行方法,一种对精神分析情境的关系层面的理解,以及对弗洛伊德已放弃的真实创伤理论的复兴。费伦齐并不认为自己是一位持不同政见者,也不希望脱离精神分析运动本身。然而,他很清楚,在与"父亲"弗洛伊德之间明显而公开的冲突中,他几乎没有胜算。

费伦齐在 1932 年撰写了《临床日记》一书,作为他的理论和技术革新的备忘录,以及他与弗洛伊德之间的冲突和分歧的见证。这样做不仅使他有机会提出自己的临床治疗观点,也让他明确地指出了他当时认为的精神分析所走过的错误道路。费伦齐的日记出版于 1985 年,在他 1933 年早逝半个多世纪之后。这本书的出版最终使他的远见卓识和内在声音得以传播,虽然它们已经被压抑了多年,但还是被精神分析界的成员听到了。

对于弗洛伊德为什么放弃了他最初关于创伤和症状形成的看法,费伦齐既感兴趣又深感困扰。费伦齐在这个问题上的立场在结构上与他认为精神分析呈现错误发展道路的想法有关，他认为，在遭受创伤的病人面前，临床医生的情感防御是两个人心中矗立的唯一问题——从日记的开头几页来看，费伦齐认为这是由分析师的"不敏感性"（fühlosigkeit）造成的。将这一问题引入精神分析领域的正是弗洛伊德本人。费伦齐认为，弗洛伊德对病人的不敏感性，部分源于每一位精神分析师都会面临的困难和挑战，即当病人用言语来详细讲述其故事和个人痛苦时，一些情绪会在精神分析性境遇的人际情境中呈现出来，而分析师必须承受住这些情绪。在医学专业领域，人们普遍认为医生对病人的不敏感性为其提供了必要的保护。弗洛伊德认为，如果要使医患之间的情感纠缠保持抑制状态，使得分析情境中的人际关系保持中立，那么，分析师就需要一定程度的冷漠和超然态度。在弗洛伊德看来，分析师必须在分析情境中扮演一个"外科医生"的角色。因此，医生需要一定程度的不敏感性来成功地进行分析工作，而这实际上是为了保持科学家的平衡性和清晰性，使其以客观且中立的态度回应病人的移情。

费伦齐从与弗洛伊德截然不同的角度来看待病人和分析师之间的关系。根据他的临床经验，他认为按照精神分析界颁布的标准，分析师的不敏感，实际上是对他的病人的抛弃。正如费伦齐在他日记的开头一页中所写的那样，这一立场只对病人无意识的再现和重复有所贡献和偏爱。费伦齐还想知道，弗洛伊德是如何及何时接受这一立场，并变得对他的病人麻木不仁的。

费伦齐曾将精神分析的错误发展追溯到了弗洛伊德在最初的工作中的决定，即他决定从对病人强烈的情绪参与中后退一步，并努力通过一种宣泄的方法来治愈他们。例如，在《放松与新宣泄疗法的原理》（*The Principle of Relaxation and Neocatharsis*，1930）一文中，费伦齐指出，弗洛伊德最初接受的医生与病人之间的浓烈情感关系"逐渐冷却为一种无休止的自由联想实验"，分析过程随后慢慢地演变为一种"理智的"事物和程序。费伦齐在他的临床日记中对这个主题进行了反思，这样做正是为了解释弗洛伊德对病人在情感上的抛弃和退缩现象。费伦齐很可能多年来一直对这个主题保持着个人观点。

根据费伦齐的说法，弗洛伊德最初"满怀热忱地追随布洛伊尔（Breuer），全身心地致力于神经症的治疗"。然而，当"反移情问题像深渊一样呈现在他面前"时，他"先是被震惊了，然后是感到幻灭"。费伦齐的假设是，弗洛伊德在最初的震惊和幻灭之后，干脆转身离开，抛弃了他那些遭受创伤的病人。这样做帮助他安全地着陆于 19 世纪科学的唯物主义阵地，并采取了自然科学家的立场。费伦齐认为，弗洛伊德仍然坚定地致力于分析"理智上而非情感上"的内容（Dupont，1985）。

费伦齐关于治疗情境的观点与我们所听到的关于精神分析起源的经典叙述相冲突。精神分析的传统观点认为，是弗洛伊德发现了无意识及其在症状形成中的作用，这被当作弗洛伊德内在精神成就的一个直接产物。在精神分析领域，弗洛伊德的自我分析通常被认为是他发现婴儿期性欲重要性的基础，而这实际上也是他发现俄狄浦斯情结的主要决定因素。正如恩斯特·克里斯（Ernst Kris，1954）所描述和表达的那样："弗洛伊德在解释他自己的梦时，已经迈出了决定性的一步；从自我观察和自我实验，到系统的自我分析，他进入了一个新的明确的方向。"克里斯试图解释，弗洛伊德的自我功能正是以这种方式出现的，经历了"从卷入激烈的冲突到获得充分的和最大限度的自主性"这一过程。

克里斯的解释是他在精神分析的黄金时代提出的，当时自我的自主性被视为精神分析建构和确立的核心。克里斯的立场和费伦齐在《临床日记》中所提出的观点是完全不相容的。在精神分析的经典叙述中，作为充分的和最大限度的自我自主性的标志，即用"自我分析"（self-analysis）来取代"卷入激烈的冲突"，被费伦齐看作一种对关系需要的退缩，事实上，正如我们将看到的那样，"自我的自恋性分裂"被分为"一个惨遭残酷摧毁的部分"和一个"观察性自我"（self-observing）部分，表现为"什么都知道，但又什么都感觉不到"（Ferenczi, 1931）。

在接下来的内容中，我将试图用事实和证据来证实费伦齐在精神分析核心和起源中发现的有关分裂的观点。

弗洛伊德的骨盆自我解剖之梦

我要重新建构的出发点是弗洛伊德的一段自我分析，它触及了费伦齐关于自我的自恋性分裂的概念，即弗洛伊德的骨盆自我解剖之梦。在这个梦中，弗洛伊德发现自己被分成两半，从上面看，他的身体躺在桌子上，骨盆被割开了（Freud, 1900）。然后，他开始了一段漫长的旅程，最后进入了一口房屋棺材里。弗洛伊德从梦中惊醒，并感到惊慌失措。然而，在他对梦的解释中，他坚持认为自己的梦是一个愿望的实现，梦中棺材的意象来自他在奥尔维耶托市附近旅行时参观过的伊特鲁里亚墓地的外观，由此他完成了这一梦之杰作（Freud, 1900）。这位精神分析之父声称，梦中呈现的骨盆自我解剖是对他 4 年前开始的自我分析过程的一种象征性陈述。

弗洛伊德在 1897 年 9 月访问了奥尔维耶托市附近的伊特鲁里亚墓地，当时他正在进行自我分析。那时，弗洛伊德也决定放弃他的诱惑理论，放弃真实的或实际的心理创伤会导致歇斯底里的观点。弗洛伊德喜欢到欧洲南部旅行，但他患有旅行恐惧症。因此，他不喜欢独自度假，多年来，他总是在比他小 10 岁的弟弟亚历山大（Alexander）的陪同下度假。当弗洛伊德参观伊特鲁里亚墓地时，亚历山大正好陪着他。当时他很可能回忆起了童年时梦见的死去的雀鸟形象的母亲（Freud, 1900），那是他的母亲阿玛利娅（Amalia）怀上亚历山大时，他曾做过的一个真实的焦虑梦。弗洛伊德童年时期的梦包含着丰富的考古学意象。当弗洛伊德后来在他自己丰富的意象中梦见伊特鲁里亚墓地时，他很可能想象自己已经设法取代了弟弟的位置，并成功占据了母亲的子宫。

正是在参观伊特鲁里亚墓地时，弗洛伊德购买了他大量收藏品中的第一批古董。几个月后，他做了一个梦，在梦中他和他的弟弟亚历山大遭遇了海难。因此他和弟弟一看到船就非常害怕。然而，当弗洛伊德在梦中看到一艘中间被折断的小船时，他们的恐惧被驱散了。弗洛伊德说，这艘船的形状跟他游览伊特鲁里亚墓地时吸引他的物品有着惊人的相似之处："矩形黑陶托盘，有两个把手，上面放着像咖啡杯或茶杯之类的东西，这和我们现代吃早餐时用的餐具没什么两样（Freud，1900）。"弗洛伊德报告说，这些都是伊特鲁里亚族女士的随葬品。由于早餐-船从中间被折断，弗洛伊德得出结论，他的梦一定反映了"沉船后的归来"（schiffbruch，字面意思是破船）的蕴义。学者已经将弗洛伊德关于被折断之船之梦解释为被阉割的象征（Anzieu，1986；Cotti，2007）。然而，弗洛伊德可能在无意识中想到了一个更加具体的情境和事件，即1866年他的弟弟亚历山大的割礼仪式，当时只有10岁的弗洛伊德必定参加了那次仪式。

弗洛伊德的早餐-船之梦是他所做过的关于弟弟亚历山大唯一的梦。弗洛伊德对弟弟怀着深深的感情。这种感情似乎后来转移到了另一个"亚历山大"身上，弗洛伊德也和这个"亚历山大"一起度假，就像和他的弟弟一起度假一样：这个人就是桑德尔·费伦齐。这样的观察帮助我们将注意力转向费伦齐在1912年圣诞节时所做的"早餐"之梦和"生殖器"之梦。他在1912年12月26日的第二天写了一封信，向弗洛伊德报告了这个梦。

费伦齐的生殖器被切断之梦

费伦齐的生殖器被切断之梦使他处于恐惧状态（这个梦包含以下片段：被切断的生殖器被放在一个"矩形托盘"上；费伦齐的弟弟为了性交刚刚切断了自己的生殖器）。他决定在信中给弗洛伊德画一幅画来描述梦中的内容。[2] 在梦的另一个片段里，许多人围坐在桌子旁，谈论着家族的相似性。

对于他的梦，费伦齐评论道："'我弟弟'（等于我，我自己）。"

费伦齐写信给弗洛伊德，说这个梦证实了阉割是对他乱伦感受的一种惩罚。[3] 费伦齐在做这个令自己烦恼不安的梦之前，已经开始经历对男性身份的躯体紊乱及流血至死的幻想。当时他也正处于与埃尔玛·帕洛斯（Elma Palos）的纠缠关系中（Berman，2004）。所有这些事实都有助于将他的阉割幻想追溯到他的内心冲突上。

然而，当我第一次读到费伦齐的梦时，我获得了一个清晰的印象，那就是它代表了一次图腾大餐，它要表达的是费伦齐对弗洛伊德的强烈认同，特别是费伦齐梦中的矩形托盘让我想到了弗洛伊德梦中的早餐-船。我们要特别注意的是，那时弗洛伊德刚刚在卡尔·荣格面前第二次晕倒，而在一个月前费伦齐已经预见并实际预测到了这一事件。弗洛伊德立即着手分析了费伦齐的"那一点儿神经质。"[4] 然而，荣格并不相信弗洛伊德的自我分析（参见荣格于 1912 年 12 月 3 日写给弗洛伊德的信）。强壮的荣格把弗洛伊德从地板上抱起来，放在躺椅上。让这位瑞士精神科医生感到不安的是，当弗洛伊德从昏厥中苏醒过来时，他听到弗洛伊德喃喃地说："死亡是多么甜蜜啊。"

当弗洛伊德试图通过挑出荣格信中的一个错误来扭转这种局面时，荣格变得非常恼火，然后象征性地把他放在躺椅上。荣格对弗洛伊德的"小把戏"做出了回应，指责他"将学生贬低到儿子和女儿的水平，让他们羞愧地承认自己存在缺点和错误"（12 月 18 日）。这导致了二人最终的决裂。我们记得，这一天是 1913 年 1 月 3 日，当时弗洛伊德写信给荣格，建议"彻底放弃我们之间的私人关系"。

弗洛伊德一直在向费伦齐汇报当时发生的事件，他甚至分享了与荣格在 12 月 18 日的通信的复印件。弗洛伊德的晕倒魔咒、荣格对弗洛伊德的自我分析的不信任，以及弗洛伊德与其追随者之间的关系的主题，共同构成了费伦齐于 1912 年 12 月 26 日与弗洛伊德通信的背景，他在信中与弗洛伊德分享了他的生殖器被切断之梦。

费伦齐的信以严厉谴责荣格和相互分析开始。费伦齐坦言，他自己也经历了一段叛逆时期，并接着补充道，他现在已经做出决定，认为相互分析的想法简直是"胡闹"。随后，费伦齐在信中写道："您可能是唯一一个可以允许自己在没有分析师的情形下这样做的人；但是这其实对你来说没有任何好处。"费伦齐接着补充道："尽管自我分析存在种种缺陷，但是我们不得不期望您有能力掌控自己的症状。"

费伦齐似乎对弗洛伊德的晕倒魔咒感到害怕和困惑。自 1909 年的美国之行以来，作为弗洛伊德和荣格在他们所乘坐的船的甲板上交换释梦观点的无声见证人，费伦齐一直渴望让弗洛伊德参与到相互分析中来（参见费伦齐于 1910 年 10 月 3 日写给弗洛伊德的信）。但这种欲望，显然是由他对弗洛伊德的"秘密"的好奇和兴趣激发的，现在却被他谴责和压制。

荣格和费伦齐都对弗洛伊德强烈的死亡幻想感到无力和震惊。他们还对弗洛伊德的脆弱感到失望，并对他的自我分析及其治疗和治愈症状的能力持怀疑态度。费伦齐并没有在这些问题上挑战和对抗弗洛伊德，而是要求弗洛伊德接受他的分析。费伦齐的要求可以在上面提到的同一封信中找到，在这封信中，他与弗洛伊德分享了他的生殖器被切断之梦。因此，这个梦宣告了费伦齐对弗洛伊德的欲望发生了变化，即凡是曾经存在着客体关系的地方，现在就存在着认同。

当我第一次读到费伦齐的信时，我把他梦中暴露出来的生殖器海绵体与 17 年前威廉 · 弗利斯（Wilhelm Fliess）在 1895 年 2 月对艾玛 · 埃克斯坦（Emma Eckstein）的鼻子所做的手术联系起来。我们记得，弗洛伊德接受了弗利斯的多次鼻部手术。费伦齐对弗洛伊德与弗利斯的创伤性关系有着独特的认识。事实上，费伦齐一直怀有在 1912 年圣诞节期间，在维也纳接受鼻部治疗并访问弗洛伊德的想法（参见费伦齐于 1912 年 12 月 7 日写给弗洛伊德的信）。然而，费伦齐决定改变他的计划，放弃他的旅行和鼻部手术（他原本计划于 1912 年春天接受手术，并于 1913 年 12 月 25 日接受再次手术）。因此，在 1912 年的圣诞节，费伦齐似乎通过梦见自己的生殖器被切断来回应这一计划的改变。我们记得，费伦齐在自己的著作中曾说过，鼻子经常是男性生殖器的一个表现和象征。[5]

费伦齐梦中另一个引起我注意的重要内容是，他的梦与弗洛伊德的骨盆自我解剖之梦惊人地相似。虽然费伦齐是将生殖器被切断之梦作为一种屈从的姿态呈现给弗洛伊德的，但在我看来，梦中似乎也承载了一个高度浓缩的表征，反映了费伦齐对弗洛伊德的自我分析的怀疑和幻想。费伦齐也曾宣称，被主体"压制"的言论经常会设法回归并再现为"胃的语言"或"腹语"（bahreden，ventriloquism）（Ferenczi，1912）。在这种情况下，说话的主体不是胃，而是费伦齐被切断的生殖器。

当弗洛伊德终于同意接受费伦齐的分析时，同样的问题再次浮现出来。[6]就在费伦齐开始分析之前，他决定给弗洛伊德寄一份打算出版的手稿，其中包含了他对闭塞性子宫托之梦的分析（Ferenczi，1915）。1914年9月8日，费伦齐在手稿所附的信件中提醒弗洛伊德，这个梦不是他的病人的，而是他本人的。在手稿中，费伦齐扮演了分析师的角色，并将这个梦作为一个病人的子宫托之梦呈现出来，这个病人在一次分析结束后，觉得被他的分析师抛弃了。

在他的梦中，费伦齐在生殖器里塞满了异物（子宫托）。他感到非常害怕，因为他可能需要做手术才能清除这些异物。在费伦齐的解释中，异物既是生殖器的象征，也是自我分析的象征：费伦齐认为，它代表了一个被遗弃的孩子，为了取代他的分析师，正被迫将自己分裂成两半。同样的主题也可以在费伦齐的生殖器被切断之梦中找到。这两个梦中都存在着模棱两可的含义。费伦齐到底是在说他自己，还是在说弗洛伊德？

费伦齐显然是在此向他的分析师弗洛伊德展示自己，他作为一个被抛弃的孩子，正在被迫独自一个人去做所有事情。然而，正如恩斯特·法尔泽德（Ernst Falzeder，1996）所指出的那样，由于费伦齐的闭塞性子宫托之梦显然是仿照弗洛伊德的骨盆自我解剖之梦而提出的，因此费伦齐的梦及其对梦的分析被认为是"矛盾心理、元话语和隐含消息的杰作"。当费伦齐被要求将自己托付给弗洛伊德的时候，最让他害怕的是分析师人格的分裂。然而，费伦齐的梦似乎也预示着他的"智慧婴儿"（wise baby）观点，即他关于病人被迫成为自己的分析师的分析师的理论（Ferenczi，1923，1933）。从这个角度来看，闭塞性子宫托之梦可以被看作展示对弗洛伊德的情绪遗产的合并，这也导致费伦齐经历了强烈的焦虑。这一合并的命运究竟是什么？正如我们已经看到的那样，这一命运最初是在费伦齐早期的生殖器被切断之梦中宣布的。

闭塞性合并的一个宣泄出口

1993 年，我在布达佩斯举行的国际桑德尔·费伦齐大会上发表了一篇题为《弗洛伊德、荣格、费伦齐和一个被切断的生殖器的灵梦》（*Freud, Jung, Ferenczi and the Vision of a Cut-Off Penis*）的论文（Bonomi，1994）。我用了"灵梦"（vision）这个词，而不是梦，是因为它帮助我传达了两个不同的观点。首先，费伦齐一直在与一个内心的异物做斗争。其次，这个异物帮助费伦齐的无意识"受精"并成为他灵感的源泉。正是在这个梦之后，费伦齐开始关注生殖性方面的创伤，他对割礼的创伤问题进行了研究，重新评价了真实创伤理论，并提出我们要将真实的和实际的阉割视为一种"自恋性伤害"（Ferenczi，1913，1917a，1917b，1921）。

当时，费伦齐灵感的巅峰之作是《塔拉萨》，这是他在生殖器被切断之梦后提出的生殖器元生物学理论。多年来，费伦齐一直无法完成塔拉萨理论的写作和出版。每当他试图用纸笔来写这一主题时，他都会经历心身的苦楚、惊恐发作和普遍性写作障碍。1924 年，费伦齐终于出版了《塔拉萨》的德文版。然而，他也决定将他的著作翻译成匈牙利文，并将其改名为《灾难》（*Kaasztrofak*）。在他的心目中，他的著作体现了弗洛伊德生殖器理论的生物学基础，在这一著作中，他将其描述为一场巨大灾难的鲜活纪念碑。

我想转载我在《无声通信》（*Mute Correspondence*）中所写的一些内容，这是一篇涉及弗洛伊德和费伦齐之间的无意识交流的文章（Bonomi，1997）。

费伦齐的《塔拉萨》本身就与割礼的主题有关。它的中心思想是男性生殖器包皮的子宫理论，其中的割礼被含蓄地认为是一种原始灾难的象征。男性生殖器包皮的子宫理论允许一系列令人生畏的生物学-象征性等价物，特别是男性生殖器、儿童和鱼类之间具有等价性。根据费伦齐的说法，腺体被包覆在黏膜中，代表了孩子在子宫内生活的再现，而这在海洋灾难性的干涸（塔拉萨）发生之前，反过来又再现了人类的亲水性祖先——鱼类——的水生生活方式。

作为过去事件的鲜活纪念碑，男性生殖器承载着鱼类被迫离开"母亲"大海的记忆，这在每个孩子出生时都会重复，并通过生殖器勃起的行为来加以纪念。勃起本身代表了一种"自割"（自我分裂）的倾向或一种自我阉割的冲动，其目的是将生殖器与身体完全分离，这一分离只有通过液体排泄和受精事件才能部分得以实现。自我阉割也代表了压抑的原型（Ferenczi，1924），通过这种压抑，原始创伤得以保留。当男性生殖器进入子宫时，它作为孩子渴望返回母亲子宫的象征，与鱼类渴望并奋力返回大海完全相同；这两种行为都涉及了一种退行，即努力返回和还原创伤前的情境的愿望。最后，对沉静的、抱持的和安抚性的母亲-子宫-海洋的渴望，说到底只是对死亡的一种渴望，即想要恢复孩子在创伤性地进入生命和觉醒之前所存在的完美、和谐与休养生息的渴望。这就是原始人将死者以一个蹲着的或胎儿的姿势安葬的原因（正如费伦齐在结论中所引出的回忆那样）。

只有在这首安魂曲之后，费伦齐才能实现他与弗洛伊德的内在分离。"塔拉萨"从它的生物外壳中解脱出来，呈现为一个被切断的生殖器的失能幻象的诗意变换，为前面提到的两个梦中戏剧化的闭塞性合并提供了一个宣泄的出口。当我们将这种幻想的场景与弗洛伊德自我分析的梦和象征联系起来时，我们意识到，《塔拉萨》中呈现的神话所激起的强烈情绪与使残缺的生殖器恢复平静的母性幻想有关，这相当于一个死去孩子的象征性等价物。

我以前曾试图通过一个简单的范式来传达这一点。在我看来（Bonomi，1994，1997），费伦齐的推测反映了弗洛伊德的男性生殖器崇拜中隐藏的病理性哀悼的情感运作过程。在成功地完成了哀悼后，费伦齐终于能够背叛弗洛伊德，使自己脱离他，并与他的教义保持距离。

一种关于创伤的新语言的创造

费伦齐对性生活起源的生物象征性分析继承了弗洛伊德的《系统发育性幻想：移情性神经症概述》（*A Phylogenetic Phantasy: Overview of the Transference Neuroses*，1915/1987）中的内容，这是弗洛伊德在 1915 年撰写的一篇元心理学论文，但他在有生之年并未发表这篇论文。弗洛伊德与费伦齐深入地讨论过这篇论文的主要议题。事实上，在 1916 年，他们计划共同撰写一本基于拉马克假说（即个体获得的特征可能会插入遗传密码中并得以遗传下去）的书。弗洛伊德未能就这个主题展开他的想法，于是，他将整件事情都交给了费伦齐。《塔拉萨》受到弗洛伊德的高度重视，他认为该书是他们"在生命、思想和兴趣等方面的友谊"的巅峰之作（参见弗洛伊德于 1933 年 1 月 11 日写给费伦齐的信）。但不久后，弗洛伊德的匈牙利学生和朋友便"渐渐地远离了"他，正如弗洛伊德（1933）在写给费伦齐的讣告中描述的那样。

在《图腾与禁忌》（*Totem and Taboo*）一书中，弗洛伊德首次提出了他的创世神话，他并没有明确指出原始游牧部落的父亲是否阉割了他的儿子，但这个想法对他的假设仍然至关重要，这是他在对狼人的分析过程中形成的，"用史前真理填补了个人真理的空白"，并"通过祖先生活中发生的事情来取代他自己生活中发生的事情"（Freud，1918）。无意识的阉割幻想的遗传性传递在弗洛伊德的系统发育性幻想中扮演了重要角色。由于这种系统发育性场景，他已经放弃的真实创伤理论现在在一个原始的过去被重新定位，成为弗洛伊德自己对起源性残酷幻想的容器。然而，费伦齐对此表示了一些困惑。尽管人们确信父亲对儿子使用的主要武器是阉割的威胁，但他反对弗洛伊德的立场，他认为由于被阉割的个体无法再生，因此阉割焦虑的创伤无法代代相传，成为系统发育性遗产的一部分（参见费伦齐于1915 年 7 月 24 日写给弗洛伊德的信）。需要重点指出的是，当费伦齐提出这一反对意见时，他还将阉割与"丧失母亲"联系起来。在《塔拉萨》构建的神话中，这将以失去第一个客体和生命来源——"海洋"——为象征。

费伦齐显然赞同弗洛伊德的观点，即生殖器是关于快感的器官。然而，在他看来，男性性器官的重要意义主要不是表达自恋，而是"一种孩子气的、胎儿式的与母亲融合的器官性象征"（Ferenczi，1930）。他认为，男性生殖器的寻欢作乐功能与它的符号学和客体寻求功能是分不开的。因此费伦齐拒绝像弗洛伊德那样将阉割的创伤视为人类心理的终极元素，并将他的塔拉萨神话构建为一种无意识的解释。[7]

对弗洛伊德处理阉割主题的超现实方式的不满，很快在他的学生中显现出来。当弗洛伊德要求费伦齐和奥托·兰克合作并致力于研究精神分析的理论与实践之间存在的差距时，兰克写信给弗洛伊德说，他们"决定首先发起一场反对高估阉割情结的科学运动"，而且他们急于了解弗洛伊德对此事的看法（1922 年 8 月 22 日）。弗洛伊德劝阻他们二人不要朝这个方向前进，并鼓励他们放弃重新考虑阉割主题的计划。因此，这一主题实际上已经从他们的议程中删除了。

弗洛伊德认为阉割是创伤的自然语言。他坚定地认为，自我对外部创伤的反应表现为感觉自己无价值并发展出一种被超我（父亲的内部表征）虐待的需求。针对将心理断裂点向更早期或前俄狄浦斯期方向移动的观点，弗洛伊德采用了强调男性生殖器首要地位的新的构想（Freud，1923）来回应所有此类尝试。在奥托·兰克写了《出生的创伤》(*The Trauma of Birth*, 1924)一书来帮助将创伤从系统发育性场景带回到现实生活之后, 弗洛伊德重新阐释了他的理论, 将阉割假定为创伤的人为先验化过程: 弗洛伊德认为(1926), 无论自我可能经历了什么样的危险或丧失, 无意识都会以生殖器被切除的形式呈现出来。弗洛伊德深信, 由于"没有什么事情可以类似于死亡而被体验, 即使有, 如晕倒, 也不会留下任何可观察到的痕迹", 因此生命的毁灭必然通过阉割在无意识中呈现出来。这种观点贯穿于弗洛伊德的全部著作, 并且它有一个系统的、包罗万象的、不可渗透的结构: 一个人要么被迫接受, 要么拒绝, 要么留在系统内, 要么停在系统外。费伦齐本人则成功地从内部解构了这个系统。

正如我们所看到的, 费伦齐在《塔拉萨》一书中, 将勃起的男性性器官理论化为一场巨大灾难后耸立的纪念碑, 而这场灾难是通过"自割"的倾向来重演的——这是一个希腊文的新词, 暗示了自我切割或自我解剖的想法。在生物学领域, 这个概念指的是某些动物为了存活下来, 而在其生命和肉体处于危险时所采取的切割或去除自己身体的一部分的行为。费伦齐表达了这样的观点, 来理解和解释人类在遭遇创伤经历时的心理反应(Ferenczi, 1921, 1926, 1930–1932)。他最先研究了作为自体适应范式的自割概念(Ferenczi, 1921, 1926)。这一概念解释了生物体是如何在其反应和行为中铭记、保存和再现有关外部创伤的记忆的。

后来, 他将它想象成对湮灭体验的自动化反应(1930–1932), 将心理创伤的影响视为"部分死亡", 以及对心智中已经变得麻木不仁的部分的破坏。因此, 费伦齐打开了一个全新的宇宙, 在这个宇宙中, 心理生活中的精神病性碎片首次呈现在他的面前。这最终促使他提出了新的元心理学观点, 并创造了一种全新的语言来解释创伤对人类心理的影响。

这种新语言最重要的象征就是"自我的自恋性分裂"概念(Ferenczi, 1931)。在最近的一篇论文中, 我提出了这样一种观点, 即"自我的自恋性分裂"代表了费伦齐对弗洛伊德的骨盆自我解剖之梦的最终诠释。弗洛伊德在那个关键的和最发人深省的梦中，发现自己发生断裂并分裂成了两半，只留下他作为一名旁观者毫无情感地观察着自己。

弗洛伊德（1900）认为，这种对他梦中创伤元素的麻木不仁涉及了"情感的压抑"。这也被他解读为一种神经症性防御的尝试。弗洛伊德在他关于梦的著作的另一部分将其描述为"降临在尸横遍野的战场上的和平"，"没有任何痕迹"是"盛怒之下的争战"所留下的。费伦齐（1931）在他的论文《成人分析中的儿童分析》（*Child Analysis in the Analysis of Adults*）中试图对弗洛伊德的创伤性麻木不仁提供新的解读，将问题追溯到自我分裂成"一个惨遭残酷摧毁的部分"和一个"观察性自我"部分，表现为莫名其妙地"什么都知道，但又什么都感觉不到"的状态（Ferenczi，1931）。[8]

因此，关于创伤的新语言是一个漫长而清晰的过程的最终产物，所有这些都是通过对弗洛伊德自我分析中记录的创伤进行合并、修通和重组而实现的。这也与费伦齐对智力和情感之间分裂的冥想密切相关，这种分裂本身就植根于精神分析的基础。在《临床日记》中，费伦齐还讨论了弗洛伊德对允许自己被分析的恐惧。弗洛伊德的麻木不仁与他对异常态的贬低及他对女性的诋毁有关。费伦齐并不赞成弗洛伊德用阉割理论来解释女性气质的观点。他认为，这种观点牺牲了女性的利益，忽视了女性幻想拥有或获得男性生殖器是由创伤导致的可能性。最后，费伦齐将弗洛伊德对女性气质的厌恶追溯到他与"性要求苛刻的母亲"的关系上，并将弗洛伊德对自己被分析的恐惧与对"自己被阉割的创伤时刻"的回避联系起来。

正如我们所看到的，对这个梦的间接引用贯穿在费伦齐的全部著作中，这个梦先是标志了他对弗洛伊德的认同，然后又成为他构建《塔拉萨》中呈现的神话的指南针。最后，这个梦使费伦齐能够阐明一种全新的思维方式来思考创伤与强迫性重复之间的联系。

弗洛伊德与去世后的费伦齐之间的对话

事实上，弗洛伊德已经构建并完成了精神分析的支柱，而在此背景下，弗洛伊德对费伦齐解构精神分析基础的努力会做出什么反应？弗洛伊德最初的反应是积极的，甚至是热烈的。弗洛伊德在给费伦齐的信中写道，费伦齐"关于内心世界的创伤性碎片的新观点"具有"生殖性理论的某些伟大特性"（9.16.1930）。不过，弗洛伊德也补充道："我只认为，如果不同时治疗反应性的疤痕形成，我们就很难在自我非凡的人为活动中谈论创伤。当然，创伤本身也会产生我们所看到的东西。"弗洛伊德认为，创伤性记忆并不能直接获得。正如他在 1897 年 9 月 21 日给弗利斯的著名书信中所写的那样，创伤性记忆无法"突破"无意识，需要通过分析心理反应和疤痕形成才能得以重构。

费伦齐对弗洛伊德的反应感到失望："听到你觉得我的新观点'具有独创性'，我很高兴。"1930 年 9 月 21 日，他写信给弗洛伊德，并补充道："如果你宣称这一观点是正确的、有很大可能性的，甚至只是看似有理的，我会更高兴。"此后不久，二人之间便发生了众所周知的公开冲突。直到费伦齐去世后，弗洛伊德才开始吸纳他的观点。正如安德烈·E. 海纳尔（2005）所指出的那样：

即使在费伦齐去世以后，这种关系所引发的问题和冲突仍对弗洛伊德的内心产生影响。经过多年的哀悼以后（1933—1937 年），他回到了《可结束的和无休止的分析》（*Analysis terminable and interminable*，1937）一文中的创伤主题。他注意到——就好像他再次想通了费伦齐的观点——阉割威胁的影响代表了所有创伤中最严重的创伤。在这里，他显然是想把自己关于俄狄浦斯情结和对自己意义重大的阉割威胁理论，与创伤理论相协调。

弗洛伊德试图吸纳费伦齐的观点，这体现在他的多本重要著作中，尤其是在《摩西与一神教》（*Moses and Monotheism*）中，弗洛伊德谈到了自我的隔离和碎片化（Freud，1939）。我还认为，弗洛伊德最后的自我分析同样是通过他与去世后的费伦齐之间的对话明确的。

费伦齐对内心世界的创伤性碎片的新观点，与他对分析目标的重新确定密切相关。1930 年前后，获得创伤性记忆已经成为一个被废弃的目标，因为精神分析正在转变为一种自我心理学。然而，费伦齐（1929）提出，"除非我们能成功地穿透创伤性材料，否则任何分析都不能被视为完整的"。他接纳的是"一个更早期的方向"，用他的话来说，这个方向"不应该被抛弃"（Ferenczi，1930），然而，根据他的新观点，"创伤性材料"不能在自我的神经质反应和自我的适应性解决方案中寻找，而应该在更原始的反应中寻找，如脱离现实、分裂和碎片化等精神病性转向。这正是弗洛伊德（1936）在他的最后一篇自我分析的文章［著名的《关于雅典卫城的记忆紊乱》（*A Disturbance of Memory on the Acropolis*）］中选择论述的材料，弗洛伊德在 1936 年以"致罗曼 · 罗兰（Romain Rolland）的公开信"的形式撰写并提供了这篇文章。

对雅典卫城的怀疑

在参观了奥尔维耶托市附近的伊特鲁里亚墓地的 7 年后，1904 年，弗洛伊德参观了雅典卫城。他的两次旅行都有亚历山大陪同。按照我重构的观点，弗洛伊德对墓地的参观唤起了他的一些记忆，这些记忆与他的弟弟亚历山大的被孕育、出生和割礼有关。弗洛伊德（1936）在他关于雅典卫城的文章中指出，当他们站在一起俯瞰这座城市时，他可能会对他的弟弟说：

你还记得我们年轻的时候……现在，我们在雅典，站在雅典卫城上！我们真的走了很长的路！所以，如果我可以将这样小的一个事件与一个更大的事件作比较的话，拿破仑在圣母院被加冕为皇帝时，他定会转向他的一个兄弟——一定是最大的那个弟弟约瑟夫——并评论道："如果佩雷先生今天在这里的话，他会对此说什么呢（Freud，1936）？

　　然而，他对辉煌成就的愉悦感却被一种奇怪的"记忆紊乱"（erinnerungsstorung）所破坏，通过分析，弗洛伊德认为这是一种疏离感和一种怀疑感，就像他在雅典看到的那样，雅典卫城"并不是真实的"。弗洛伊德解释道，"这种'不真实感'在某些精神疾病患者中非常常见，但在正常人群中也会出现，就像幻觉偶尔也会在健康人身上出现一样"。弗洛伊德的负性幻觉原来是如此怪异，以至于他没有再去过希腊首都雅典一次。这一"意外事件"（弗洛伊德这样称呼它）给他的余生都带来了困扰。

　　弗洛伊德将他在雅典卫城前奇怪的怀疑感追溯到他的一个想法上，即他不"配获得"和不"值得拥有这样的幸福"。因此，站在雅典眺望雅典卫城，代表着一个俄狄浦斯成就，实现了他超越父亲雅各布·弗洛伊德（Jacob Freud）的愿望。事实上，正是通过支持和采纳希腊人对世界的看法，并将俄狄浦斯神话作为理解人类的关键，弗洛伊德至少在心理上超越了他的父亲雅各布。正如理查德·阿姆斯特朗（Richard Armstrong，2001）所指出的，"在面对雅各布·弗洛伊德的哈西迪德犹太教血统时，弗洛伊德（作为一名希腊化的人）的反应似乎既是一种自我谴责，也是一种自我祝贺"。

　　弗洛伊德最初为他的最后一次自我分析选择的标题是 *"Unglaube auf der Akropolis"* ［《对雅典卫城的怀疑》（*Disbelief on the Acropolis*），这个名字表明弗洛伊德正在提出他的反宗教情绪的主题］。他在《一种幻想的未来》（*The Future of an Illusion*；Freud，1927）一书中表达了他对这一主题的看法，并在 1936 年撰写了《摩西与一神教》，在此文中，他解构了他的父亲雅各布和他的父辈祖先所持有的宗教信仰和幻想。后来弗洛伊德决定停下来回到雅典和雅典卫城，以便回顾几年前曾发生过的那起"意外事件"。

　　在对这一意外事件的叙述和分析中，弗洛伊德（1936）决定采用一个挑衅性比喻来表达他的"怀疑"。正如弗洛伊德所写的，当他站在雅典卫城上时，他"被迫相信了一些似乎令人怀疑的现实情境，就好像走在尼斯湖旁边，突然看到了那个著名的（被广泛讨论的）怪物被困在岸边，迫使受到惊吓的路人承认："所以它确实存在，那就是我们从来不曾相信存在于这世上的海蛇！"

促使弗洛伊德表达这个令人困惑且可笑的比喻的原因有很多。在此，我将只关注与我们主题相关的方面，即弗洛伊德与去世后的费伦齐之间的对话。被困在岸边的巨大海蛇的意象——弗洛伊德使用了"活体"（leib）这个词，这一定让他产生了一种神秘且离奇的想法，那就是死者并没有真正死去——这似乎与费伦齐的"独创性观点"有关，更具体地说，就是与费伦齐在他的《塔拉萨》中所描绘的海洋干涸之神话有关。值得注意的是，就在弗洛伊德关于雅典卫城事件的报道和解释之后，我们发现他的话语中再次浮现出了相同的"龙"一词。在《可结束的和无休止的分析》一文中，弗洛伊德警告他的读者要反对费伦齐的错误观点，即分析师可以很容易地接近创伤性记忆。[9]正是在这个关键时刻，"龙"重新出现在弗洛伊德的论文中。

在谈到力比多固着和迷信观念的持续存在时，弗洛伊德写道："人们有时倾向于怀疑远古时代的龙是否真的灭绝了。"对我们来说，评论弗洛伊德的确切措辞是很重要的。弗洛伊德并没有说"灭绝的恐龙"或"不存在的龙"，而说的是灭绝的龙，这种说法模糊了恐龙的真实世界（化石证明了这一事实）和龙的虚幻世界之间的区别。弗洛伊德通过这种戏剧性的表达方式来宣称外部现实与无意识的幻想、创伤和防御、生活事件和易感素质之间的相互作用是不能割裂开来的。弗洛伊德的话语似乎明显地对费伦齐做出了准确的回应。

然而，弗洛伊德的冥想仍未被完成和结束。在他关于雅典卫城一文的附录部分，他决定撰写《防御过程中的自我分裂》（*Splitting of the Ego in the Process of Defence*）一文。在文中，我们发现弗洛伊德（1938）做了重要的反省，他曾想当然地认为"自我进程具有合成特性"，在这一点上他犯了错误。弗洛伊德现在认识到，自我可能会被分割和分裂，裂痕"永远不会愈合"，只会"随着时间的推移而不断增加"。弗洛伊德用一个从未停止过折磨他的主题来阐述他的观点，即一个 3 岁男孩对发生的灾难性威胁所产生的巨大恐惧反应。然而，对于费伦齐仍未完成的自我的自恋性分裂概念，弗洛伊德延迟了要吸纳这一概念的尝试。我们是否有可能向前迈出一步，以将弗洛伊德与去世后的费伦齐之间关于创伤性记忆的对话引向一个解决方案？

重新考虑反移情的深渊

弗洛伊德关于宇宙进化论与生活在海洋深处的诸如海怪、海蛇或龙等神圣生物之间的战争不仅仅是一个隐喻。在探索"弗洛伊德在雅典卫城产生的'紊乱'背景"时，麦克斯·舒尔（Max Schur, 1969）认为，弗洛伊德的紊乱和非真实感是由他从弗利斯那里收到的一封信的内容引发的，当时正是他"开始雅典之旅前的一个星期左右"。由于弗洛伊德一再压抑的人类普遍存在双性恋素质倾向的想法最初是由弗利斯提出的——这是一种症状性的"记忆紊乱"，在弗洛伊德与他的这位来自柏林的朋友的关系中一直困扰着他——因此在信中，弗利斯告诉弗洛伊德，他的想法究竟是何时及如何形成的。以下是他们在 1897 年的复活节那天参加的纽伦堡会议上发生的事：

我们第一次在纽伦堡讨论这个问题时，你告诉了我那个有巨大蛇梦的女性的病史。当时你对这样一种观点印象深刻（sehr betroffen，意为很受触动），即认为女性内心的潜流可能源于她心灵中的男性气质部分（Masson, 1985）。

这个女人到底是谁？她很可能是弗洛伊德当时的一位女性病人，而她梦到了巨大的蛇。有证据显示，这位女性是艾玛·埃克斯坦，她是多年来弗洛伊德在致力为精神分析奠定基础的时期最重要的一位女性病人。显然，艾玛令人困惑的个人历史背后是尼斯湖怪物的幽默隐喻——"那条我们从来就不相信存在于这世上的海蛇"——弗洛伊德在他关于雅典卫城论文中如此叙述来解释他的"不相信"。仅仅一年后，弗洛伊德决定在《可终止的和无休止的分析》中匿名讨论艾玛的案例，他在文中也回忆了弗利斯在纽伦堡向他提出的理论。众所周知，弗洛伊德在 1937 年的文章中采取了一些步骤来确定并评论分析师在分析过程中"劝说女性放弃生殖器愿望……"的徒劳尝试。

为什么弗洛伊德的这位病人在 1897 年的男性生殖器幻想和梦境，与他多年后在最后的自我分析文章中所回顾的创伤性材料有关？在 1897 年 1 月 24 日写给弗利斯的一封信中，弗洛伊德报告说，他的一位女性病人很有可能是艾玛·埃克斯坦，她在分析过程中向他呈现了一个"割礼场景"。从舒尔（1966）开始（他是第一个发表弗洛伊德信中的这一材料的人），一些精神分析历史学家陆续对弗洛伊德关于这一场景的描述做出了回应，否认了割礼可能的事实和真相。他们的立场和"不相信"没有合理的理由，而且艾玛报告的割礼场景本身使她幻想的强度和性质更容易得到理解，而这一幻想包括她拥有一个男性生殖器的躯体感觉。后者显然源自一个实际的或真实的创伤事件，即她的生殖器被切割。然而，正如费伦齐在其《临床日记》中所指出的那样，弗洛伊德并没有考虑到女性对拥有男性生殖器的幻想可能源于创伤。

艾玛·埃克斯坦今天被分析师所熟知，主要是因为威廉·弗利斯在她接受弗洛伊德分析的早期阶段就对她实施了鼻部手术。关于艾玛的鼻部手术和随后的崩溃，已经有很多说法。然而，到目前为止，学者还没有注意到的是，她当时的鼻部手术可能涉及了一种再次创伤的行为，就她而言，这种行为激活了与她的童年期创伤有关的记忆和幻想，这个创伤就是割礼。我在其他地方也提出过这一假设（Bonomi，2013，2015）。如果这一假设是正确的，那么已经传下来的关于精神分析起源的叙述就应该且必须被重新评估和修改。艾玛的割礼创伤也可能重新唤醒了弗洛伊德的有意识的和无意识的记忆，我敢打赌，弗洛伊德不仅促成了他的自我分析，也导致他及时地发现了俄狄浦斯情结，事实上他的阉割焦虑的经历也是这样产生的。因此，在弗洛伊德奠定精神分析的基石和基础的关键一年里，艾玛·埃克斯坦的割礼作为一个核心因素，滋养了弗洛伊德自己的无意识。然而，虽然弗洛伊德在无意识层面深受艾玛童年期创伤的影响，并通过被创伤的病人来认识自己，但很显然他并没有将她的割礼归类为创伤。正如费伦齐直觉性地发现的那样，反移情问题已经弗洛伊德面前"像深渊一样"打开了。

（本章由崔界峰翻译。）

· 注 释 ·

1. 作者衷心感谢马里奥·L. 贝拉（Mario L. Beira）在本文中提供的编辑协助。
2. 费伦齐的画并未包含在英文版的信件中。
3. 费伦齐在信中还讨论了这些相同的乱伦感受，他在信中还向弗洛伊德报告了第二个梦，即他的"小黑猫之梦"。费伦齐对第二个梦进行了较为详细的分析。虽然他对小黑猫之梦的分析提供了很多重要的观察，但在这里，我想把它们放在一边，以便只关注他的生殖器被切断之梦。
4. 弗洛伊德在 1912 年 12 月 8 日写给琼斯的一封信中，将他的晕倒魔咒归因于他在与弗利斯的关系中体验到的"一种难以控制的同性恋感受"。就在一天后，弗洛伊德便写信给费伦齐说："我又能够很好地工作，很好地分析我在慕尼黑的晕倒魔咒了……所有这些发作都表明了生命早期经历的死亡案件的重要性（我有一个很早就去世的兄弟，那时我才一岁多一点）。"
5. 在随后的几年里，费伦齐在接受弗洛伊德的分析取得进展时，出现了一些鼻部症状。1916 年 3 月，弗洛伊德将费伦齐的鼻部症状及他要前往柏林咨询鼻科专家的愿望解释为对分析的阻抗，实际上这是费伦齐对"父亲"产生恐惧的一种表达。费伦齐（1919）在他的论文《歇斯底里性物化现象》（*The Phenomena of Hysterical Materialization*）中写道："在男性歇斯底里的几个案例中，我能够证明的是，鼻甲充血代表了无意识的力比多幻想，而生殖器勃起组织本身无法保持兴奋。"费伦齐随后在括号内补充道："顺便说一句，鼻子和性欲之间的这种联系是弗利斯在精神分析开创之前就已经发现的现象。"

6. 实际上，费伦齐与弗洛伊德的第一阶段的分析发生在 1914 年 9 月至 10 月期间，并且只持续了几个星期，因为费伦齐必须报到服兵役；第二阶段的分析发生在 1916 年 6 月 14 日至 7 月 5 日期间；第三阶段的分析发生在 1916 年 9 月 26 日至 10 月 24 日期间。

7. 在《临床日记》中，费伦齐在批评弗洛伊德的性欲理论中的"单方雄性取向"（unilaterally androphile orientation）时指出，尽管弗洛伊德的生殖性理论包含了许多优秀的观点，但它的"呈现模式及其历史重构"仍然"太过依附于大师的话；新的版本将意味着一种彻底的改写"（Dupont，1985）。

8. 在此我们需要重点回顾的是，在《临床日记》中，费伦齐不仅将弗洛伊德描述为一个自恋型人格的人，还将弗洛伊德的阉割理论追溯到了弗洛伊德对"自己被阉割的创伤时刻"的否认上（Dupont，1985）。

9. 弗洛伊德（1937）指出，这种幻觉是由于相信催眠是实现这一目标的一种出色的方法而产生的。虽然弗洛伊德将费伦齐称为"分析大师"，但是他也批评费伦齐用同样的方法追寻同样的结果，很不幸的是，"治疗性实验被证明是徒劳的"。

第3章

费伦齐的态度

安德烈·E. 海纳尔和薇罗尼卡·D. 海纳尔

态度是"一种固定的思考或感受的方式……"[《牛津英语词典》(*Oxford English Dictionary*)]。

审视桑德尔·费伦齐的个人态度，对于理解他的著作和遗产至关重要；在这里，我们想提出这样一项研究。态度是通过习惯性的生存方式，经由感受、理解、反应和回避（这些都会成为个人资源和专业资源的一部分）来维持正常功能运作的一种常规方式。态度也是我们如何采用自己的常规倾向去做出回应、参与，或者挣扎，以此来忽视或排除那些干扰我们情绪的东西。所有这些过程都必须考虑到个人的敏感性。这可以用"内在态度"一词来概括，其结果可以被视为外部行为。我们也会谈及所谓的"精神分析师的伦理"（请记住，"伦理"首先意味着态度和行为）。例如，费伦齐对人类苦难近乎无限的奉献（如 RN 的病例），甚至被弗洛伊德斥为"狂怒的萨曼迪"(furor sanadi)——一种朝向治愈的狂乱。在本书的第一版中（Aron and Harris，1993），我们沿着相关观点的历史发展路线，总结了费伦齐对精神分析技术的贡献。本章着重论述的一个方面是当代文化和生活事件对这一贡献的影响，另一个方面是费伦齐的个性和生活方式。

文化

对精神分析的产生和演变的历史背景的考察，把我们带到了 20 世纪初在中欧哈布斯堡君主制的各个大城市中心出现的文化危机的核心地带。整个历史背景都位于欧洲大陆的边缘，位于东欧和其他地区的这些奇怪的城市中心——维也纳、布达佩斯、萨洛尼卡、开罗和亚历山大——这些城市以其城市文明、商业文明、智力文明，以及包括许多移民在内的多样化人口而闻名于世，与周边的郊区和农村联系很少。如今，我们会在西欧发现类似的现象，例如在法国，巴黎与更为保守和民族主义的"地方"环境相互隔绝。因此，匈牙利被一分为二，一边是多瑙河畔的大都市，另一边则是常常令人怀念的寂静乡村。这些文化"隔离现象"之所以不再在我们的故事中出现，是因为这些异质的人群移民去了其他国家，这些城市吸收了新移民，把旧城市留给了来自周边乡村的新移民。

精神分析在这些处于边缘的城市中心浮现出来。弗洛伊德的工作源于他的神经病学研究和他在"神经症性疾病"（nervous disease）方面的专业实践，神经症性疾病这个术语代表了一种混合性障碍，包括易激惹、神经质、消化系统问题、性方面的问题、工作和睡眠相关障碍，以及表现为生活困扰的一般性"疾病"。当然，弗洛伊德一直致力于在坚定的科学框架内工作，怀揣着成为一名教授甚至获得诺贝尔奖的野心。

因此，弗洛伊德几乎不知不觉地成为"现代性"的重要贡献者。实际上，他的文学和艺术爱好，尤其是他在绘画、建筑和音乐方面的品味，仍然是保守的。尽管他生活在一个非常繁华且新潮的城市，但他仍然与文化的开拓者和创新者相隔绝（Freud，1933a）。费伦齐则经历了强烈的文化危机，生活在充满文学、心理学、社会学和人类学话语的圈子里。他有一种被排除在国家的官方机构大学之外的强烈感受和愿望，于是他和他的朋友们在咖啡馆建立了自己的学院，那里不仅有咖啡因的刺激，还有新想法让他们彻夜难眠。

这些处于边缘地带的知识分子、思想家先锋、哲学家，在奥匈帝国的文化混乱中坚持着苏格拉底式的思维方式，自豪而蔑视地将自己视为"布达佩斯式"的人物（Ferenczi/Jones，3.16.1914）。费伦齐不仅对《胡萨迪克·萨扎德》（*Huszadik Szàzad*）[《二十世纪》（*Twentieth Century*），一个文化月刊] 有所启发，还对标题所指的世纪的诞生做出了贡献：20 世纪成为他本人事迹的时代。他想成为一个积极主动的贡献者，以决定它的性质和未来。也许我们可以认为他成功了，但这被耽搁了很长时间。

当然，他在有生之年没有看到这一成功。他对那些在这个社会中遭遇困境的人——性变态者、精神病患者、酒鬼和其他边缘者——充满了兴趣，并通过催眠、探索灵性和其他思考方式，超越了传统医学的常规限制，深入了他们的内心世界。质疑和挑战传统思想是他的一贯做法。他对新事物的不断研究，促使他陪同同事弗洛普·斯坦（Fülöp Stein）于 1908 年参观了尤金·布普勒（Eugen Bleuler）和卡尔·荣格的家乡——位于苏黎世的波克罗次立——以了解关于精神病性酗酒者的新的治疗方法。与荣格的会面促使他进行了一次试验（而不是一场游戏），那就是对各种联想进行试验，这也是当时荣格的一个主要关注点。关于这个主题，我们不能说这次试验是当代意义上的第一次分析，而更应该说是一次初步的体验——就像餐前喝了一杯开胃酒一样。

然而，与荣格的这次会面对费伦齐的未来最重要的意义在于，这次会面为他第二年拜访维也纳大师西格蒙德·弗洛伊德铺平了道路。这是费伦齐一生中的一个根本转折点：他发现自己不仅可以面对心理治疗的希望，还能探索认识人类的新视角，就像人们所谓的某种主义的其他智力创举一样。这些思想旨在为人类的生活提供新的启示：对于表现主义艺术家，如克里姆特（Klimt）、席勒（Schiele）和科柯施卡（Kokoschka）来说，他们希望男性和女性都有一种更愉悦和更自由的感官享受；对于犹太人来说，他们希望拥有一个犹太复国主义的新身份。这些想法很容易与被分析者的乌托邦理想相一致，这是费伦齐在与弗洛伊德的早期通信中提到的第一次共鸣——当时他们几乎不认识对方，却敢于一起旅行，并于 1910 年在西西里的巴勒莫共事。

因此，费伦齐认为，他已经找到了一个认识人类的新视角，即"精神分析方式"（奥尔法，orpha），它早在他们开始通信的时候就出现了，并通过精神分析在与其他被解放者的关系中实现。"巴勒莫事件"[1] 让我们看到了弗洛伊德想要通过著作把自己的思想强加给费伦齐，但费伦齐想要在一个共享的创造过程中与他进行讨论。这说明了费伦齐对一种完全透明的关系的期待，而弗洛伊德则怀揣着其他梦想，以推进他的毕生事业为中心。

在这一点上，费伦齐已经有了与弗洛伊德完全不同的态度，这为他们最终的分道扬镳埋下了伏笔。然而，尽管费伦齐宣称有一种非常不同的理论体系，但弗洛伊德显然还是试图对费伦齐的思想施加强有力的影响。

从那时起，费伦齐作为一个边缘人、一个实验者、一个"可怕的孩子"[2] 的形象就被确立了。尽管如此，费伦齐仍然对弗洛伊德保持忠诚，并从根本上钦佩弗洛伊德作为大师的建设性理论的力量。弗洛伊德作为一名思想家，一直是人类及其内在功能的新视野的创始者，而费伦齐则是一个希望通过行动来有效地改变生活的人。作为一名年轻的精神分析师和一名波希米亚人，费伦齐在一家旅馆住了 10 年，这家旅馆位于佩斯城的一条宽阔、喧闹、多沙的林荫大道上，费伦齐也在同一街区做心理咨询。作为一名作家、记者（有时是）和艺术家，费伦齐想要通过自己的贡献成为未来的缔造者之一。

弗洛伊德竭尽全力地捍卫着他那宏伟的理论架构（元心理学）中哪怕最微小的细节，它属于人类学范畴，考量了欧洲所有文化遗产及达尔文-拉马克学说（Darwinian-Lamarckian）在生物学方面的理解。然而，对费伦齐来说，理论首先要服从于它在个人经验、临床实践和日常生活中产生的标准。

周围环境

"我始终将病人的事情铭记在心。"

——摘自费伦齐于 1908 年 11 月 22 日写给弗洛伊德的一封信

在我们了解了费伦齐的个人背景之后，我们是否会惊讶地发现，这一著作是在与同伴的关系中通过与他人合作来完成的，而不是一本记录他自己的梦境的书？

费伦齐在进入精神分析界之前就已经是一名治疗师了。他理解弗洛伊德的一些观点，尤其是在梦这个主题上，但他没有立即被这些新观点完全说服。后来他逐渐开始理解自己在实施催眠过程及宣泄和恍惚的现象中，所遇到的情结的力量。让费伦齐感兴趣的还有其他人，因为费伦齐总是被他们簇拥着：他的十二人兄弟会，后来还有他的同学和医学领域的同事（他们总是处于无休止的辩论和探讨中）。

直到最后，他所有的职业活动都基于他与那些向他寻求帮助的人的联系，以及那些他可以为之做出巨大牺牲的人。在他的职业生涯的早期阶段，他认为，与让自己摆脱令人不安的病理性元素相比，发展出一个更好的主体内部存在性的过程反而更为复杂。费伦齐很快就意识到，病理和正常之间的界限不是那么容易划定的，病理和正常通常相互融合在一起，这一点与他的亲身经历是类似的。

最初，费伦齐在作为一名分析师的职业生涯的开始阶段，就面临关于被分析者的"真正需求"这一问题了。分析师是否必须处理 DSM 诊断系统的早期版本中描述的所谓的神经质的防御结构？或者，分析师是否真的能够直面和帮助这些病友，审视和处理他们的基本态度、转变他们的存在状态，并找到使他们受苦受难的邪恶根源，以最终实现他们那享有更充分的自由和更美好的生活的目标？

在接受分析的病友中，我们经常会发现有僵化心理结构的病友的内心几乎完全被防御机制关闭，这阻断了他们表达情绪和 / 或内在冲突的通路。因此，这种需要接受适当的"治疗性"措施的具有明确症状的恐惧-强迫性神经症患者诞生了。然而，症状背后的潜在需求始终是最核心的问题，而且会持续存在，尽管治疗师可以采用一切简单化的医学处理方法来进行治疗。那些抱怨全身不适、生活失败或由于外部世界的攻击而遭受痛苦的人，他们的状态可以被命名为"焦虑"或"抑郁"，而精神分析学家则会把遇到的其中一些人看作边缘型人格、患有心身疾病和遭受过精神创伤。这些患者渴望更好地生活，改变并发现自己，这对精神分析学家来说是一个挑战，因为在这种情况下，其他照料者根本束手无策。

费伦齐一方面为己所困，另一方面也被他轻易认同的被分析者包围，他尽力认识到这些问题的复杂性。他心甘情愿地允许病人每天两次与他进行会谈（当时与 RN 一起的工作情境就是这样），他还特意亲自去见他们，甚至带他们去度假，如去巴登-巴登拜访果代克。他觉察到自己的无意识对生活的影响，特别是当它出现在他与别人的友谊中或与他的健康状况有关时，这是他的好奇心特别容易触及的两个领域。

在分析中，分析师听到的是什么？谁在说话？谁又在回应？在移情中，被分析者可以提及他的父亲或母亲，可以为自己辩护，也可以对抗他们，因为每个人都会象征性地将自己的父亲或母亲投射在分析师身上。分析师有时也会听到自己的父亲或兄弟的声音——我们称之为"部分"客体，但它们的重要性是毋庸置疑的。费伦齐坚持认为，这些观点与俄狄浦斯情结的观点并不矛盾。分析师可以通过理解自己的想法来理解被分析者。

在这一背景下，费伦齐的态度意味着，在未经反思或再反思而盲目地接受这些精神分析领域的惯例之前，先问问自己这些惯例的意义是什么。因此，他不允许将这些惯例简化为某些仪式，并在其已经失去了原初意义后仍然不断地重复它们。在费伦齐对分析情境的理解中，惯例规条是不应该存在的。所谓的"分析性超我"——即做一个好的被分析者，提供给分析师所期望的和他不愿意看到的东西，其中所包含的意义——已经超出被分析者本人的欲望和自由的范围了。被分析者要说的不应该被预先确定，他们也不应该在内心有一个特定的最终目标。没有什么话是必须说或不说的，也没有什么讨论的目标是应该被预设的。即使分析师或被分析者会提出其他期待并加以讨论，也不要从一开始就决定后续行动是什么，更不要让自己表现得像一个优秀的分析师或一个好的被分析者。某些可预测的、传统的身体姿势（例如，躺在躺椅上）有助于放松，但它们并不是必不可少的。费伦齐可以容忍一个病人在房间里来回踱步。分析并不取决于被分析者是否躺下这一设置。

只有作为相互理解的基础性框架成为工作得以进行的内部时间和内部空间的一种限制时，我们才能保证工作不会超越此框架，变成无形的、难以捉摸的或散乱无章的状态。该框架提供了一个保护壳，但并非由禁律性的观念所制造。我们要记住，费伦齐是一位精神分析学家，他一生都致力于在治疗中倾听病友。他揭示了一种精神分析的创造性，这是由"精神分析情境"培育出来的（Ferenczi and Rank，1924b），而不仅仅是通过这个框架之外的推测产生的。尽管如此，在他的一生中，他始终是一个精致而敏锐的生命观察者。让我们来看一封他写给弗洛伊德的信（Ferenczi/Freud，10.26.1915），信件的主题是关于一些现象的生物系统发育性背景的问题，如"睡眠、笑声、眼泪，催眠术的特异表现、被责罚的感受、晕倒"。诸如训练马匹，以及遇到"小公鸡-人"等经历，只不过是众多激起他好奇心的现象中的一小部分。

在探索自己这一首要任务中，以及在从弗洛伊德的教义中获得的洞察下，费伦齐的热情和慷慨也使别人从他的新理论和新方法的发现中获益。然而，理论的激励和引导，也使他在人际博弈领域的各种境遇中的观察变得丰富而具有启发性。

对费伦齐来说，精神分析是在慢慢地发挥作用的，但它并不是一种冥想，而是两个人在相互交流期间共同参与的创造性工作。没有这些力比多的冲动，就没有分析。正如麦克斯韦·盖特尔森（Maxwell Gitelson，1962）

后来提醒我们的那样，当分析师和被分析者之间建立了一种力比多同盟时，被分析者深刻接纳的原初时刻就出现了。同样，费伦齐也认为，分析是两个人共同参与的过程。一个人的自由联想被另一个人的自由悬浮注意所增强，这是一种两个人在彼此之间尽可能自由地发挥心理功能的过程。正如我们已经提及的，没有惯例规条，也没有预先设定好的刻意性目标，是朝向创造某种自由的第一步。分析正是在这种创造的自由中进行的。许多人认为，这种互动是从被分析者发出的信息开始的，实际上它常常是从分析师做出诱导性努力以不断地接受并专注地探寻对方开始的，即使分析师接下来所做的只是简单地保持沉默。在某些情境下，这种沉默可能并未满足被分析者的要求，甚至适得其反。在这种情况下，认同可以指点迷津。在费伦齐随后的著作中，内摄过程会伴随着自体性欲兴趣的延伸——这是自我在与他人相遇时的拓展过程。这一过程是通过解除压抑从而摄入客体来实现的。从一开始，费伦齐就把移情的内容看作分析师在主观领域的内摄。从这个角度来看，他是温尼科特和比昂的先驱。

下一节介绍了费伦齐的主要著作及他的一些书信；关于他的个人发展和职业发展，每个文本都附有注释作为参考。

早期著作

在与弗洛伊德私下会面一年后，费伦齐发表了一篇关于自我与他人之间的关系的精神分析文章，名为《内摄与移情》（1909）。这个主题是费伦齐与他的病人经历的核心内容。在他投身于精神分析的新世界一年后，他用这一基本态度塑造了精神分析领域。理解他人、认同，甚至内摄都扮演了很重要的角色。"客体关系"（object relations）理论便源于他对"你和我"这一维度的关注。

从 1909 年到大约 1924 年的漫长道路上，他进行了数百次非凡的智力远足。在作为分析师的头 10 年里，他的论文就已经充满了让人惊羡的微小的观察——它们可谓是真正的临床珍宝。后来，我们发现了他更为丰富的理论著作，例如，《现实感发展中的各个阶段》（*Stages in the Development of the Sense of Reality*，Ferenczi，1913）第一次证实了费伦齐在思想发展历程上的巨大贡献。其中强调的内容遵循了弗洛伊德的例证，也成为在他后来的著作中占据重要地位的一个特征，尤其是在《精神分析发展的目标》（*Entwicklungsziele der Psychoanalyse*，在本章被简称为《目标》；Ferenczi and Rank，1924b）这本书中。1918 年在布达佩斯举行的精神分析大会，标志着费伦齐的思想出现了转折点：弗洛伊德委托他反思"精神分析临床实践"这一主题。这一主题后来成了他余生的首要任务。就好像弗洛伊德把自己的职位让给了费伦齐一样（在某种程度上也让给了兰克），他自己也从这一主题中隐退。事实上，在接下来的几年里，弗洛伊德在临床实践这个大主题方面著书很少，因为他似乎在为理论贡献节省精力［《一种幻想的未来》，1927，SE 21；《文明及其不满》（*Civilization and its Disconterts*），1930a，SE 21］。

　　弗洛伊德也远离大众了吗？很多人都这样说——包括琼斯在内——弗洛伊德并不是一个好的"人性判断者"（menschenkenner）。这是一个奇怪的评价，一个人与人类交往只是为了更好地理解人类！这种差异表明，他的主要兴趣点只是在一种孤立状态下通过自我分析来发展自己的理论。一些证据也证实了这一点，包括著名的欧洲精神分析学家雷蒙德·德·索绪尔（Raymond de SausInsurance）的证言，1956 年，他在一篇纪念他的分析师弗洛伊德诞辰 100 周年的文章中，描述了他对自我分析的回忆。索绪尔并没有隐瞒事实，他这样评价弗洛伊德：

　　（弗洛伊德）在做临床分析时经常会提供长篇大论的建议，以至于到了根深蒂固的地步。当他被某些事情的真相说服时，他就很难再去等待着让病人明白这一点。弗洛伊德想马上说服病人。正因如此，他会说很多话……（我很容易就能感觉到），（他的头脑中会出现最重要的）特殊的理论问题，因为在分析的时候他经常会发展出一些新的观点，并且用他的头脑不断地阐明这些观点。这是一种智力上的获益，但并不总是对病人的治疗有益（1956）。

这就好像他在描述与一位伟大思想家相处的经历。相比之下，在阅读费伦齐的作品时，我们被他在研究理解病友方面所做的努力打动，因为这正是治疗师要做的。在弗洛伊德的鼓励下，费伦齐直接提出了临床实践中困难的、有时还是很有争议的问题——包括精神分析中具体操作方面的问题——这些问题是他需要对自己的态度加以反思的。正是在这一点上，我们明显地看到了这两位大师在思想上的分歧。然而，在费伦齐关于理解无意识的研究方面，他仍然与弗洛伊德保持着高度一致，尽管他们对如何以最好的方式解决无意识问题有不同的观点……这类研究把我们带到了晚一些的时候，大约在 1920 年，那时费伦齐出版了几本书，其中一本书标志着他的这种转变。

一次"尝试"……《塔拉萨》

在侧重于理论的著作和侧重于精神分析师的临床实践活动的著作之间的中间时期，费伦齐进行了一次从 1914 年至 1923 年跨越 10 年的工作：撰写《塔拉萨》。

在战争期间，他曾是匈牙利西部一个名为帕帕的偏远城镇里的一名轻骑兵团的首席医师。即使在那样的环境中，他仍然与维也纳的弗洛伊德保持着频繁的联系。他们的交流使这个项目得以成形。一项稀奇而有趣的工作也随之诞生，内容涉及科学和幻想、精神分析和拉马克生物学说。"塔拉萨"这个希腊词汇传达了一种神话般的神性，使人联想起大海。自 1913 年以来，在与弗洛伊德的对话中，以及在看到弗洛伊德随后出版的《性学三论》（*Three Essays on the Theory of Sexuality*，Freud，1905）后，费伦齐的观点在充满困惑的发展过程中慢慢成形。弗洛伊德为他的理论架构寻找科学基础，希望首先在神经病学领域，然后在性学领域寻找依据。

同时，弗洛伊德鼓励费伦齐追随拉马克的脚步，在个体发生和系统发生方面为这些理论寻找依据（Freud/Ferenczi，1915）。因此，进化论中的适应概念在费伦齐的思想形成过程中发挥了重要作用，并预示了他后来的观点，即分析师必须找到与病人的连接通路，并适应他的病人："我相信治疗是好的，但我更认为也许我们仍有不足，我开始寻找我们的错误（Ferenczi，1932/1985）。"因此，就像拉马克学说一样，他想要采取一种通过连续不断的适应来获得进化的立场。这一观点使他认为，分析工作失败的原因，并不是被分析者"病得过重"，而是分析师对其职业需求不能胜任或准备不足。

此外，我们看到，这项工作中出现了两个主题，这两个主题成为他持续反思的基础，以及他不断描绘所关注问题的依据。第一个主题是母亲的重要性。费伦齐想象着，我们都会怀旧地返回，去寻找母亲的乳房，甚至回到羊水里，重拾母亲对我们的极乐幸福的呵护感，如同与海洋女神重聚一般——这是一个难以捉摸的、转瞬即逝的、理想化的意象，背后隐藏着费伦齐对母亲和女性的矛盾态度。以这些观点作为前提，费伦齐发展出其他重要的观点，如宽容和放松，这为分析师在分析情境中采取放松技术的观点埋下了伏笔。

费伦齐还谈到了"自体成型"这一主题（在歌德式术语中），它与异体成型完全不同。异体成型是个体必须按照一种威权强加的传统形式来改变自己，使自己迎合他人或符合他人的意象，而自体成型的理念是有勇气接受边缘性的角色，也就是说，费伦齐并不期望成为芸芸众生的一部分，他跟随自己的演化进程，并鼓励其他精神分析学家遵循自己的演化进程。

《塔拉萨》与其说是一个清晰的理论实体，不如说是一个神话般的实体，是一次"尝试"（versuch），一次"有关生殖性理论的尝试"，这本书最初的版本以此作为主标题，而在后来的几个译本中，它则变成了副标题

（Ferenczi，1924）。[3]此外，费伦齐的意图只不过是完成对其他事情中的"有关性活动的更深刻的解释"。他的才智、勇气和敢于直言的态度提升和超越了这些事情的界限。

《塔拉萨》的形成并非完全没有歧义。难道是弗洛伊德认识到在生物学基础上新出现的一个弱点，才使得他在与费伦齐就《塔拉萨》的问题进行书信交流的过程中，一点一点地疏远了费伦齐吗？虽然这本著作并没有产生太大的影响力，它更多地聚焦于弗洛伊德最终疏远的主题，但你如何解释，弗洛伊德在为费伦齐写的讣告中，仍然认为这本著作是精神分析向科学领域迈进的过程中"最大胆的运用"（1933b，SE22）？

弗洛伊德还写信给费伦齐："我认为这是你真正的领域，在这个领域，你将是独一无二的（Freud/Ferenczi，1916）。"他只是想让费伦齐继续他的精神分析疗法的变革实验吗？或者，他想把费伦齐当成"儿子"留在可靠且稳固的科学父权之家，而不允许他扩展自己或公开接受危险的批评？我们可能永远也无法知晓其中的玄机。

然而，有趣的是，我们注意到弗洛伊德经常会被他称为"拉马克学说"的这个主题诱惑，尽管如此，弗洛伊德并没有提出或发表任何关于这个主题的东西。相反，在他的全力保护下，他还是把费伦齐推到了前线。弗洛伊德没有公开表态，也没有在他与费伦齐的私人信件之外进行干预，甚至在其他私人信件中也没有。在这个"伟大的项目"的"重要主题"（1933b，SE 22）上，费伦齐真的"没有竞争对手"吗？[4]也许是因为荣格对导致原型理论出现的系统发生论有着浓烈的兴趣，使弗洛伊德心中产生了很大的阴影，所以他采取了这种回避态度？

这本书终于在 1923 年末出版了，当时费伦齐的思绪和弗洛伊德一样，都被其他问题占据着。事实上，在数月的间隔期内，四本重要的著作同时出版了。这些著作将激发弗洛伊德及其追随者形成新的想法和观点，同时引发重大的内部分歧，使得他们彼此间的友谊产生破裂，并逐渐导致秘密委员会的衰落和最终解散。

1924 年和竞争问题：变革

"我认为……你给了我们一些科学的想法，你的成果是如此丰硕。我相信，我们都同意，这将是有价值的和有趣的……"

——摘自琼斯于 1922 年 4 月 19 日写给费伦齐的信

1922 年，弗洛伊德提出了一项挑战，意欲准确地描述理论与实践之间的关系。这是弗洛伊德唯一一次用这个问题向他的追随者发表讲话，他甚至为能够解开"临床技术应该在何种程度上影响理论，以及临床技术和理论在多大程度上相互影响"这一谜团的人提供了奖项[5]（Freud，1922）。当然，这一竞赛的号召激起了费伦齐的兴趣，费伦齐和他的朋友奥托·兰克很快就宣布了他们的意图。他们想通过联合写作来解决这个有趣的问题。他们的合作非常默契，直到今天，我们还不知道这一章或那一章到底属于这两位作者中的哪一位。译者卡罗琳·牛顿（Caroline Newton）在她的前言中总结道，根据她的研究，这本书"写于 1922 年夏天，又在一定程度上受到当年 9 月在柏林举行并于 1932 年闭幕的国际精神分析大会的影响而有所修改"。她宣称："著作的关键部分最初是由费伦齐博士撰写的，兰克博士写了'分析的情境'这一教学内容，然后二人共同修订完成了整本书（Ferenczi and Rank，1924a）"。关于这本著作的作者情况，另一种说法基于对费伦齐的遗孀吉泽拉（Gizella）的回忆；兰克从来没有对有关这个问题的提问进行回应。我们唯一确切知道的是，两位作者在一次联合会议上审核了最后的文本。

毫无悬念地，他们郑重宣布在这个"奖项"被提出来之前，甚至在弗洛伊德鼓励举办竞赛并就这个主题发表著作之前，他们就已经开始关注这个问题了，早在 1922 年的夏天，他们就已经观察到这个问题并勇敢地付诸行动了。

当时的气氛极其紧张：争论、裂痕，实际上一场变革爆发了（Jeannet-Hasler，2002；Kramer and Lieberman，2012；Leitner，1998）。琼斯在他的回忆录中提到，在秘密委员会中的所有其他成员被排除的情况下，只有弗洛伊德个人参与了这些文本的编写，这不是一个巧合。因此，琼斯能够说，委员会成员被"惊着了"——他们发现这两位创新的作者打破了"常规"的写作方式。卡尔·亚伯拉罕和欧内斯特·琼斯尖锐而刻薄的批评清楚地表明了他们的恐惧，费伦齐和兰克这两位作者竟然有能力绕过他们的同僚和对手的控制，这也预示着其他人将如何采用边缘化的和排斥的手段来惩罚这两位作者。

通常在文化史上，一个时代的结束往往意味着一次伟大的融合，允许人们从一个原初的观点开始一段新的征程。我们在这四篇文章中所见到的，不仅是一份履历，更是一种革新，这在精神分析的角度看来是最引人注目的。也许弗洛伊德在他的临床实践中也感受到了这种再生的需要，这也是促使他对情境进行反思的原因。弗洛伊德或许期望的只是一个有洞察力的总结，而这两位分别来自布达佩斯和维也纳的年轻人却在呈现他们对未来的计划方面走得更远。他们总结了自身的发展，从而结束了一个时代，不仅披驳了陈旧的观点及其弱点，还打开了通往主要以精神分析活动为主题的新视野的大门。

精神分析发展的目标

必须指出的是，他们的著作的主题并不涉及精神分析工作程序的发展——正如一些译本所呈现的那样［《精神分析的发展》（*The Development of Psycho-Analysis*），8.2.2012］——而是更确切地标志着朝向"发展目标"（entwicklungsziele）的转向，即《精神分析发展的目标》。

在这本书的第 1 章，我们发现了当时被称为"精神分析技术"的发展情况，或者换句话说，精神分析是如何发展的（Ferenczi and Rank，1924b）。

这个隐喻不是来自弗洛伊德及其追随者，而是来自当时维也纳的艺术世界。这个表达并不是指 20 世纪下半叶的技术。克里姆特、席勒和科柯施卡的这些新"技术"引出了当代城市文化的无意识内容，特别是性方面的无意识内容（Kandel，2012）。因此，他们与弗洛伊德及其学派的重大发现联系在一起。同样，马勒、贝尔格（Berg）和勋伯格（Schönberg）的音乐作品通过新的音调表达了来自人类灵魂深处的脉动，这些脉动为精神分析的诞生提供了一个文明的环境。《精神分析发展的目标》的作者在第 1 章中宣称，这种"临床技术"并不仅仅是为了纪念过去，更是为了其在分析师-被分析者的二元关系中，或者在他们所称的"分析情境"中的重复。他们在第 2 章中继续探讨分析情境这一概念，这将最终对创伤患者的治疗具有特别重要的意义。

我们的作者补充道，在"分析经验"（erlebnisse）中，新的记忆被创造出来，取代了旧的记忆，符合重要的内摄观点（Ferenczi and Rank，1924b）。因此，根据他们的理解，记忆会持续发挥作用。作者还强调了当时的强迫性神经症患者所遇到的困难，他们接受了长时间的分析，"轻而易举地获得了分析师的全部知识，但并没有获得带给他们这种知识时的任何体验"（Ferenczi and Rank）。[6]

第 3 章向读者提出了疑问，对收集联想内容等过时的和错误的操作方式进行了批评。他们进一步对下列现象进行了批评，包括对症状的直接分析，以及"对诠释的狂热"。所有这些临床技术都与联想过程的自发性和自由性背道而驰。

这本书的其余部分建议我们要采用建设性的姿态来实现理想的结果。与理论上的理解不同，经验和个人知识之间的区别是一个全新的概念，后来很少被提及（更多讨论请参考 Polanyi，1958）。

在最后几章，作者强调了对创新理论进行反思的重要性，而不是在缺乏深思熟虑的指导思想下进行临床摸索性实践。作者公开抨击了不同理论派别之间的不平衡（重视一个方面而忽略另一个方面），以及以漠视微小的临床细节为代价的对理论的高估。兰克和费伦齐提倡的技术性革新出现在他们的不同著作中，这些著作很快于 1924 年的晚些时候被出版。

最后，费伦齐和兰克在《精神分析发展的目标》一书中讨论了帮助个体在精神分析治疗中恢复"青春活力"的途径和方法，尽管弗洛伊德提出的问题是理论与实践之间的联系，特别是关于临床实践可能对理论产生怎样的影响。如果没有这个有价值的视角，理论就会完全脱离临床而不受束缚，出现"空中楼阁"的危险。分析师候选人可能注意到了他们没有回答这一竞赛最初提出的问题，所以放弃了领奖。

费伦齐认为，人的不断更新和发展应当在没有障碍的交流中进行。"巴勒莫事件"让他尝到了与弗洛伊德一起工作的失败，他感到非常失望。后来，在他的一生中，他都在努力克服这些障碍，因为这些障碍阻碍了他所渴望的美好而顺畅的交流。他的努力方向受到了他的基本态度的推动。后来，他提出了修改"临床技术"的建议。

在《精神分析发展的目标》一书中，费伦齐和兰克认为，精神分析不仅仅是一个关乎发展的问题，更是一个提供给被分析者的舞台，在这个舞台上，被分析者能获得更多的自由进而达成真正的转变。在费伦齐看来，理论所规定和强加的理想化的"生殖性"概念，已经不再是一个可接受的目标了。

可以说，兰克和费伦齐的著作（《出生的创伤》和《塔拉萨》），以及他们合作撰写的著作（Ferenczi and Rank，1924b）总结了他们所获得的重要知识。但这些知识真的是后天获得的吗？他们的同事是否也认同他们所捍卫的观点，认为分析经验可以让人彻底解放，变成一个全新的人？秘密委员会中的某一个学术派系的回应给这个问题蒙上了疑云。事实上，保守势力占了上风，重新振兴的情形几乎没有出现。或者，即使有这样的苗头，这种振兴也表现得非常谨慎且滞后，正如费伦齐在其临床实践秘诀《临床日记》及其告别演说《言语的迷惑》中所写的那样（1932）。

《精神分析发展的目标》发表以后，弗洛伊德最初感到很满意，但后来他写道,"现在我不知道怎样发表我的不同意见"(Freud/Ferenczi,4.2.1924)。这种前后混乱是显而易见的,质疑的语气也很尖锐。例如,费伦齐在谈到亚伯拉罕时写道,"在他谨慎的礼貌背后,我总是能观察到巨大的野心和嫉妒的迹象",并补充道,他"可能会把这本联合著作和《出生的创伤》当作垃圾出版物来诽谤"(Ferenczi/Freud,3.18.1924)。我们必须补充的是,英语翻译家显然将原文中的"abfallserscheinungen"误译为"垃圾出版物",而不是从社会学-政治学意义上将"abfall"(如"abfallbewegung")理解为退出、越轨、异教徒[7]。然而,弗洛伊德向他再三保证,"我对你和兰克的信任是'无条件的'(unbedingt)"(Freud/Ferenczi,3.20.1924)。

与此同时,在秘密委员会的成员中,担忧(关于弗洛伊德的疾病,以及由此引发的衣钵继承问题)仍然持续存在。弗洛伊德试图通过写信给亚伯拉罕来缓解这种担忧,他说:"经过几年的工作,很明显,一方夸大了一个有价值的发现,而另一方低估了它的价值[8](Freud/Abraham,3.4.1924)。"他对内部学术圈子的组织统一性似乎更为关切。表面上这是一次通常意义上的职务更替,最终它却变成了来自弗洛伊德的追随者的一次批判事件,其中包括最具影响力的成员,如琼斯和亚伯拉罕。

费伦齐和兰克遭受了和破坏性的变革者一样的命运。兰克经历了与弗洛伊德和委员会长时间的多次关系破裂和短暂和解的过程,后来他们之间又出现了新的裂痕,随后兰克便移民到了一个新的城市(巴黎,"日光之城"),甚至去了新大陆(新世界的美国,这是弗洛伊德恐惧和不信任的地方,如同当时的许多中欧知识分子一样)。兰克并不是一名医生,与同事相比,他在新环境中面临着更艰难的生活,因为在美国,追捧柏林榜样和优待医生的倾向很明显。他被迫从事社会工作,同时为移民去"更新的新世界"——阳光充足的加利福尼亚州——做准备。但是,在他意识到自己的梦想之前,死神就已经在等待着他了。正如他所写的,"青年时期的挣扎,成年时期的争斗,向往成功和抵制愚昧的拼争,所有的一切都结束了"[在《超越心理学》(*Beyond Psychology*,1939)的前言中被遗漏的句子]。他对后世极其有价值的贡献，时至今日仍很难被发现。兰克在《出生的创伤》中的观点只有很少一部分被以原汁原味的方式加以复原。

同时，费伦齐仍然保持着与弗洛伊德靠近的姿态，渴望着重新恢复他曾期望的两个精神分析家之间的理想关系。他在余生的 20 年里，在分离恐惧和被抛弃的感受中备受煎熬，在他与弗洛伊德承诺的崇敬和忠诚之间的情绪张力中备受折磨。他渴望保持他的初心，这对他来说变得愈加重要，但是与弗洛伊德的关系仍然持续困扰着他。事实上，像过去一样的相互信任已经不复存在。在费伦齐生命的最后几年里，他发现自己处于一种要与弗洛伊德努力分离的状态，这并没有使关系得以重建，也没有导致分离。这就是《精神分析发展的目标》一书在随后的几年中产生的难以消除的影响。

事实上，和平状态从来就没有被恢复过。但费伦齐的立场仍然坚如磐石。当他渴望向弗洛伊德分享他提出的"精神分析的立场"（实际上是他的新观点的延续）时（Ferenczi/Freud，1925），弗洛伊德立即且几乎害怕地回应道：

> 我劝你不要这样做，千万别……在你的演讲中，唯一的新东西就是个人因素……你正在用它向精神分析的"大厦"投掷"炸弹"（Ferenczi/Freud，3.20.1925）。

更令人震惊的是，弗洛伊德也害怕被孤立。对于精神分析的传播，他写道：

> 在我独自一人的时候，我从分析中获得了如此多的个人快乐，但自从其他人也加入了我的行列，他们带给我的更多的是痛苦，而不是快乐。人们接受和扭曲它的方式并没有改变我的观点，这些观点是当时在他们不理解它，进而排斥它的时候形成的。在那个时候，我与其他人之间就必定存在着不可修复的裂痕（Freud and Pfister，1963）。

协会？委员会？为了什么

　　在这些问题的背后，我们发现了精神分析协会或任何组织机构所产生的印记。关于弗洛伊德倡议的创建一个精神分析师组织的必要性，费伦齐在 1910 年迅速响应了。这一姿态符合当时因追随其他主义而发起一场运动的理想：使人们团结起来，以提升他们的生活品质，改造他们的社会，并创造更高程度的和谐。就像希腊哲学家一样，费伦齐很早以前就知道，人不是独立的，人在很大程度上是"社会性生物"。为了把具有不同的主观性、特点、心智水平和出身的人聚集在一起而建立的组织，并不仅仅包含这些积极的方面，正如费伦齐所深知的那样，这些组织也变成了各种各样的神经症性的幼稚现象滋生的温床。

　　我明白，有组织的团体中会滋生一些不良现象，同时我也意识到，在大多数政治、社会和科学组织中，孩子气的狂妄自大、虚荣、对空洞礼节的崇拜、盲目的服从或个人利己主义会占上风，取代出于普遍利益而平静、诚实地工作的态度（Ferenczi，1911）。

　　专业组织往往会成为个人组织，它们遵循"家族"模式，偏离其主要目标，从而为冲突创造了条件。

　　在回到这些组织中存在的威权主义和等级结构的问题以前，请回想一下，弗洛伊德仍然是他的追随者心目中的教授先生，没有人能够从疏远的"您"（Sie）这一称呼中解放出来而升格到更亲近的"你"（Du）。此外，弗洛伊德习惯于固守在一个学术等级制度中并强调他的头衔，而费伦齐倡导的平等人际关系概念随处可见，不仅体现在他的生活中，也体现在他与被分析者的关系中，他认为他们是平等的。

　　与此同时，随着女性进入精神分析领域，这一背景发生了变化。1920年，梅兰妮·克莱茵在海牙发表了关于儿童发展的演讲，并于 1921 年开始在柏林开展工作；安娜·弗洛伊德于 1922 年成为维也纳精神分析学会的成员；露-安德烈亚斯·莎乐美（Lou-Andreas Salomé）对费伦齐有很高的评价，她在他身上看到了未来，并进入了费伦齐的圈子。我们可以说，1927 年标志着男性在这一领域独占鳌头的终结：珍妮·兰普尔-德·格鲁特（Jeanne Lampl-de Groot）、露丝·麦克-布鲁斯维克（Ruth Mack-Brunswick）和玛丽·波拿巴（Marie Bonaparte）成为弗洛伊德最亲密的同事。费伦齐也搬到了维也纳以外的地方。他违背了弗洛伊德的意愿，于 1926 年 9 月开始了长达数月的美国之旅。

临床日记

从《临床日记》（Ferenczi，1932/1985）的第一页来看，全然的真诚一直是精神分析关系的核心："告诉每个人真相，包括他的父亲、老师、邻居，甚至国王"的真相（Ferenczi/Freud，2.5.1910）。早在 1910 年奥匈帝国和旧维也纳的黄金时代，他所宣称的一些东西就一直是他总体态度的一部分。

费伦齐的《临床日记》被笼罩在神秘之中，它见证了费伦齐最终的反思和最后的挣扎。即使到了今天，问题仍然存在，这本日记是费伦齐写给谁的：是他写给自己的，以供进一步的反思吗？他是在用文本对他的同事讲话吗？他有没有跟弗洛伊德承认过，他的思想一直朝着追求关系真诚的方向发展？日记仅仅是一个有关遗产的问题吗？还是用来为他后来发表的文章做初步说明（这就解释了为什么病人的名字是匿名的）？

一本关于作者对分析经验的反思的文集被日复一日地记录下来，日记的特点是真诚而无拘无束的，就像在精神分析中一样。他的反移情现象清晰可见。如果没有经受过磨难，也没有在最后被指责过，有关弗洛伊德的批判性的评论就不可能被认为是针对更多的听众的。当时接受费伦齐咨询的人，如迈克尔·巴林特、维尔玛·科瓦克斯（Vilma Kovacs）和爱丽丝·巴林特，建议他的遗孀不要在他死后"按原样"出版这部作品，这并非偶然。大部分的文本（根据巴林特的说法有 80%）是机打的，很可能是费伦齐口述给他的秘书的，其余的都是手写的，而且几乎可以肯定是费伦齐自己写的。虽然费伦齐已经向他圈子内的成员清楚地说过，他打算起草这样一本日记，但他从来没有确切地指出这部作品问世的目的是什么。这部作品的标题也不是费伦齐起的，而是他的继承人起的。[9] 根据迈克尔·巴林特的说法，弗洛伊德可能已经阅读了《临床日记》出版之前的一些文本，这些文本已经涉及类似的主题，并收录在他去世后出版的完整作品的原版第四卷中。巴林特说弗洛伊德一直钦佩"费伦齐的观点，但直到那时他仍对此不甚了解"（Ferenczi，1932/1985）。他似乎从来没有看过《临床日记》的完整内容。

　　《临床日记》也可以被认为是关于创伤的完整注释，涵盖了在被分析者的临床材料中遇到的附加主题——没有任何分类学概念——如精神病、受虐狂或同性恋等。布伦南（2011）最近的一项研究确定了那些当时正在（纽约和布达佩斯）接受费伦齐分析的个体。费伦齐针对他的革新同事，如果代克、克拉拉·汤普森（Clara Thompson）、兰克、普菲斯特（Pfister）、巴林特、雷多和布里尔（Brill）的观点发表了他的评论，这表明他至少通过阅读与他们保持了联系。这种选择并不是由于偶然的机会做出的。此外，他还提到了席勒、歌德（Goethe）和阿纳托尔·法兰西（Anatole France）等作家的经典文学作品。

　　在这一日记中，费伦齐在讨论了相互分析这一主题以后，发明了一个不寻常的理论框架，强调了分析师的"卷入"（involvement），以及这一互动过程和最终从每一次精神分析接触中所产生的"喷涌"（springs out）。事实上，每一次精神分析都变成了一次共同参与的构建过程，并通过分析变成了一项共同的工作。弗洛伊德在《精神分析新论》（*New Introductory Lectures on Psychoanalysis*）一书中明确地表达了他对无边界实验过程的批评（1933c，SE 22）。

费伦齐解释了他的工作和理解方式。为了进一步说明，让我们简单地摘取一段原话：

……完全放弃双方的一切强制性和所有权威性：他们给人的印象是，两个同样恐惧的孩子在比较各自的经历，因为他们有共同的命运，能够完全理解彼此，本能性地试图安慰彼此。对这一共同命运的认识使咨访双方表现得完全不会互相伤害，因此，他们能够信任彼此（Ferenczi，1932/1985）。

在这里，我们发现了他的一个大概的思维方式。我们可以在这个被称为"难治性个案专家"的人身上发现有关成熟和体验的一千个其他重要元素。他的治疗态度的特点体现在，他将他人视为平等的个体，他们是同等重要的人，是两个受惊吓的孩子一起去寻找解决办法，而不是采用权威的立场去做分析；分析师所创造的氛围要允许个体吐露心声。分析师是陪伴者，不具有侵入性且尊重对方。

同时，在弗洛伊德发表《自我与本我》（*The Ego and the Id*，Freud，1923，SE，19）之后出现了自我心理学思潮，引发了"一人心理学"（约翰·里克曼）的回归，以及人们对自我防御工作研究日益增长的兴趣［这一点在 1936 年安娜·弗洛伊德发表《自我与防御机制》（*The Ego and the Mechanisms of Defence*）时达到了顶峰］。一种受规则影响的自我调节的完美主义（精神分析性和他律性超我）被建立起来，与费伦齐所渴望和推崇的自主性自由背道而驰。对他来说，自我心理学的建立与强迫性神经症的研究紧密相关，并鼓励分析师进行类似的思考。

与费伦齐一样，弗洛伊德试图通过苏格拉底式的自我反思来促进这些学科的蓬勃发展，因为苏格拉底式的方法被他们那个时代的科学-生物学观点和文化观点所复兴和扩展。但这一切都发生在当时中欧日益等级化、威权化的氛围中。弗洛伊德期望他的学生会一直保持顺从。荣格对精神病、心灵感应和神秘主义很感兴趣，弗洛伊德在公开场合对这一主题的态度很谨慎，因为他害怕这会危及精神分析的科学声誉。荣格因此立即发现自己被怀疑有潜在的越轨行为，这种潜在的偏见因萨宾娜·斯皮勒林事件（Sabina Spielrein affair）的影响而得以强化，在这一事件中弗洛伊德被要求违心地选择立场。在这种情况下，弗洛伊德的选择是隔离而不是讨论。但是弗洛伊德曾尝试与兰克保持对话，但他的内心变得越来越摇摆不定。后来，即使费伦齐不惜一切代价地与弗洛伊德保持亲近，最终仍无济于事。例如，当弗洛伊德偶然在纽约宾夕法尼亚车站与兰克相遇时，他甚至连招呼都不打。他们可是老朋友啊！

同样，克莱茵作为她自己学校的校长，也期望同事表现得顺从而不是自主创新［就像她与保拉·海曼（Paula Heimann）保持距离的著名例子所证明的那样］。费伦齐作为一位有智慧且独立的人，被同样的人吸引，并希望周围出现有相同思想的人用多种多样的独创性来丰富他们在布达佩斯的团体。事实上，他不想要一个有组织的和有限制性规定的学校。后来，他的学生巴林特想要的也没有超出他的范围：他有坚持研究英国中间群体（British Middle Group）的智力自由。

《言语的迷惑》

费伦齐的《言语的迷惑》是继《临床日记》之后，于 1932 年秋天在威斯巴登大会（Wiesbaden Congress）上发表的一篇演讲稿，虽然他当时已经患有比尔默氏病（一种恶性贫血）。这是一幅悲剧性的景象，描绘了一场几个成年人与一个孩子之间的沟通方面的斗争，其中的几个成年人——一个单一的群体，仿佛他们所有人都变成了同一个人——面对的是一个孤零零的孩子，他孤立无援，束手无策，不被人理解。孤零零的孩子试图去理解处于混乱中的成年人，他们众说纷纭，莫衷一是。这与能达成理解的言语完全相反，也恰恰反映了当时费伦齐被众多有影响力的精神分析师包围的情境。

在这不久之前的 9 月 2 日，弗洛伊德给艾丁根发电报说，他已经看了费伦齐的文章，"文中的观点无害而愚蠢，但又平淡无奇，我并不赞成"（Freud/Eitingon，1932）。第二天，他在给女儿安娜的信中更明确地表达了他的观点：

> 我听了，感到很震惊……费伦齐所倡导的退行过程，正是我曾认为的其中一种病因，但我在 35 年前就抛弃了这种病因：即神经症通常是由童年期遭受的性创伤引起的，而他却用我的术语来表达了这一观点[10]（Freud/Anna Freud，9.3.1932）。

弗洛伊德害怕一种误解，一种对俄狄浦斯情结的重要性的贬低："当与兰克对话时，这一切正在发生，甚至更为可悲（Freud/Anna Freud，9.3.1932）。"弗洛伊德对探索俄狄浦斯情结之前的关系领域一点儿也不感兴趣。这一点与他后来在关于摩西的著作中所表达的相反（Freud, 1939，SE，23），在此处，关于创伤的声音无法被察觉，也无法被听到。

在《言语的迷惑》一文中，费伦齐认为孩子几乎还没有发育，他的反应是焦虑性认同，然后是对攻击者的内摄。这种对攻击者的认同，后来出现在安娜·弗洛伊德的精神分析文献中，事实上这一概念在费伦齐的著作中已经以安娜的父亲不愿意听到的方式被充分呈现过。弗洛伊德甚至告诫费伦齐不要在大会上提出这一观点！因此，他希望拯救俄狄浦斯情结和前俄狄浦斯期阉割阴影的幻想。尽管如此，这篇演讲稿仍然受到了大家的追捧，但仅仅是由于受到了琼斯等人的从中作梗和指责，这篇文章的英文版直到 1949 年才得以发表。

精神分析思想史并不总是以和谐演化的方式推进着。相反，整个进程往往是由理论预设中的矛盾推动的，而且并不能得到临床经验的支持。精神分析中的主观性和直觉性，以及费伦齐所表现出的巨大好奇心，遭到了保守主义的反对，并以一种被遭受创伤的人忽略的重复性创伤情境而告终。

儿童

费伦齐的封山之作关注这些议题，或者从更普遍的意义上说，关注儿童的发展和命运，可能并不是一种偶然。这种兴趣促使他终其一生为之努力——甚至更久——众多有识之士仍在继续他的事业。费伦齐及其后继者，包括伊尔姆·赫尔曼（Imre Hermann）、玛格丽特·马勒和勒内·A. 施皮茨，认为原初的母婴关系的重要性在依恋理论（Fonagy，2001）和主体间性理论（Fonagy，2001）中仍然持续存在。

与科学的联系

精神分析传统的一个重要特征，即学术研究，与其他科学领域相互重叠。鉴于弗洛伊德希望建立一门科学，他使用其他相关科学的方法和知识是可以理解的，如《图腾与禁忌》中的古人类学（1912—1913，SE 13）《性学三论》中的性学萌芽（1905，SE 7），以及《摩西与一神教》中的宗教学（1939，SE，23）。

费伦齐对科学贡献的开放态度也证明了不同研究领域的趋向一致性。今天，我们可以尝试通过探索神经科学与精神分析理论之间的重叠，来取得类似的进展。以创伤问题为例：不断重复创伤必然同时伴随着内部加工，这是后来被巴林特采纳的费伦齐的观点之一。它不仅涉及回忆，还涉及精神分析关系中的不断重复。

"重复巩固"（reconsolidation）的概念目前是神经科学中记忆研究的一个焦点。记忆的回忆机制使其神经通路暂时改变，从而发生变化和重新关联，或者相反，重复回忆如何强化记忆这一过程，正是目前在创伤后应激障碍（PTSD）背景下要进行研究的发病机制。从神经科学的角度来看，"这些记忆没有被提取，因此也没有被重新激活，这可能是由于对检索过程本身施加的压抑而造成的阻断。因此，这些记忆既不能被重新巩固，也不能被更新"（Alberini，Ansermet，and Magistretti，2013）。然而，作者详细阐述了这一过程：

在精神分析过程中，被试通过重新体验和将情绪转向分析师，并以新的方式重新处理这些情绪，从而觉察到（或意识到）他或她无意识行为的潜在来源。因此，在新的分析情境中回忆和阐述过去的记忆是精神分析过程的关键要素（2013）。

情绪状态传递的神经生物学基础，非常类似于精神分析在模仿、内摄、认同机制中所把控的内容，这一切都要归功于费伦齐的临床智慧！对其他人最后的确定性姿势的感知觉所激活的神经元——著名的镜像神经元——与那些受试者自己完成这一姿势时所激活的神经元一样（Rizzolati et al，1996）。维托里奥·加莱塞（Vittorio Gallese）明确地写道："我们和同伴共同分享包括行动、感觉和情绪在内的多种状态。一个新的概念性工具，能够捕捉到我们与他人分享的丰富经验（Gallese，2003）……"这不是弗洛伊德和费伦齐正在探寻的那种生物学基础吗？

因此，感受并不是从唯我性的孤立状态中产生的，而是在人与人之间的深度关联中产生的。这些无意识的神经反应甚至可以解释诸如心灵感应和投射性认同等心理现象。

1933 年费伦齐去世后，弗洛伊德认识到创伤和分裂的重要性（Freud，1940），这在他的著作《摩西与一神教》中有所体现（Freud，1939）。在他生命的最后几年的著作中，费伦齐对他的影响变得越来越明显，包括他提到了负向移情的问题，以及他对反移情和诠释的觉察（Freud，1937，SE 23）。

遗产就在那里：它是不可否认的，但往往是隐匿的，没有被引用是因为它一直存在争议，甚至遭到谴责。然而，它的价值主要是在当代精神分析中被发现的——这就是费伦齐的遗产。

展望

在费伦齐成为一名分析师之前，他的基本态度就是激励自己去审视人们的苦难。如同他的许多病友一样，他也是一个饱受创伤的人，曾经历相当多的痛苦。在他看来，表达痛苦的感受不仅是一种感伤的态度，而且要在专注的观察和内省过程中，作为一名先锋榜样与被分析者携手作战，打一场智力理解的硬仗。

在他生命的最后 10 ～ 15 年的时间里，他的奉献和自我牺牲的态度，一直弥漫在创伤重复的分析中和表达出来的退行状态中。费伦齐认为，发生在分析情境中的这种重复或退行，是由两个主角共同创造的，是两个人的工作成果，也是他们相互交流的成果。本研究为（后）现代精神分析的概念及其向人际精神分析和主体间精神分析的拓展铺平了道路。

抛开我们这个时代使用的类似魔咒的表达术语，如反移情[11]，我们是否可以考虑一些简单的态度，如对自己和他人的真诚（正如费伦齐所倡议的那样），并牢记治疗涉及两个人的参与？双方都在发挥作用，因此两个人的功能状态都是可以被分析的，因为每一方都希望被对方理解。这种观点弗洛伊德也同意，正如他在给弗利斯写的一封信中所说的那样："我在分析另一个人的同时，也在分析我自己（Freud/Fliess, 11.14.1897）。"

费伦齐和兰克致力于发展临床实践和理论的新观点，特别是他们在其著作中所倡导的发展性理论。费伦齐的真诚和态度在精神分析历史上结出了丰硕的果实。在第二次世界大战结束之前，这些观点还不能占据主导地位。那时，大英帝国的创新家（如巴林特、保拉·海曼、温尼克特和后来的比昂），以及一些地方（如美国），逐渐采纳、重新发现或重新演绎了这些观点。精神分析不是一枝独秀，而是由团体互动产生的一束花，有时这是困难且有争议的，但会得益于许多才华横溢的个体的贡献。

显然，费伦齐领先于许多创新家。通过对传统的精神分析史学的某些观点进行回顾，我们可以看出有那么多类似的观点很早就出现了，但这些观点常常被精神分析作家的灰暗集团抨击。例如，来自琼斯的批评性观点和指责可能推迟了人们对一些新的冒险观点的有效性的认识，尽管如此，这些观点已经重新出现，变成了现代的"新视角"。

精神分析是由一位天才提出来的，并由一群杰出人士进一步阐释。这仍然是一个开放且悬而未决的主题，它在临床实践、方法和理论上究竟有多大的差异、在什么方向上发展，关于这一点，作为弗洛伊德1913年以后最有启迪性的"通信者"费伦齐，以及他在维也纳最亲密的合作者和邻居奥托·兰克，在精神分析初创时期后对精神分析的共同创造产生过更大的影响。这个贯穿本章的主题，可能会激发当今的我们去思考新的观点和新的选择如何进一步发展。

特别感谢恩斯特·法尔泽德博士，他帮助确定了最终的文稿。

　　1923年12月至1924年3月发表的文稿
　　费伦齐：《塔拉萨》
　　兰克：《出生的创伤》
　　费伦齐与兰克：《精神分析发展的目标》[12]
　　弗洛伊德：《俄狄浦斯情结的放纵》(*The Dissoluting of the Oedipus Complex*)[13]

（本章由崔界峰翻译。）

· 注 释 ·

1. 在"巴勒莫事件"发生时，费伦齐已经认为，关于个体革新和人类发展的思想是一种不受限制的相互作用的结果。
2. 字面翻译为"可怕的孩子"，这个短语通常意味着一个人是相当动荡的、叛逆的和反传统的。

3. 《塔拉萨》是第一个英文译本的标题。最初的标题是：《一种性理论的尝试》（*Der Versuch einer Genitaltheorie*）。

4. 德文术语出现在所引述的信中。

5. 在柏林举行的国际精神分析大会（1922 年 9 月）上，弗洛伊德倡导了一个奖项：表彰精神分析技术在相关理论和技术方面的贡献（Freud，1922）。

6. 我对原文的翻译；原文中保留的斜体字。

7. "异教徒：持有与普遍接受的观点不一致的人"——《牛津词典》（*Oxford Dictionary*）。行为乖僻的小恶魔。

8. 无论如何，在弗洛伊德的构想中，这是一个很有价值的发现。

9. 德国译者（或出版人）认为最好将标题改为《没有同情，就无法治愈》（*Ohne Sympathie, keine Heilung*），这是一个直接取自文稿的短语。

10. 我从德文原文翻译过来的。

11. 一个笑话：两个分析师见面了。一个人问："你在做什么？"另一个人说："我在处理我的反移情。"

12. 这里使用的标题是原版文稿的直译，没有考虑到出版人后来做出的修改。

13. 这一情结作为一种核心现象的重要性。

第二部分

历史

第4章

从档案历史和分析记录看：
克拉拉·汤普森接受费伦齐的分析

B. 威廉·布伦南

"当你身处故事中的时候，它根本不是一个故事，而只是一种混乱状态；一次黑暗的咆哮，一种失明，一堆碎玻璃和木头碎片的残骸；就像旋风中的一座房子，或者一艘被冰山压碎或急流中飘摇的船只，所有人都无力阻止它。直到后来，它才变成了一个故事。这时，你才能对自己或别人说这件事。"

——摘自玛格丽特·阿特伍德（Margaret Atwood）的
《别名格蕾丝》（*Alias Grace*）

"当然，需要强调的是，它们永远只能是描述和解读；在准确或严格的意义上，没有人知道发生了什么，甚至包括参与者自己。"

——亚当·菲利普斯（Adam Phillips，2011）

前言：在费伦齐的咨询室内

克拉拉·汤普森作为早期美国精神分析领域的女性先驱之一，奠定了精神分析人际学派的地位。汤普森是华盛顿-巴尔的摩精神分析学会和威廉·阿兰森·怀特研究所（William Alanson White Institute）的创始人，也是哈里·斯塔克·沙利文和埃里希·弗洛姆（Erich Fromm）的密友。尽管汤普森的家族是新英格兰清教徒的后裔，但她的人生却充满了矛盾和争议。对她的家人来说，她是家族中的梅布尔，对其他人来说，她就是属于自己的克拉拉［除了在大学时代，她将自己命名为乔治·艾略特（George Eliot）的小说《弗洛斯河上的磨坊》（*The Mill on the Floss*）中的主人公的名字玛吉以外］。15 岁时，汤普森曾幻想成为一名传教士，但在 1916 年的大学年鉴中，她写道她未来的计划是"以最精妙的方式杀人"（也许是某一天没有能做成医生的幻想）。她反抗做"好女孩"，回避威权主义的正统观念，有时还会对自己的进步进行自我破坏。汤普森在菲普斯诊所（Phipps Clinic）担任精神科医生，同时她也是阿道夫·迈耶（Adolf Meyer）的门生，但其前途良好的职业生涯在某一天突然结束，笼罩在色情谣言中。尽管她表现得极其冷静和超然，但她的学生都说她很温暖，她在普罗旺斯镇商业街 599 号的那间避暑屋，也常是派对和社交聚会的中心。

此前，夏皮罗（Shapiro，1933）在对作为费伦齐思想的使者的汤普森的考察中发现，汤普森只能算"半个信使"，因为她几乎没有发展或推进费伦齐关于创伤和童年性虐待的思想，而这些思想是费伦齐后来著作的核心。[1] 在精神分析的编年史上，最容易让人记住的是，汤普森曾夸口说自己是一个可以随时亲吻"费伦齐爸爸"的病人。这一事件永远玷污了费伦齐的声誉，并加剧了他与弗洛伊德之间日益紧张的关系。虽然这个事件经常被认为是由汤普森的内在动力导致的，或者作为费伦齐的技术实验失败的一个例子，但在这个三角关系中，弗洛伊德也是一个关键的参与者的事实往往被忽略。在本章，当艾斯勒对她的采访被更详细地探讨时，我们将看到汤普森的人格分析结构和她的人际关系模式，作为交叉和重叠的三角关系中的一角，汤普森纠缠于持续的暧昧关系中。

费伦齐在《临床日记》（1988）中以坦诚的报告介绍了他在 1932 年与病人合作的情况，这为我们提供了一个独特的视角，让我们得以一窥他的咨询室。克拉拉·汤普森以 Dm 的化名出现在日记中。[2] 本章将考察汤普森（1952）对她的分析的叙述，这是她在为弗洛伊德档案而接受库尔特·艾斯勒的采访时透露的。这次采访与其他许多采访一样，多年来在弗洛伊德档案中一直备受冷落，被封存在国会图书馆的保管库里，直到最近才面世。艾斯勒的采访虽然集中于那些见过或知道弗洛伊德的人，但也包含了一些以第一人称叙述的早期精神分析的内容——从躺椅另一边传出的声音。[3] 在艾斯勒进行的所有采访中，他对汤普森的采访包含了大量关于费伦齐的信息，这为我们了解费伦齐的生活，以及他与病人的工作打开了另一扇门。

一份档案，虽然是集体记忆的存放处，但也被过去的幽灵所困扰——承载着创伤的代际传递——被掩盖的事、秘密、背景故事，以及历经几十年被压抑、隔离或否认的非官方历史。在散落的遗物和蜉蝣般短暂的事物中，你可以发现一些个人的、旁白的、非正式的、边缘化的记录。此外，这次采访就像一次精神分析一样，当各种信息被清除、被防御时，揭示了工作中的无意识；情感聚集和解离打断了叙事线。与一次精神分析类似，其中的过程与内容同等重要。采访者的问题具有唤起来自精神地狱的移情幽灵的魔力，这一幽灵持续困扰着个体的记忆、回忆和欲望。躺椅上的报告满是无处不在的移情，无意识一直在内心深处发挥作用，它推动着移情，编织出心理现实的珀涅罗珀式结构。对罗耶瓦尔德来说，正是对这种移情的分析将这些鬼魂变成了先驱。当许多采访一直被尚未解决的移情困扰时，也许精神分析历史学家的工作最终可以让他们安息。至于费伦齐，由于亲吻病人和相互分析等违犯伦理的故事的存在，他的遗产一直被妖魔化，而由于缺乏准确的细节，这些故事总有一些假想虚构的成分。汤普森的采访有助于将一些零碎的历史资料串联连起来，让一些幽灵般的猜测得以平息，虽然最多只能是部分情节。

采访——公开的和未公开的信息

虽然"死者不能讲故事"，但如果在去世前接受采访，他们确实有故事要讲。汤普森的采访是在 1952 年 6 月 4 日进行的，当时她 58 岁。采访的日期很重要，因为在这 5 年前，汤普森刚刚为弗洛姆写下关于费伦齐最后几天的描述。[4] 采访的细节可以与汤普森给弗洛姆的描述进行比较，后者的意图是为费伦齐澄清，因为琼斯指控费伦齐在生命的最后几年里患上了精神病。在这次采访中，汤普森并没有遭受任何特别的、需要为费伦齐辩护的压力，这使得她对事件的描述显得更加直白和坦诚。

汤普森似乎比塞文（1952）更了解费伦齐的私生活。汤普森说，费伦齐对她坦言自己年轻时的出轨行为，与他自己在日记中披露的内容一致。尽管汤普森嫉妒其他与费伦齐走得更近的病人，而且费伦齐与塞文进行过相互分析，但是，费伦齐会更加开放地与汤普森分享他的个人经历，他们之间的关系可能比汤普森所感觉到的要更加亲近，而且汤普森是费伦齐在弥留之际要求见面的三个人之一。

移情和文字记录

从个人层面上看，汤普森的采访揭示了《临床日记》中反复出现的特定主题，可以与同一文本中的 Dm 的案例相比较：让费伦齐陷入与弗洛伊德的不合的内疚感、羞耻感及其与汤普森的社会经济和阶级背景的联系，以及她与其他病人之间的竞争和对其他病人的嫉妒。汤普森对她能从分析中带走什么感到纠结。从采访一开始就出现的主要移情范式是汤普森、费伦齐和弗洛伊德之间的三角关系，正是在这个关系里，汤普森将对父母双方的移情结合在了一起。汤普森告诉艾斯勒，当她 1928 年第一次去布达佩斯时，她想去拜访弗洛伊德，无论是在出发的路上还是在回来的路上，但费伦齐打消了她这个念头——他给出的理由是弗洛伊德患了癌症，而且他不想见女性病友。不过，汤普森知道有女性造访过弗洛伊德，她认为费伦齐不赞成这次访问，是因为他对弗洛伊德并不友好。费伦齐与弗洛伊德的关系有其自身尚未解决的移情，因为弗洛伊德承接了费伦齐恋母情结的衣钵，[5]因此在这段时间里，许多内心剧本汇集在一起并同时上演，这可以被看作一种"相互卷入"。[6]

分析

汤普森第一次见到费伦齐是在 1926 年，当时他正在美国讲课，汤普森立即被他的热情和平等主义态度吸引。有一次，汤普森去听了费伦齐的演讲，[7]和他谈到了她的分析，[8]并立刻知道自己想与他合作：

> 他是我见过的第一个我认为可以对话的分析师。当时我想，无论如何我都不能再接受更专制的分析了。我想，现在我什么都能忍受了。我会发现这很难。我也非常需要爱，我认为我不可能再忍受正统分析中的爱的匮乏。[9]

对汤普森来说不幸的是，费伦齐在纽约的时间已经排满了。他建议汤普森来布达佩斯，但她缺乏财力支持。与费伦齐的其他许多病人不同，汤普森来自一个工人阶级家庭；她的父亲在罗得岛普罗维登斯市中心的一家名叫"布兰丁和布兰丁"的药店工作。教育为汤普森提供了超越她卑微出身的机会；她就读于布朗大学为女性开设的彭布罗克学院和约翰斯·霍普金斯医学院（Green，1964）。汤普森曾在菲普斯诊所实习，并在 1922 年开始在那里担任为期三年的精神科住院医师。在诊所的岁月里，汤普森是一颗冉冉升起的新星，阿道夫·迈耶对她特别赏识。然而，1925 年，汤普森辞去了在菲普斯的工作。本章稍后将更详细地探讨这一事件。汤普森随后努力将自己打造为巴尔的摩的分析师。

由于无法在纽约开始治疗，因此费伦齐问汤普森需要多长时间才能存够钱，汤普森说大约两年。据报道，汤普森随后忘记了这一切。两年后的 2 月，汤普森形容说"一阵闹铃声在她脑海里响了起来"，于是她发电报给费伦齐说要开始治疗。汤普森和一个病人一起工作有困难，不知道向哪里求助，她已经设法省下了 1000 美元，足够在夏天和费伦齐待上两个月。经济窘境导致汤普森在一开始就接受了"短时间、高密度"的分析：1928 年的两个月，1929 年的两个月和 1930 年的三个月，虽然这种开始方式也可以被解释成由移情方面的依恋困难导致的建立亲近感和亲密感缓慢的问题。最终在 1931 年，汤普森得以搬到布达佩斯，带着自己的 8 名病人来维持生计。[10] 她继续在经济困难中挣扎，因为当时正值大萧条时期的高潮，并非所有的病人都能付费。[11] 费伦齐在日记（1932 年 6 月 20 日）中描述了自己在演讲时与汤普森第一次相遇的情形，这与汤普森的回忆有所不同。根据日记记载，费伦齐当时正在跳舞，而挑衅的汤普森行为失当——当她没有立即被作为一个病人接受时，她就跑出去失去了童贞。如果我们接受费伦齐的说法，这种行为说明汤普森在试探边界，做出了引诱的行为，并在被拒绝后，诉诸补偿性行为。也许，汤普森是在与压抑的清教徒教养做斗争，而这种移情反应的"先锋"是她试图整合其内在性活力的尝试。[12]

分析是用英文进行的。费伦齐的英语说得"恰当，但不够好"，他"词汇量很大"，但"在语法上存在困难"，并且"有很重的匈牙利口音"，但"你总能弄清楚他在说什么"。汤普森学了一点匈牙利文，足以与出租车司机交谈和点菜单。她回忆起那段时间在布达佩斯的大约 35 名美国人，其中大多数人都互相认识。

论费伦齐的技术

汤普森认为，费伦齐从来没有真正相信过匮乏满足技术（主动疗法）[13]，"他认为是他身上的某个魔鬼强迫他将这种技术带到如此极端的程度，而最终它将被证明是荒谬的"。[14] 汤普森觉得，他转向"放松疗法"[15] 主要是因为伊丽莎白·塞文。在采访中，塞文的名字被错拼成"拉·维恩"。[16] 汤普森认为，塞文要求增加工作时间，这让费伦齐重新思考了满足病人需求的问题。在采访开始时，汤普森暗示费伦齐的放松技术被弗洛伊德认为是"危险的"：

当然，当时他将放松技术掌握得非常娴熟，弗洛伊德觉得这非常危险。他告诉我，弗洛伊德觉得这非常危险，并且弗洛伊德认为给予病人爱是非常危险的，像费伦齐那样鼓励他们重新体验这种经历是非常危险的。

在采访中，当汤普森第一次谈到自己的分析时，她对这个经历和结果的态度是非常正面和肯定的。对汤普森来说，分析改变了她的生活。她报告说，它"非常明显地改变了我的个性"，而且"它几乎百分之百是积极的"。汤普森说：

我一直认为布达佩斯体验到了真正快乐成长的童年——这是他（费伦齐）对自己的治疗方法的幻想。但我真的体验到了这一过程。实际上我并不清楚周围的人在谈论什么——我就像一个孩子，生活在一个如此陌生的国家……我认为正是在那个时刻，我以舒适的社交方式，第一次与人建立关系，在那之前我是一个非常超然的人，表现得像分裂样人格一样。虽然我在建立亲密关系方面仍然存在困难，但已经不太严重了。[17]

随后，采访记录了片刻的沉默。艾斯勒在采访记录中很少备注沉默，这说明这个沉默是一次刻意的停顿。汤普森的下一个联想是弗洛伊德如何在她的分析中占据突出的"坏母亲"角色——考虑到一系列的联想，汤普森的"坏母亲"可能是她分裂样退缩的原因。汤普森透露，她在两个人的冲突中更偏向于费伦齐。[18]弗洛伊德和费伦齐二人技术之间的差异，以及两个人之间不断演变的紧张关系，正好让汤普森重温了她的原生家庭中的动力关系：

> 嗯，我与我严苛的母亲相处困难，她对宗教非常虔诚，她真的是一个令人非常害怕的人，但她用一种带着控制性的严苛掩盖了她的可怕："你必须这样做，你不能这样做。"弗洛伊德的思想中有一些东西与我的母亲类似，我立即抓住了这一点。而费伦齐的很多观点就像我父亲的观点一样，"哦，你一定能理解他"，在分析的早期阶段，我努力在分析中看着他，而不是对他怀有敌意，因此我们的分析进行得非常顺利，虽然这一切并不是发生在我的原生家庭里的。后来拉·维恩（La Verne）夫人（塞文）成了一个比弗洛伊德还要坏得多的"母亲"。

人们不禁要问，汤普森在她与费伦齐的分析及后来与弗洛姆的分析中，是否修通了这些移情的家庭系统排列关系，因为汤普森仍旧觉得费伦齐是"惧怕"弗洛伊德的。也许汤普森对家庭动力的投射及对费伦齐解救行动的参与，复制了她想将自己从内部坏客体中解放出来所经历的内心挣扎。此外，早在汤普森与约瑟夫·"蛇"·切斯曼·汤普森（Joseph "Snake" Chessman Thompson）的首次分析中，这种对父母双方的移情就已经存在了。克拉拉·汤普森在菲普斯诊所时曾接受阿道夫·迈耶的指导，当她与约瑟夫·汤普森（Edmunds，2012）进行分析时，她与迈耶之间出现了越来越大的裂痕。克拉拉·汤普森与迈耶的关系非常紧密，迈耶支持她对精神病人的兴趣，她也很信赖迈耶，1923 年，迈耶照顾她挺过伤寒的高烧，当时她已濒临自杀的边缘。[19]她与迈耶的裂痕体现在个人和理论两个层面。他们在克拉拉是在菲普斯诊所里工作，还是在她的私人诊所里做精神分析这个问题上出现了分歧。迈耶指责克拉拉推荐病人给约瑟夫·汤普森，因为迈耶非常看不起他。1925 年 10 月 23 日，汤普森从菲普斯诊所辞职。4 年后，汤普森主动联系了迈耶，试图与他和解，1929 年 12 月 7 日，她写道，她觉得困难源于她选择了精神分析，而迈耶非常反对精神分析的理论与实践，他也不赞成她选择成为分析师。汤普森应该早点离开诊所，但是：

> 正如我之前已经向你告知过我的问题，我出现了对你的依恋（移情），但是因为你的治疗方法并不对移情进行分析，所以我的依恋问题一直持续存在了好多年。因此，面对两种依恋，面对两个彼此不友好的人都产生的依恋，我并没有很好地处理这种情形（Adolf Meyer collection，I/3805）。

我们再次看到了三角关系的重现，汤普森经历了被拒绝和被异化，迈耶无法理解这种情形。汤普森后来透露了一条"八卦"消息，她认为迈耶应该对此负责，这一事件不可思议地预示了关于汤普森与费伦齐的"亲吻技术"或情欲化的付诸行动的"八卦"：

> 有人告诉我——你说你要求我辞职是因为我是我的分析师的情妇。我不会让你为这一谣言负责。当然，我想是因为你们的工作人员说了一些闲话，才促成了这个谣言。但当我听到这个谣言的时候，我意识到从我的一些行为中得出这一点完全是一种自然推断，所以你可能相信了。一位饱经风霜且在个人清白方面缺乏安全感的女性，会更加谨小慎微。碰巧我从来都不是他的情妇。我不知道你是否相信这一点，我也不知道这件事有多么重要，但我今晚告诉你的，就是其中的真相（Adolf Meyer collection，I/3805）。

令人惊讶的是，尽管汤普森在 1929 年就知道了这一丑闻，但她仍与费伦齐延续着类似的关系。此外，正如迈耶无法理解的移情一样，弗洛伊德也没有考虑过他是如何被卷入这一关系中，并仅仅从费伦齐与他的病人的动力学角度来看待这一事件的。

亲吻和讲述

汤普森和费伦齐的事件实际上已经被具体化为费伦齐的"亲吻技术"。这显然是一种相互卷入，汤普森在其中复制了童年时边界模糊的动力学过程，特别是她自己在孩子般的柔情和成年人的激情之间的困惑。费伦齐正在成就自己的愿望，成为一个他从未拥有过的充满爱心的母亲，因为他自己的母亲是缺席的，也缺乏温暖。在采访的前半段，汤普森谈到了她的朋友伊迪丝 · 杰克逊（Edith Jackson），她是弗洛伊德的病人。汤普森通过杰克逊将她与费伦齐正在发生的一切都转告给了弗洛伊德。这在一定程度上可能是由于汤普森与杰克逊在谁得到了更好的治疗方面的竞争。有证据表明，杰克逊觉得她在弗洛伊德眼里是很特别的（Lynn，2003）。第一次相互卷入发生时，汤普森告诉杰克逊，费伦齐在他自己有错时是如何公开承认错误的。杰克逊把这一信息告诉了安娜 · 弗洛伊德，安娜 · 弗洛伊德又和她的父亲讨论了这件事，汤普森回忆道，弗洛伊德认为这很危险，随后费伦齐开始收到弗洛伊德的来信，表达对他的治疗技术的担忧。

在采访中，汤普森在评论费伦齐的治疗技术时，首先混淆了当分析师有错时向病人承认错误与分析师告诉病人他们的个人缺陷之间的区别。汤普森随后澄清道，这与让病人分析分析师不一样，她介绍了相互分析的概念，这是分析师对反移情感受的自我暴露。例如，如果病人觉得分析师很生气，分析师最好向病人承认这一点，而不是隐瞒。汤普森甚至向艾斯勒回忆道，费伦齐为她翻译了一部分弗洛伊德的信，弗洛伊德在其中表达的感受表明他正处在他的"第二个童年期"，但直到采访的晚些时候，汤普森才敢于透露更多：[20]

不幸的是，我在某种程度上参与了费伦齐与弗洛伊德之间的斗争，因为我正在和伊迪丝 · 杰克逊谈论他的新的治疗技术，她说："你的意思是，你真的吻了费伦齐？"我说："当然，我可以在任何我想吻他的时候吻他。"

她当然马上就把这件事告诉了弗洛伊德，弗洛伊德对此感到非常不安，并就此给费伦齐写了一封相当长的信。我必须说费伦齐和我之间的关系是清白的。自然地，他感到很不安，你看，我很好地阐述了这个理论，如果这就是我们所做的，为什么我们不能承认呢？而他最终承认我是对的，如果他要做这样的事情，他应该承认，而不是试图对弗洛伊德隐瞒。

费伦齐在临床日记中记录了这一事件是如何造成治疗中的裂痕的，在接下来的 3 个月里，汤普森的阻抗变得更加明显，她感觉费伦齐对她越来越有所保留、易怒和轻蔑（《临床日记》，1932 年 3 月 13 日）。汤普森认为，费伦齐不应该从个人身上找原因，不应该继续寻找卷入的原因。汤普森在讲述这一事件时有点实事求是，没有对这一事件的重要性进行更深入的反思，这暗示着事情并没有被完全解决，在此后的很多年里，这件事一直困扰着她。费伦齐并不认为这世上会有“顽皮的坏孩子”，因此他不可能去斥责汤普森，他认为如果当权者不是伪善的，而是采取真诚的态度，就会促使孩子主动提出他们关于良好行为的倡议。

汤普森对《言语的迷惑》这篇论文及其作为费伦齐全部学术成就的巅峰之作的重要性缺乏认识，这使采访中呈现了另一个发人深省的时刻。夏皮罗（1993）敏锐地指出，汤普森将对那篇论文的理解和它的关键思想割裂开来——在采访中，我们发现了这一假设的进一步证据。汤普森说，她没有听说过这篇论文，因为它是用德文写的，并且她认为它没有被发表过。汤普森告诉艾斯勒：

我认为这个主题，正如费伦齐告诉我的那样，是他最喜欢的主题：没有坏病人，只有坏分析师试图重复坏父母的想法，坏父母制造出神经质的孩子，分析师也会做同样的事情，让病人变得更糟。现在，我不知道那篇论文里还能有什么，但弗洛伊德对这篇论文感到非常不安，他告诉费伦齐不能发表这篇论文，拒绝让他发表，我不知道它是否还存在。

这次采访发生在 1952 年，艾斯勒确认它已经被发表。两年后，汤普森在给德·弗瑞斯特的信（Brennan，2009）中再次问起了这篇论文，但她仍然不知道它已经被发表了。汤普森随后查了一下，并告诉德·弗瑞斯特她期待"更具革命性的东西。"[21] 在采访中，汤普森对这篇论文的回忆很有趣，因为她没有提到费伦齐的观点，即性创伤在神经症的病因中起到了一定的作用，她只是表达了费伦齐思想的一个方面，并对其进行了过度简化。[22] 显然，汤普森没有看过这篇论文，因为她在威斯巴登没有听到过这篇论文，其中包含的内容大多基于她自己的假设。此外，当汤普森读这篇论文时，她也并没有理解它对于那个时代是如何具有革命性的，这一事实表明，关于创伤，她总是有一些东西无法理解。

对分析的批判

在采访快结束时，汤普森表达了对分析更为严厉的批评态度，并指出她感觉费伦齐并没有直接处理她的敌意：

他实际上对我的性格结构一无所知。当然，他对我的创伤经历和我的人际关系处理得很充分，但我认为他从来没有见过我表达敌意的方式。关于我操纵他人的方式，我相信他从来没有见过。

有趣的是，这份资料出现在汤普森一直在谈的泄密事件之后。在临床日记中，费伦齐曾多次描述汤普森（Dm）的敌意，包括汤普森的体味和不注意个人卫生，这些都是她敌意的表现。很有可能的是，汤普森没有看到费伦齐看出了她的敌意，以及他选择了与她想象中不同的回应方式。由于汤普森从母亲那里受到的是严厉而苛刻的管束，因此费伦齐选择了另外一种应对方式，通过这种方式，汤普森可以找到摆脱在愤怒、焦虑和绝对服从之间不停摇摆和纠结的路径（《临床日记》，1932 年 6 月 3 日）。尽管汤普森在她的大学年鉴中开玩笑说，她未来的计划是"以最精妙的方式杀人"，但有证据表明，费伦齐确实看到了她的敌意，而且像他一样，[23] 汤普森同时也努力帮助别人掩盖更阴暗的动机。1931 年 12 月 31 日，在接到弗洛伊德的斥责信后，费伦齐谈到汤普森时说"她打算以迂回的方式杀人，并且只能生活在这种幻想之中。在分析中，她明白分析师能理解她——她不是一个坏人，但她必须实施杀戮"。

关于塞文

对汤普森和费伦齐来说，塞文激发了一种负面的母性移情。汤普森在给弗洛姆的信中写道，她觉得塞文"欺负"费伦齐。[24] 当汤普森第一次来到布达佩斯时，费伦齐曾建议，也许她可以和塞文同住，但在一次谈话之后，汤普森就评价塞文是个难伺候且不随和的人，有着各种房间内的规则，因此拒绝了这个提议，费伦齐对于她有勇气站出来对抗塞文感到很惊讶。虽然汤普森不知道自己是否该相信，但塞文告诉她，费伦齐过去每晚都会用线把自己的舌头绑在床上，以避免舌头被吞进肚子里；汤普森认为这听起来"不可思议"。然而，在塞文的问题上，汤普森斩钉截铁地称她是个"偏执的荡妇"，并透露自己曾经称她为"食肉鸟"，因为她看起来很像。[25] 当汤普森意识到她所说的一切正在被记录时，她想做些纠正：

这不会被公开发表，是吗？但她是那种非常爱控制、有疑病症的女人，属于极度忧郁的类型。你知道的，就是那种必须进行紧急行动，但又什么都解决不了的人。而且她永远也站不起来。她一生的大部分时间都在床上度过，她在床上统治着一切。[26] 她的女儿在她的控制之下，等等，她现在有了费伦齐，在最后的三年期间，也就是我在那里的最后两年，费伦齐的情况发生了相当大的变化，我认为他受了她很大的影响，是她要求无止境的陪伴时间。你知道这让他觉得，也许一天一个小时是不够的；如果病人需要更多，你应该给他更多。我想他很想努力解决这个女人的问题。

汤普森知道费伦齐与塞文进行的相互分析，但并不认为自己参与了任何相互分析。汤普森知道相互分析的一些细节：

我不知道他们俩之间发生了什么，但我想他分析了她一个小时，然后下一个小时她分析了他——类似这样。我想——我认为他非常害怕她。出于某种原因——他的妻子觉得塞文让他流血致死；这是他的妻子说的。

在艾斯勒的采访中，汤普森为塞文的分析描绘了一个非常戏剧性的结局。很难知道这其中有多少是道听途说，有多少是真的，但她在采访中表示塞文在结束分析阶段确实存在困难：

塞文在费伦齐去世前的三个月左右离开了他。他终于有了让她离开的力量，在她离开的那天，他进入了一种兴奋、得意的状态。她对他说的离别话是，他会死，她会看到他死了，他会是个很渺小的人物，完全被世界遗忘。这是她临别时的诅咒。

塞文在接受采访时没有提到这一点，但这复制了塞文那个虐待她的父亲在转身离开她时是如何诅咒她的情景。从采访中我们还可以看出，汤普森对塞文几乎没有一点儿同情心，对她的创伤和受虐记忆也有些不屑一顾：

是的，他确实跟我说了不少关于她的事。这太离奇了。我也有一个离奇的经历，我有三任分析师，他们都和有严重疑病症的女性搅在一起。在费伦齐之前，我有一个分析师，一个完全不出名的美国人——一个名叫乔·汤普森（Joe Thompson）的人。现在他死了，他曾娶了一个也有同样奇怪的童年记忆的女病人。拉·维恩夫人（塞文）和另一个女性重新修复了那种在她们小时候遭受过的最疯狂的性虐待创伤。她们的那些故事几乎都差不多，这一切必定都发生在这一类型的人身上。

汤普森有很多与病情严重的病人工作的经验，包括许多精神病人，所以她对塞文所受遭遇的痛苦的严重程度的反应，是令人吃惊的，她的语气听上去好像也很怀疑。

论费伦齐的疾病

在采访中，汤普森对生病期间的费伦齐比以前更加挑剔，那时费伦齐表现出了严重的贫血症状。汤普森说：

他显然一生都非常强烈地感到需要更多的分析，我认为，到最后，他确实利用了他的病人来试图解决自己的问题。我的意思是，他会做更多的事情，而不是仅仅说"是的，我有这样的感觉"。他应该这样说——我知道，在他最后一次生病的时候，他告诉了我很多关于他早年的生活、他的不幸，以及他的性出轨之类的事情。我想那时他的精神已经不正常了。那是在 1932 年或 1933 年的最后一个冬天。

汤普森回忆道，当费伦齐在火车站（比亚里茨）摔倒时，他的红细胞计数大约为 150 万。汤普森指出：

他的思想肯定受到了影响，我可以这样告诉你。他有全身硬化症的症状，我的意思是他走起路来摇摇晃晃，不能走得很好。现在，费伦齐的手总是显得很笨拙……所以这其中有多少是由于体质的问题，我不知道，但他肯定到了不能控制自己走路的地步。

汤普森意识到费伦齐有"精神障碍"，那天早晨与她会面时，他极不寻常地晚了一个半小时。尽管汤普森认为费伦齐"心智失常"，但她并没有说他有妄想或偏执。他的妻子吉泽拉也曾告诉汤普森，在他最后一次生病期间，他经常倒着看报纸。与汤普森对弗洛姆的叙述相比，这里包括了很多相同的细节，尽管人们可以从文本中推断出汤普森的语气，但在接受艾斯勒的采访时，她的语气更具有批判性。

终止——永远不说再见

在采访中，汤普森回忆了她最后一次分析，并描绘了费伦齐和她之间非常令人心酸的一幕：

> 他突然把我带到隔壁的房间，在留声机上播放了一张唱片——我不记得是什么了，但它是关于一个人渴望爱的——他听着这张唱片哭了。而且，关于这一点，他只是把它当作——嗯，我正在说的某种东西。他也完全沉浸其中。

在汤普森对弗洛姆的叙述中，她提到了这件事，但她说他们当时并没有做分析，尽管在这里她明确地认为留声机事件是费伦齐对她的内容和感受的回应，这是费伦齐在情感上非常投入的时刻。采访者提出了一个问题，即费伦齐的病情是否会使结束过程复杂化。在 1932 年给德·弗瑞斯特的许多信件中，汤普森都在考虑终止分析，但她意识到她在愚弄自己，并且她认为在这之前，分析已经结束过两次了。1932 年 6 月 19 日，汤普森写道："这次我决心坚持到最后。"费伦齐在 1933 年 5 月初停止了与病人的工作，塞文于 2 月离开，爱丽丝·洛厄尔（Alice Lowell）于 3 月离开。汤普森仍徘徊不定。她告诉艾斯勒："我认为我们并不能完全面对他快死了的事实。我不知道我们为什么不能，只是我似乎不能面对关于人的事实。"请注意汤普森在说"我"和"我们"时的混乱。就连他们最后一次见面时，费伦齐也在说再见，汤普森却坚持说会再见到他。在汤普森对弗洛姆的叙述中，她更清楚地看到，她很难接受费伦齐快死了。毫无疑问，费伦齐的病加速了终止分析的过程。汤普森认为费伦齐没有看到她的敌意，这可能表明她在分析中没有充分地修通她的敌意，费伦齐的日益恶化的健康状况无疑阻碍了她的修通能力，使其变得更加复杂化。我认为汤普森没有彻底修通自己童年期的创伤，没有将纯真无邪与罪责内疚区分开来，并继续为将自己对攻击者的认同误认为是自己的敌意而感到内疚。[27]

关于羞耻

当艾斯勒询问汤普森她对费伦齐对爱的需求的看法时，她的联想指向了她自己对爱的需要和她对自己的出身背景的羞耻感。汤普森直到采访后期才直接回答艾斯勒的问题，但她这样说：

> 我想他面对我时会感到相当羞愧。当然这可能是一种病人的投射，但我是那个他几乎从未邀请到他家的人。虽然他的妻子在他死后告诉我，他经常告诉她，我会是他最好的学生，他觉得我会是他最好的学生。现在，我相信他一定是这么说的，但不知怎的，我自己还没有足够好到让他感到舒适。

汤普森觉得费伦齐也为另一位病人感到羞愧，他就是住在下东区的波兰犹太人泰迪·米勒（Teddy Miller），他迷恋拥有“美国贵族血统背景”的艾丽丝·洛厄尔[28]。汤普森没有透露她与米勒的浪漫关系，这是另外一个三角关系，她与米勒的亲密可能导致了她的羞耻感。在临床日记中，米勒（病人 U）是一个花花公子，而费伦齐知道这个病人的罪行。

汤普森的观察可能有一定的道理，费伦齐觉得她不够优雅。在临床日记中，费伦齐描述了他是如何不得不克服自己对她的厌恶情绪的，因为刚开始他并没有把她当成病人来回应时，她就跑出去失去了童贞。他受不了她的体味，有时也厌恶她的外表和手势，他还经常发现她很粗鲁，尽管他觉得她的体味与她那作为清教徒的母亲对女儿身体的不接受有关。日记还记录了艾丽丝·洛厄尔对汤普森的反感，说汤普森"缺乏教养""有新英格兰式的狭隘"和"缺乏艺术活力"（《临床日记》，1932 年 4 月 24 日）。汤普森的羞耻感还可能与她自己缺乏经济能力有关，也可能与她最初难以与费伦齐进行分析有关。她说："除了当时能挣到的钱，我从没有钱。我的家庭根本就没有钱。"

一个奇怪的结论

当采访结束时，结果喜忧参半，这让人对汤普森在与费伦齐的经历中到底获得了什么产生了更多的疑惑。尽管汤普森讲述了分析如何有帮助，包括重温积极的童年体验，让她少一些分裂样特征，但她在采访中的"最后的论点"是，神经症性人格结构是一个封闭的系统。汤普森认为，尽管有人提供了分析性的爱，但神经症性防御使人们无法接受爱，这是人格结构的固有问题。因此，问题出现了，在汤普森完全吸纳分析对她的影响之前，这个分析是否过早地被终止了？汤普森最终提到了费伦齐有被爱的需要，并回答道：

> 我想他不认为自己对爱的需要是一种神经症表现。我想这就是他的错失之处。我认为这就是他的整个放松疗法错失的地方，因为他真的认为你是能够给一个成年人他从未拥有过的爱的，而你不可能做到这一点，因为神经症性人格结构是封闭的……就像糖尿病患者一样，不管你喂他们多少糖分，他们都会排泄出来，就像糖尿病人一样；糖分是不会被吸收的。

当代关系性精神分析不会将"对爱的需要"定义为神经症，如果它是一种神经症，那么我们所有人都患有这种病症，因为它是人类世界所处状态的一部分［这也正是费伦齐在他的论文《不受欢迎的孩子和他的死本能》（*The Unwelcome Child and His Death-Instinct*，1929）中所讨论的观点］。有趣的是，费伦齐在 1901 年遇到弗洛伊德和精神分析之前，曾写过一篇关于爱的论文，所以在他的职业生涯中，爱一直是他的关注点。费伦齐明智地指出，"爱本身就像人类灵魂的健康与疾病之间的一个'边界地带'"（1901）。尽管精神分析是一种通过爱来治疗的方法，但弗洛伊德在与弗利斯关系决裂的警醒下，已经把他对同性的力比多转化为了自恋性的一端，无法在他与费伦齐的关系中给费伦齐提供其所渴望的爱。[29]

汤普森认为，人的心理是一个封闭的系统，这也表明她没有把费伦齐当作一个新的客体进行内摄。虽然汤普森认为分析师的爱是无法被吸纳的，但德·弗瑞斯特（1954）却有截然相反的立场，她将费伦齐的治疗描述为"爱的发酵剂"，分析的效果在多年之后仍然有效。汤普森的采访揭示了她的整个分析过程中交织在一起的三角关系，这很容易被解释为传统的俄狄浦斯动力学机制。然而，费伦齐很敏锐地觉察到，汤普森"非常渴望一个没有嫉妒或猜疑的三角关系"这一事实（《临床日记》，1932 年 6 月 20 日），在这个三角关系中，她可以享受父母双方的爱，甚至让排斥她的母亲接受这个野丫头对她的爱，以及她对父亲的爱（《临床日记》，1932 年 6 月 14日）。也许弗洛伊德和费伦齐之间的关系失败最终强化了她的家庭罗曼史或家庭戏剧的色彩，而不是解决了它，这种分裂继续困扰着汤普森。巴林特很有远见地说，正是这种创伤影响了整个精神分析界（Balint，1968）。

在汤普森早期的论文《对费伦齐放松疗法的评价》（*Evaluation of Fer-enczi's Relaxation Therapy*，1933）中，汤普森显然正在努力解决如何将退行的成年病人中的孩子般的柔情和成年人的激情区分开的问题，因为分析师可能认为他正在处理孩子般的柔情，而这种柔情下可能正隐藏着成年人的激情，这是一种破坏分析过程或分析师的操纵行为。在一个孩子和一个成年人的语境下，柔情和激情这两种情感走向可以更容易地被分辨出来，但也许在成年人与成年人之间，或者在退行的病人与分析师之间，这些线索并不那么容易被梳理出来。[30]与许多精神分析个案一样，汤普森的故事无疑将会在未来几年内被讨论，在她随口乱说的话中、在伊迪丝·杰克逊传出的"八卦"中，以及在艾斯勒对她的采访中，她给我们留下了费伦齐这个先驱的历史的重要部分。

（本章由温贤涛翻译。）

·注　释·

1. 关于汤普森创伤的另一种解读（Leys，2000）。
2. 关于《临床日记》中病人身份的详细说明。资料来源：Brennan，2015，Decoding Ferenczi's Clinical Diary：Biographical Notes. *American Journal of Psychoanalysis.*
3. 感谢弗洛伊德档案馆执行主任哈罗德·P. 布卢姆（Harold P. Blum，医学博士）允许我查阅以前被限制的材料，感谢库尔特·艾斯勒的遗产执行人伊曼纽尔·加西亚（Emanuel Garcia）；感谢埃里克·弗洛姆档案馆的执行人雷纳·芬克（Rainer Funk）；感谢德·弗瑞斯特-塔夫斯家庭文件的执行人亨利·泰夫斯（Henry Taves）；感谢威廉·阿兰森·怀特学院允许我获取克拉拉·汤普森文件；感谢约翰·霍普金斯医学院的艾伦·梅森·切斯尼医学档案馆允许我查阅阿道夫·迈耶的论文；感谢迈克尔·巴林特遗产的执行人约翰·巴林特（John Balint，医学博士）；感谢艾塞克斯大学阿尔伯特·斯罗曼图书馆的特别收藏。
4. 汤普森于1957年11月5日写给弗洛姆的信，来自埃里克·弗洛姆的论文。
5. 费伦齐和弗洛伊德的分析结束于负性母性移情的出现（letter November 13，1916，Freud/Ferenczi Correspondence，Vol. 2），费伦齐的恋母情结也应该对他与塞文的分析僵局负责。这是在相互分析中完成的。
6. 我所说的"相互卷入"指的是所有参与者的无意识中的一些东西正在被卷入，而不仅仅是病人的东西。
7. 汤普森讲了另一个关于海伦·斯温克·佩里（Helen Swink Perry）的故事："如果沙利文没有坚持认为费伦齐是他在欧洲唯一有信心的分析师，我就不会去见费伦齐；因此，如果我要去欧洲接受分析，我最好去那里。于是我就去了（Perry，1982）。"
8. 汤普森的第一次分析是与约瑟夫·汤普森做的。
9. 由于笔录是采访录音的完整逐字稿，有时语法等可能会显得笨拙或死板。
10. 其中两个病人是分析师：刘易斯·B. 希尔（Lewis B. Hill，医学博士）和伯纳德·罗宾斯（Bernard Robbins，医学博士）。

11. 汤普森在 1932 年 6 月 9 日写给伊泽特·德·弗瑞斯特的信中指出，在她的九个病人中，只有三个病人能够付得起费用（De Forest-Taves Papers）。

12. 例如，德·弗瑞斯特曾说过：“她非常愉快地享受着生活，在费伦齐的帮助下，她摆脱了干涸的知识分子和清教徒式的老处女生活”（1959）。

13. 费伦齐关于“主动技术”的想法可以追溯到 1916 年 4 月 27 日他给弗洛伊德写的一封信，他在他的论文《一个歇斯底里病例分析中的技术困难》（*Technical Difficulties in the Analysis of a Case of Hysteria*，1919）和《主动疗法在精神分析中的进一步发展》（*The Further Development of an Active Therapy in Psycho-Analysis*，1920）中明确阐述了，分析师通过禁止病人的某些习惯和行为来增加力比多的张力感，并进入无意识幻想的途径。作为一种技术，它优先考虑的是禁欲、受挫折、被剥夺和避免愉悦活动等因素。另见斯坦顿（Stanton，1991）和格伦伯格（Grunberger，1980）的论文。

14. 参见费伦齐于 1931 年 9 月 15 日写给弗洛伊德的信，来自《弗洛伊德-费伦齐的通信记录》第 3 卷。关于费伦齐技术的讨论，请参见相关文献（Hoffer，2010；Brennan，2011）。

15. 费伦齐于 1952 年从主动疗法转向放松疗法，费伦齐认为，放松肌肉组织有助于自由联想，后来他将其拓展为“放纵原则”，即优先满足病人的需求，而不是让病人受挫，这促进了对原始创伤的退行和一种“新宣泄主义”。参见费伦齐的论文《“主动”精神分析技术的禁忌》（*Contra-Indications to the "Active" Psycho-Analytical Technique*，1926）和《放松与新宣泄疗法的原理》（1930）。

16. 塞文被误读为“拉·维恩”，这是由发音偏好导致的，它的发音并不像英格兰那条塞文纳河（Sev-ern）。

17. 有趣的是，汤普森认为自己是超然的分裂样人格，因为她的第一篇论文题目就是《移情觉察性在一例显著疏离型人格中的发展》（*Development of Awareness of Transference in a Markedly Detached Personality*，1938）。在阿道夫·迈耶关于汤普森的笔记中，他写道，“她非常独立，与诊所的其他女性关系相当疏远”（1925 年 11 月 1 日）。

18. 汤普森对弗洛伊德和费伦齐二人之间的关系的看法非常情绪化，以至于巴林特在征求琼斯的反馈意见后，希望她修改文集第二卷的序言（letter 1955，Balint Papers）。资料来源：Balint to Jones 4 May，1955，Balint Papers，University of Essex.

19. 汤普森在 1953 年 3 月 27 日写给埃尔莎·斯普拉格·菲尔德（Elsa Sprague Field）的信中，反思了她在菲普斯诊所的时光，“一座建筑是如何拥有记忆的，这很奇怪。我想我可以说，我最绝望的岁月就是在那些墙内度过的岁月”（Thompson Papers，

WAWI）。

20. 汤普森对那封描述"第二个童年期"的信的记忆可能与 1931 年 9 月 18 日弗洛伊德写给费伦齐的一封信有关，弗洛伊德在信中描述了"第三个青春期"。直到 4 个月后的 12 月，费伦齐才收到弗洛伊德更为严厉的斥责。

21. 汤普森于 1954 年 5 月 9 日写给德·弗瑞斯特的信。

22. 在费伦齐的讣告中，巴林特总结了费伦齐的思想，"费伦齐反复多次回归这一核心思想，即孩子处理兴奋的有限能力，与成年人的潜意识中不可控的、激情而又充满负罪感的、刺激过度或刺激不足的对孩子的行为之间，存在根本上的不匹配（1949）"。汤普森在 1933 年写的《对费伦齐放松疗法的评价》一文中未发表的部分，更详细地描述了费伦齐的观点，"创伤可能不总是与粗暴的性相关，而是孩子对父母的性张力和内疚产生的更为微妙的反应……孩子不是受困于自己的俄狄浦斯情结，而是为父母的这一情结而受苦"（Thompson Papers，1933）。

23. 在《临床日记》中，费伦齐描述了自己的早期创伤和无意识的杀人欲望（1932 年 3 月 17 日；1932 年 5 月 5 日）。

24. 汤普森建议弗洛姆不要联系塞文，当时弗洛姆正在写一篇关于费伦齐疾病的文章，但塞文听说弗洛姆正在写文章，于是她写信给弗洛姆，说她与费伦齐的分析非常让人满意（Thompson to Fromm, November 5，1957. Erich Fromm Papers）。

25. 值得注意的是，在塞文的采访中，她并没有贬低汤普森。事实上，她似乎对汤普森的经济困境表示同情。

26. 在塞文的采访中，伊丽莎白·塞文透露，当她病重时，费伦齐会到她的住所进行分析，大部分的相互分析都是在她的住所里进行的。

27. 克拉拉·汤普森的《对费伦齐放松疗法的评价》一文（未发表的版本）。虽然本论文的一个版本出现在她的论文集中，但它是经过编辑的。在未发表版本的第 20 页，汤普森写道："直至分析取得了很大的进展，病人的破坏性冲动得到了相当好的理解，分析师允许自由表达柔情才是安全的……有些病人有一种强迫性的需要，无论是通过公平的手段还是故意捣乱都要让其他人陷入麻烦之中"（Thompson Papers，WAWI）。

28. 艾丽丝·洛厄尔，医学博士（1906–1982），在马萨诸塞州的康科德长大。洛厄尔家族是波士顿婆罗门家族之一。洛厄尔从 1930 年到 1933 年开始与费伦齐合作，在《临床日记》中是病人"B"。洛厄尔在塔夫茨大学完成了医学院的学业，虽然她原本打算接受精神分析师的培训，但她专攻了内科。洛厄尔是马萨诸塞州波士顿新英格兰医院的医疗主任和医学主任。洛厄尔与伊泽特·德·弗瑞斯特建立了恋爱关系（Brennan，2009）。

29. 弗洛伊德在 1910 年 10 月 6 日给费伦齐的一封信中写道："对同性恋投入的一部分已被撤回并用于扩大我自己的自我"（《弗洛伊德-费伦齐的通信记录》，第 1 卷）。有趣的是，在汤普森的采访中，她在谈到费伦齐时说，"我不知道他年轻时是否曾经是同性恋。他身上有某些品质，让我觉得他可能有这种强烈的倾向"。

30. 这是米切尔（1988）对精神分析理论的"发展倾斜"的批判。

第 5 章
乔治·果代克的重要性
及其对费伦齐的影响

克里斯托弗·福诔

　　费伦齐与果代克的通信始于 1921 年 4 月 26 日，历时 12 年。在第一封信中，48 岁的费伦齐给 55 岁的果代克介绍了一名年轻的病人让他治疗。那年夏天，费伦齐和妻子吉泽拉花了 10 天的时间参观了果代克的疗养院，这标志着二人和他们各自的妻子之间的亲密友谊的开始。果代克和费伦齐的关系一直持续到 1933 年 5 月费伦齐去世。仅仅一年后，果代克便于 1934 年 6 月去世了。本章论证并详细说明了原因，如果没有果代克对费伦齐的影响，可能就不会有后来的费伦齐对弗洛伊德的挑战，以及拓展精神分析的前沿性贡献。

　　在早期的精神分析学家中，桑德尔·费伦齐（1873–1933）被认为是最出色的治疗师，也是被弗洛伊德认可的"分析大师"。正如本书所证明的，费伦齐是精神分析史上著名的人物。然而，乔治·果代克（1866–1934）是一位在 1917 年被弗洛伊德和精神分析吸引的德国医生，说英文的读者对他的了解较少。果代克还是一位多产的作家，但他的大部分著作从未被翻译成英文。果代克也是一位研究躯体疾病和精神疾病之间关系的早期探索者，他于 1900 年在巴登-巴登建立了疗养院，并被一些人冠以"心身医学之父"

的美誉。在见到弗洛伊德之前的几年里，果代克起初排斥"弗洛伊德学派"，后来他承认自己是在嫉妒弗洛伊德。据说他自学了精神分析。虽然精神分析界的大多数人都对果代克持怀疑态度，但弗洛伊德告诉他，他不得不"承认"果代克，是他发现了"移情和阻抗是治疗中最重要的方面，这一发现使得他无可辩驳地成为（精神分析界）野生部队的一员"（Frued and Ferenczi，1996，N. 1）。1923 年，弗洛伊德在他的著作《自我与本我》（1923）中承认，他从果代克那里借用了"本我"这一术语，从而确定了果代克的声誉。

果代克最知名的著作《本性之书》（*The Book of the It*，德文为 *Das Buch vom Es*，1923/1961）是一部精神分析经典著作，他在著作中提出了自己的观点，即疾病是一种象征性的内心表达，由于身心是不可分割的，治疗必须同时是精神上的和身体上的。果代克也写文学作品，并作为史上第一部精神分析小说《灵魂寻求者》（*The Soul-Seekers*，德文为 *Der Seelensucher*）的作者而闻名，该小说于 1921 年出版（未以英文出版）。《疾病的意义》（*The Meaning of Illness*，1977）是果代克的散文、自传体笔记和信件的文集，其中包含了他在 1917 年至 1934 年间与弗洛伊德的通信内容。

1920 年，在海牙举行的第六届国际精神分析大会上，费伦齐发表了题为《主动疗法在精神分析中的进一步发展》的论文（1921a）。在同一次会议上，果代克汇报了他的论文《对人类躯体进行的精神分析》（*On Psycho-analyzing the Organic in Human Beings*，1921a）。果代克当时在精神分析领域还鲜为人知，他在大会上挑衅地向弗洛伊德和与会的分析师介绍自己是"野生分析师"，并引起了轰动。后来，费伦齐结识了他这位未来的医生、朋友和笔友。多年以前，费伦齐就已经认真阅读过果代克的简短论文《躯体器质性障碍的心理调适和精神分析治疗》（*Psychic Conditioning and the Psychoanalytic Treatment of Organic Disorders*，1917）。

费伦齐与果代克的通信概述（1921—1933 年）

这些信主要由费伦齐写给果代克的信组成，为费伦齐的职业生涯和个人生活提供了重要的新视角。例如：

- 费伦齐的信，特别是 1921 年圣诞节那封关键的信，阐明了他职业动力的个人来源，显示了他激进的临床和理论实验的起源，以及他对早期创伤重要性的重新思考。费伦齐下决心理解自己的个人历史并治愈自己，这让他对经典精神分析的基本方面进行了批判。这封信揭示了费伦齐的童年创伤对自己的影响——特别是他认为母亲是挑剔且没有爱心的。费伦齐把果代克视为一块回音板和某个分析师，试图解决他早期的创伤，并将其融入他不断演变的理论和临床实践的观点中。他写道："我敢说，我完全被你朴实无华的态度、天生的善良和友好所征服。我从来没有对另一个人如此开放过，即使对'西格蒙德'也没有（Ferenczi and Groddeck，2002）。"这与费伦齐写给弗洛伊德的信不同，在费伦齐心中，弗洛伊德充当着父亲的角色，费伦齐追求与果代克更开放的友谊，就好像果代克是他最喜欢的哥哥一样。

- 他努力寻找这个童年遭遇"恐怖主义苦难"的答案，描述了他痛苦和压抑的童年，在这个童年里，爱太少，规矩太多。没有自然的情感，保持外表光鲜才是最重要的。这样的探索导致了他在精神分析方面的许多创新，因为费伦齐不仅寻求自己痛苦的答案，也试图找到更好地帮助病人的方法、结构化的流程和途径。他通过在工作中直接利用自己，来体现这样一个传统的观点，即治疗者同时也是受伤者（Whan，1987）。

这些信还提供了对以下方面的见解。

- 费伦齐挑战了医患关系及分析师与被分析者的关系在传统意义上的

极限。例如，他追求与自己的医生果代克建立更开放的职业友谊。在费伦齐到巴登-巴登的果代克疗养院治疗期间，二人进行了公开的对话，经常就共同感兴趣的话题进行激烈的辩论。例如，他们纠结于精神分析是否可以成为一门科学，以及诸如自我分析、相互分析（他们进行过短暂的尝试）和身心关系的探索等问题。这些信与当今很关键的理论和临床问题不谋而合。有时，果代克并不能紧跟费伦齐不羁的科学探索精神，他把费伦齐对心理学知识的强烈渴望看作"使灵魂化成原子碎片"的危险欲望，他认为这只能导致费伦齐的自我毁灭。费伦齐去世后，果代克在给吉泽拉的最后一封信中写道（Ferenczi and Groddeck，2002）：

> 这么多年来，我只能用沉重的心情去审视桑德尔的生活。他成了自己的探究精神的牺牲品，我能逃过这种命运只是因为我对知识的渴求不足。我必须先谈谈我自己。在进行精神分析之前，我的医学思维的基本原则之一就是，我坚信在人类体内，除了作为科学研究主题的精神心理之外，还有成千上万个独立存在的灵魂，它们持续地会聚和分离，组合和重组，有时相互合作，有时相互对抗，有时可能相当独立地存在。在接受了这一观点之后，我满足于"随它去吧"的想法。我从未试图研究这样的宇宙。走进我认为深不可测的事情，根本不是我的天性。

以上内容反映了果代克对他的"本性"（it）的强烈认同。随后，他在信中继续解释他是如何看待费伦齐的"灵魂"之死的：

> 作为桑德尔的密友，我很快就意识到他对这些事情的看法是相似的。因此，当看到他运用科学方法来着手探索这一人类宇宙，甚至试图描述它，让其他人能够参与这绝对势不可挡的奇观时，我感到非常震惊。他完全沉浸在这一努力中。他这样对我说："我要把灵

魂化为原子碎片。不过，如果我极力追寻，这样的碎片化过程只能以自我消解而告终，因为另一个人是隐藏着的，而且永远是隐藏着的。我们只能把自己的灵魂碎片化，这会将我们摧毁"。

- 复杂的情感三角关系涉及他的妻子和继女。例如，他在 1921 年圣诞节的一封关键的信中写道：

> 你的信激励我做出更大的努力，也帮助我在妻子面前摘下了面具——尽管是部分面具。我再次和她谈到了我在性方面的挫败感，谈到了我对继女压抑的爱（她应该成为我的妻子；事实上，她最终成了我的新娘，直到弗洛伊德的某句诋毁性的评论促使我竭尽所能地与这种爱对抗——结果却是把这个女孩从我身边推开）（Ferenczi and Groddeck, 2002）。

10 年后，费伦齐通过向病人伊丽莎白·塞文坦白自己的负性反移情，而预感到令人惊讶的正性分析结果，这一结果记录在《临床日记》中，费伦齐在信中继续写道："很奇怪，这些坦白通常以我再次更加接近她（吉泽拉）而告终——我被她的善良和宽容天性所折服（Ferenczi and Groddeck, 2002）。"

- 费伦齐公开透露自己是一名慢性病患者，很可能有疑病症，罹患各种躯体疾病，包括呼吸系统疾病、容易感冒和失眠。

果代克的信件

要彻底下定决心，不要在我的信中有意识地寻找"我"认为重要的东西，而是要把它们当作旅游书或侦探小说来阅读。生活已经够严酷的了，不要再过于严酷地对待自己的研究、演讲、工作或其他任何事情而使生活变得更糟（Groddeck, *Introduction by Ashley Montagu*, 1961）。

果代克提出过丰富的精神分析思想。然而，到了1925年，弗洛伊德认为果代克的观点有其局限性——一个致命的缺陷。弗洛伊德写信给费伦齐："（果代克）不是一个可以完成一个想法的人（Freud/ferenczi, 12.1.1925）。"弗洛伊德可能是对的；果代克对完成一个想法并不是特别感兴趣，他宁愿把他那好玩的和责备性的思想火花留给别人去发展。果代克在信中表现出的智慧、独到和叛逆，让我们神魂颠倒。他有几封信写得更好，在某些方面要比费伦齐的信更有趣。他的信激起了我们对他的兴趣，并呼吁我们重新审视他在精神分析领域内的创造性思想的产生中所起的作用，其中包括身心关系、母性移情和过渡性客体。

果代克的重要性及其对费伦齐的影响

果代克在多大程度上影响了费伦齐及其思想？费伦齐在1926年10月13日给果代克的信中写道，"当你'开始掌握'躯体的心理形态学时，我从你的无忧无虑的勇气中学到了很多东西，但这同时让我沾沾自喜地认为，我对你的发展也产生了一些影响"（Ferenczi and Groddeck, 2002）。费伦齐可能很欣赏果代克的自由思考精神，如同欣赏他的具体想法一样。

费伦齐和果代克对身心关系有着浓厚的兴趣。事实上，费伦齐在知道果代克之前就写过关于身心关系的论文（Dupont, personal communication, 3.1995）。弗洛伊德在1917年6月5日给果代克的第一封信中，试图通过提及费伦齐的论文《疾病或神经症病理学》（*Disease-or Patho-Neuroses*, 1996/1917）（Groddeck, 1977）将二人联系在一起。然而，最初费伦齐告诉弗洛伊德，他怀疑果代克的"神秘主义"。这次轮到弗洛伊德责备费伦齐的

"存在已久的人格特质，倾向于把外围的陌生人排斥在外"（Freud and Ferenczi，1996）了。如果费伦齐真的把果代克推开，那很可能是因为他嫉妒弗洛伊德对果代克的热情。另外，考虑到他们对身心关系的共同兴趣，以及费伦齐还未能完成自己的著作《塔拉萨》（Ferenczi，1924/1984），费伦齐可能感觉到自己正在与果代克进行竞争。

然而，他们的关系发展起来了，并反映在他们之间的通信中。大约 10 年后，费伦齐在 1926 年 10 月 13 日果代克 60 岁生日那天的信中评论了他们的友谊历史和果代克对精神分析的贡献：

关于我们所采用的科学方法，我们之间存在着根本性的分歧；然而，我们总是设法通过我们俩的友谊来弥合这些外在的分歧，并从根本上协调我们的观点……精神分析无疑已经受到了你的巨大推动；我们这个行业中的顶尖人士非常清楚这一点，即使他们对你在当前精神分析写作中的优先权有些妒忌（Ferenczi and Groddeck，2002）。

母亲的重要性

果代克对母亲的重要性的认识与费伦齐的著名观点几乎是平行发展的。费伦齐在 1923 年 6 月 9 日的信中承认：

……我认为你的做法有其特别的优势：在强调父亲角色的同时，你从未停止强调母亲更高的重要性（Ferenczi and Groddeck，2002）。

费伦齐和匈牙利学派现在被认为是当今客体关系理论的主要来源（Bowlby，1988；Eagle，1987）。同样，迈克尔·巴林特（1950）是接受费伦齐分析的其中一员，是最重要的后继者，也是英国有影响力的客体关系"中间学派"的创始人，他承认费伦齐在精神分析理论方面的批判性转变，即"从独自一个人参与的一元心理学模式转变为两个人的精神、发展、病理和治疗的二元关系心理学模式"（Aron and Harris，1993）。另外，由于早期的客体关系是在对母亲的核心关系的认同中产生的，费伦齐可能会将自己思想的发展归功于果代克。这种观点与弗洛伊德著作中的观点相对立，弗洛伊德认为父亲和俄狄浦斯情结是最重要的。今天的精神分析文献大多聚焦于母亲和发展的前俄狄浦斯期。1988 年，约翰·鲍尔比（John Bowlby）写道：

费伦齐从一开始就认为婴儿竭力与母亲建立联结，而他未来的心理健康是由这第一次关系的成败决定的。精神分析的客体关系版本就这样诞生了。

果代克对女性，特别是对母亲的认同异常强烈，他甚至宣称"（我）很嫉妒自己不是一个女人，不能做母亲"（1923）。他在 1922 年 11 月 12 日给费伦齐的信中写道：

说到底，我自己实际上什么都没有生产出来，我太有母性了，倾向于接受和让事情自然发展。我和我的姐姐一起玩"母亲和孩子"的游戏，她的年龄比我大，但我几乎总是扮演母亲。或者，别人可能会说，我是一个消化机器，消耗掉别人的想法，吸收后再以更有味道的方式表达出来，就像经过加工的香肠一样，这需要大量的工作和觉察，以识别出他们早先的伪装中各种不同的成分（Ferenczi and Groddeck，2002）。

弗朗索瓦·鲁斯坦格（Francois Roustang，1982）认为，正是由于果代克正视母亲的重要性，才让他对精神分析的基础提出了深刻的挑战。他写道：

精神分析中坚持父性移情和父子关系的需要，并不是要回避在分析中正视与母亲及母性语言的关系，而是这种关系更为危险和原始，并且母性语言是对语言的一种嘲讽，但这一切又有什么证据呢？如果果代克既不相信语言，也不相信科学，那是因为他将自己置于母亲的位置。

　　后来，费伦齐在与伊丽莎白·塞文的相互分析中提到了母性移情（Fortune，1993，1994，1996），从而将果代克的挑战铭记于心。在相互分析中，费伦齐经历了治疗方式的转变，部分原因是塞文的共情态度。通过塞文，费伦齐达成了自己"重获母爱"的理想。他可能觉得自己有机会修通自己的负性移情，而他早就批评过弗洛伊德因负性移情而无法完成分析。费伦齐在日记中写道：

　　在 RN 那里，我再次找到了我的母亲，即真正的母亲，她很严厉且精力充沛，我很害怕她。RN 知道这一点，并以特别温柔的方式对待我；分析甚至让她把自己的坚硬部分转化为友善的柔软部分，而这里出现的问题是：一个人难道不应该有勇气将自己暴露于精神分析性移情的危险中并最终胜出吗（1932）？

　　后来，费伦齐告诉弗洛伊德，塞文"分析了他，从而拯救了他"（Freud and Jones，1933）。

　　费伦齐和果代克在往来书信中关于"母亲"的观点展示了二人之间的关系。可以说，费伦齐，可能还有果代克，都希望弗洛伊德成为他们的母亲。但弗洛伊德最终拒绝了他们。因此，根据格罗斯库思（Grosskurth，1991）的说法，费伦齐期待果代克取代弗洛伊德成为他一直想要的母亲。后来，正如我们前面提到的，塞文在相互分析中扮演了母亲的角色，而果代克则以一种更为传统的婚姻模式在他的妻子埃米（Emmy）那里找到了他的"母亲"（Freud and Groddeck，1977）。

果代克的灵感和他对费伦齐作品的影响

果代克很可能帮助费伦齐超越了经典精神分析已有的准则，从而创造出新的作品，勇敢地超越了弗洛伊德这位大师。果代克还可能帮助费伦齐点燃了火花——如弗洛伊德所说的一个"愤怒的桑迪"（对治愈的愤怒）——推动费伦齐进入了 20 世纪 20 年代激进的技术实验与写作。费伦齐在 1921年圣诞节给果代克的信中写道：

> 我从来没有鼓足勇气……我总是让自己绕开主要的东西而做一点儿即兴创作。

费伦齐没有继续如前 10 年那样发表许多简短而富有想象力的文章，没有继续起一些古怪的标题，如《弗拉图斯作为一项成人的特权》（*Flatus as an Adult Prerogative*，1913）和《对早餐的厌恶》（*Disgust for Breakfast*，1919），他最终找到了他的写作决心，克服了他的障碍，并完成了他的生物学巨著《塔拉萨：一个生殖性理论》（1924）——将性、性别、心理学、生物学和进化联系在一起的一次大胆的想象性飞跃。1923 年是费伦齐具有突破性的一年，他完成了一直被搁置的写作计划——除了《塔拉萨》（1924）以外，他还与兰克合作完成了《精神分析的发展》（1924）。这两部作品都是原创性著作。1923 年以后，费伦齐的工作热情得到了改善——他通过克服写作方面的障碍获得了力量和独立性。

在《塔拉萨》中，费伦齐阐述了一个极其宏大的几乎是包罗万象的理论：整个生命都是由一种返回子宫的倾向决定的，将人的出生过程与动物从水生到陆生的系统发育进化过程等同起来，并将性行为与"海洋女神（塔拉萨）退行"观点联系起来，即"海洋女神退行是指远古时期人类想要返回海洋生活的渴望"（Ferenczi，1924）。

费伦齐完成《塔拉萨》的灵感可能要归功于果代克的高度原创性甚至是大胆的时代性著作——如他的精神分析小说《灵魂寻求者》（1921a）和

《本性之书》（1923）。这两本书都与当时精神分析的写作形式和风格完全不同。

果代克在半自传体小说《灵魂寻求者》中，利用小说的媒介表达了自己对疾病、生活和制度的看法。这是一本非同寻常的书，是对塞万提斯（Cervantes）的《堂吉诃德》（*Don Quixote*）的有意识模仿，将精神分析与生动的情景喜剧结合起来，对时代进行讽刺性的批判。书中的主角是一个有着精神分析冒险精神的傻瓜，徘徊在战前的德国，采用"野蛮"的诠释来分析他所见到的每一个人和每一件事。就像现代版的堂吉诃德一样，主人公与压抑——主要是性压抑——做斗争，当然他们也会遭遇到不被认可的对待。果代克为这本书的出版大费周折，因为它在许多精神分析圈里被视为一部离谱的文学作品。然而，弗洛伊德支持这本书，它最终在维也纳出版了，由公认的精神分析出版社——国际精神分析出版社——出版（Bos，1997）。费伦齐为精神分析期刊《伊马戈》（*Imago*）撰写了《灵魂寻求者》的书评（Ferenczi，1921b）。在写书评之前，费伦齐不遗余力地促进着自己对果代克及其著作的理解。与他之前对果代克的论文（Ferenczi，1917）的评论相比，在这篇书评中，费伦齐高度赞赏了果代克在理解和治疗心身疾病方面的创造力和潜能。

两年后，于 1923 年出版的《本性之书》也由国际精神分析出版社出版，成为一部热销的精神分析著作——一部通俗易懂且开放的个人作品。这本书是由 33 封"写给女性朋友的信"组成的一本独特的文集，所有的信都围绕一个中心主题——果代克所说的概念"神奇的力量"，这种力量引导着男性——"包括他自己所做的事情，以及在他身上发生的事情"。对于这种力量，果代克将其命名为"das es"（可能来自对尼采术语的修改）。在这本书的开头，果代克努力消除所有批评者的敌意，声称他无意采用科学的态度或遵循任何特定的信条，只希望自由地论述和思考那些原本的现象。这本书的主题是，整个身体作为灵魂的工具是如何运作并表现出疾病或健康的。果代克认为，"das es"可翻译为"本性"，它是驱动人类行为的无意识力量，是人类产生喜爱和厌恶的感觉的源头，是身体疾病的根源。正如前面所提到的，弗洛伊德借用的正是果代克的"das es"概念，将其修改成了稍有不同的概念，并在他的著作《自我与本我》中翻译为"本我"（id）（1923）。

费伦齐知道果代克一直以来就是一位文学作家，并在1921年圣诞节的信中写道：

> 我注意到，我在模仿你的"写给女性朋友的信"（《本性之书》的暂定标题），并采用这些有趣的内容来使信件读起来有意思。你会碰巧成为我的这位女性朋友吗？或者，我正在以一种同性恋的方式利用你的友谊来替换她吗（Ferenczi and Groddeck，2002）？

费伦齐是否把果代克看作一个有经验的作家和他的医生，来激励和帮助他克服他的写作障碍？他在1921年圣诞节写的信中通篇都提到了他的写作困难，而这往往与身体症状有关。在信中，他描述了他"对写作的恐惧"，以及在完成《塔拉萨》过程中的困难："我是想成为一条鱼，还是想激活我不愿意写出来的生殖性理论（塔拉萨）？"费伦齐把这种对写作的恐惧与童年期被批评联系起来。他写信给果代克：

> 如果我是像你一样的天才作家，我就能持续这种风格，通过纸笔来释放我的躯体和精神上的痛苦（注：我并不太诚实！我确实认为自己是一位天才作家；我记得当有人对我写的东西发表贬损性的评论时，我会感到非常受伤，那是我年轻的时候写的一首诗。）（Ferenczi and Groddeck，2002）。

或者，这也可能是对弗洛伊德反应的恐惧吗？尽管弗洛伊德很喜欢早期尚未确定的《塔拉萨》草稿，但他可能仍无法像果代克那样激励费伦齐，促使费伦齐的想象力发生飞跃并完成这本书，这是因为果代克的作品是以身体途径为基础写成的。

费伦齐在对果代克作品的评论中，提到了他躯体方面的问题：

但我依然感觉不太好。我告诉你我的一系列症状。首先，我的工作能力受到了抑制。（联想到的想法是：你不能超越父亲。）在 1915—1916 年间，我住在匈牙利的一个小镇上（18 个月），我有时间去设计一个伟大的，实际上是"宏大"的理论，即生殖性发育过程是部分动物在应对离水环境威胁去适应陆地生活时的一种反应（塔拉萨）。每次我都无法让自己写下这个有价值的理论——这是我迄今为止最好的理论。相关数据就"躺"在我的写字台上"打盹"，散落了一地。我很乐意"谈"这个理论；有一次——实际上是两次——我向弗洛伊德、兰克、琼斯、亚伯拉罕等人解释了这个理论的全部内容，但是一旦要去"写"它，我就感到背痛，当然这是由 X 光检查显示的主动脉扩张病变所致。几周前，我的右手腕出现了关节炎肿胀，这当然再次使我无法写作。手腕现在又感觉好多了（Ferenczi and Groddeck，2002）。

费伦齐的核心躯体问题可以在《塔拉萨》中找到。他在书中描述的症状可以被看作从海洋到陆地的进化运动的隐喻，这些症状—— 一些并发症，如对呼吸困难的注意力、对热和冷的高度敏感性、睡眠障碍，以及血液问题——与他无法写下生殖性理论著作（《塔拉萨》）有特定的关联（Ferenczi and Groddeck，2002）。

从隐喻意义上看，费伦齐可能没有成功地适应从子宫到现实世界，以及从童年到成年的转变。因此，他在《塔拉萨》上表达了这一幻想，即一生都渴望回归——特别是"回归母亲"及返回子宫。这一观点和他捍卫儿童权利的观点表明，费伦齐又被拉回到了童年的纯真时代。果代克不仅支持费伦齐的童真特质，还将此作为一种叛逆精神来加以分享和祝贺。他写信给费伦齐："……在成年人荒凉的头顶上萦绕着自命不凡的氛围，拒绝了任何信息的出入，而这在我们孩子的眼中只不过是一场游戏而已，谢天谢地只是游戏而已（Ferenczi and Groddeck，2002）。"

其实，费伦齐的愿望并不在于返回童年——问题是他真的离开过童年吗——他对儿童权利的观点表现出极度的尊重和敏感性，这与认为儿童是理想的、完美的、纯洁无邪的观点是一致的。20 世纪 90 年代的新概念 "内在小孩" 流行起来，这个概念是由自助大师约翰·布雷萧（John Bradshaw，1990）和前精神分析学家艾丽丝·米勒（Alice Miller，1981）提出的，它将童年的纯真与人们对虐待儿童日益增加的认识联系起来。费伦齐还提出了 "智慧婴儿" 这样一个发生在早期创伤中的深刻而微妙的概念（Ferenczi，1923）。也许上述内容可以非常肯定地显示，费伦齐对儿童的诚实和纯真产生了强烈的认同，他似乎把孩子理想化为一种 "迷你上帝"。

从 20 世纪 20 年代末至 20 世纪 30 年代初，费伦齐基于自己在创伤方面的工作，不得不重新审视自己在《塔拉萨》中所表达的观点。在他的论文《言语的迷惑》的结尾，他的注释证实了《塔拉萨》仍继续作为一个重要的参考文献，他写道："'生殖性理论' 试图解释在系统发育中的 '性的挣扎'，这一理论必须弄清楚婴幼儿的性欲满足与成年人在性交时的爱恨交织感之间的差异。"有趣的是，我们注意到费伦齐对成年人的性欲持有严厉批评的观点。这与他的儿童理想化观点是相呼应的。

费伦齐和果代克对身体的观点

费伦齐与果代克就身心关系进行了沟通，这一主题在精神分析中直到那时才被发现。也许果代克对身体的积极观点——他本能性的概念 "本性"——吸引了费伦齐。费伦齐认识到，在精神分析中，实际的身体被忽视了，需要加以重视。对果代克来说，"本性" 是一种积极的本能性力量——这是更具有智慧的——与弗洛伊德的概念 "本我" 相比，后者是性欲的、猜疑的、具有威胁性的，以及需要被控制的东西。

果代克的方法与今天以身体为导向的疗法产生了共鸣，这些疗法支持 "身体不会说谎" 的观点。他通过水疗、饮食疗法、运动疗法和按摩疗法来对身体进行治疗。针对众所周知的费伦齐亲吻和拥抱他的病人这一问题的真实性，已经有新的研究表明，我们需要在当时的语境下重新考虑（Brenan，this volume）此类诽谤的意义（Freud to Ferenczi，12.13.1931，Jones，1957）。果代克用他的身体语言，尤其是他自己的心理病理学躯体症状来与费伦齐对话。这种对身体问题的强调，扩大甚至对抗了弗洛伊德在分析中的语言特权。而且，具有讽刺意味的是，尽管弗洛伊德对性问题非常重视，但他对身体的关注却没有出现在经典分析中。

对费伦齐来说，身体是精神分析的新领域，在个人层面，它是对他更深层次的本质的回归，是对他自己的回归。回想起来，考虑到几十年来精神分析理论中客体关系视角的发展，这也是对母亲观点的回归——如果不是母亲的身体的话。20 世纪 20 年代末，费伦齐在临床工作中考察了早期创伤的躯体表现。在精神分析中，他对身体的关注是他回归创伤理论的关键组成部分。

费伦齐去世后，果代克在 1934 年 2 月 19 日给费伦齐的妻子吉泽拉的信中总结了费伦齐的事迹（Ferenczi and Groddeck，2002），费伦齐已经"升入星空"。虽然这可能是真的，但从信中我们可以明显看出，费伦齐已经降落并进入身体里——他自己的身体。在这种降落中，费伦齐有时会陷入彻夜难眠、体弱多病、郁郁寡欢甚至抑郁的状态；他陷入了躯体症状的困扰中。在给吉泽拉的最后一封信中，果代克暗示费伦齐走得太远，甚至放弃了果代克的建议，并拒绝承认自己的局限性——身体上、心理上和情绪上的局限性。果代克写道，在费伦齐想要将"灵魂原子碎片化"的愿望中，他"完全被这一雄心壮志吞噬了"，它使他失去了理智，变成了探索欲望的牺牲品。果代克似乎在暗示，费伦齐背叛了自己的身体并让它被摧毁。通过放纵自己的激情和神经症症状，以及不承认自己的局限性，费伦齐违背了本性和自己的存在。果代克可能觉得被费伦齐及他的去世背叛了，于是他几乎将自身的死亡归咎于费伦齐。费伦齐的失败在于他没能活下来。这一问题与杜邦（1988）写给《临床日记》的序言中所提到的问题相呼应：

"游击队战士的首要任务是活下来，难道不是吗？"

费伦齐：混乱及对精神分析视野的拓展

费伦齐似乎一直在寻找混乱的力量，有时这种力量可能是破坏性的，不被身体所容纳。他被淹没在一种需要去放纵孩子的感受中，却从来没有学会应对和克服，所以他遭受着还是一个孩子般的痛苦。就像永恒的孩子彼得·潘（Peter Pan）一样，费伦齐把孩子等同为好的，而把包括父母在内的成年人等同为坏的。而且和彼得潘一样，费伦齐可能被困在了孩子的无意识意象中无法成熟起来，并在这个意义上无法忍受和存活，甚至无法勇敢地面对弗洛伊德，无法成为一个成年人。最后，弗洛伊德在评论费伦齐的临床方向时，只是认为他被困在童年情结中："（费伦齐的）技术创新与他的童年情结的退行有关"（Freud and Jones，5.29.1933）。然而，费伦齐的最后几篇论文在很大程度上从孩子的视角来表达观点，并挑战弗洛伊德和琼斯的排斥，为精神分析理论和实践做出了巨大贡献。

同样，有些观点认为，费伦齐的相互分析实验在某种程度上是一种融合的幻想。通过相互分析，"（费伦齐）决心让他的病人参与进来，与他们一起降落并进入自己的精神世界，去看看在精神分析性境遇中浮现出来的东西。他的发现丰富了所有的精神分析内容"（Fortune，1996）。费伦齐拒绝承认自己的极限，并以牺牲自己的健康为代价，再次为精神分析开辟了新的视野（Fortune，1993，1994，1996）。"然而，（必须说）这既是一个英雄的旅程，也是一个傻瓜的旅程，桑德尔·费伦齐抓住了治疗的火焰，但最终悲剧般地被火焰吞噬（Fortune，1996）。"在他死后，果代克写道："外部事件只有在这样珍奇的人类生命中才能获得意义，因为他是一个奉献者，而且是一个永不停歇的奉献者（Ferenczi and Groddeck，2.19.1934）。"

弗洛伊德把果代克看作法国讽刺作家拉伯雷式的人物——土气的、快乐而粗俗的，以及粗野的人。费伦齐也表现出了激情四射且精力充沛的风格。例如，当他去嫖妓后，他很快就表现出了心身病理性症状。他想把精神生活和身体整合起来。在费伦齐与弗洛伊德长时间的交往以后，果代克为他提供了身体方面的平衡。

费伦齐可能天生就是一个诗人、艺术家、科学家以及精神分析学家。在他生命的最后 10 年里——果代克的友谊一直伴随着他，并极大地鼓励着他——他的精神在这些领域绽放。他无法舒适地成为弗洛伊德军团中的一名护旗手。也许是通过学会相信自己的本性，并蔑视精神分析运动的羁绊，最终他挑战了作为他的朋友、分析师和导师的西格蒙德·弗洛伊德。

如前所述，弗洛伊德认为果代克"不是一个能完成一个想法的人"（Freud and Ferenczi，12.1.1921）。虽然弗洛伊德的观点是值得商榷的，但即使事实就是这样的，它也不一定是一种失败，因为我们知道，果代克通过"像母亲一样来重新照护"费伦齐并激励费伦齐跟随自己的创造性本能，为精神分析的发展做出了巨大贡献。基于本章所概述的观点，我的结论是，如果没有果代克，可能就不会有后来的费伦齐挑战弗洛伊德的事实，就没有费伦齐推动精神分析最前沿的发展。

（本章由温贤涛翻译。）

第 6 章

伊丽莎白·塞文：费伦齐在创伤研究和治疗中的被分析者与合作者

阿诺德·Wm. 拉赫曼

作为精神分析"邪恶天才"的伊丽莎白·塞文

在琼斯的《弗洛伊德传》(*Biography of Freud*) 第三卷结尾的一段晦涩的段落中，琼斯向精神分析界传达了弗洛伊德对塞文的负面评价：

……她是一位被弗洛伊德称为"费伦齐的邪恶天才"的女性（Jones，1957）。

弗洛伊德认为塞文有一种"邪恶"的影响力，他指责她的理由如下。

1. 鼓励费伦齐放弃传统的精神分析，让他卷入临床分析实验中违规打破设置，并提出不符合弗洛伊德思想的非同寻常的理论概念。
2. 通过持续不断地要求关注和满足自己未解决的需要，侵蚀了费伦齐的身体、情感和人际的正常功能。
3. 使费伦齐没有时间或精力与弗洛伊德保持联系，无法成为精神分析政治结构中的一分子。

4. 在情感上引诱费伦齐相信她关于童年创伤的病态谎言。弗洛伊德称她为"伪逻辑性幻影人"（病态说谎者）（Paskaukas，1993）。

5. 费伦齐无法抗拒她对爱和关注的深层需要，因为他对母亲的爱的需要得不到解决（Paskauskas，1993）。

6. 费伦齐成为塞文的母亲："于是他（费伦齐）成为一个更好的母亲，甚至找到了他需要的孩子。其中包括一名可疑的美国女性（可能是塞文夫人）（Paskauskas，1993）……"

弗洛伊德和精神分析团体对塞文的反感，是建立在谣言和偏见的基础上的。关于分析历史，此时我们需要重新审视和评估与费伦齐相关的塞文的声誉和临床经验。我们已经发现了以前还不为精神分析团体所熟知的新的数据。本文是对"伊丽莎白·塞文的论文"（Rachman，2009）和"对伊丽莎白·塞文博士的采访"的发现（Eissler，1952）。

伊丽莎白·塞文：一个个体和一名创伤幸存者

马森（Masson，1984）确认了费伦齐的《临床日记》中的 RN 正是塞文（Ferenczi，1988）。她于 1879 年 11 月 17 日出生于美国威斯康星州的密尔沃基，原名为莉奥塔·洛蕾塔·布朗（Leota Lorretta Brown），并于 1959 年 2 月 11 日在纽约市去世，享年 79 岁（Rachman，2009）。塞文已婚后的名字是海伍德夫人（Mrs. Heywood），她在 1910 年与肯尼斯·海伍德（Kenneth Hey-wood）离婚后，更名为伊丽莎白·塞文。她的女儿玛格丽特（Margaret）说："……从来没听她说过为什么选择塞文这个名字，也没听她说过这个名字与位于英格兰的塞文河有什么特殊联系（Lipskis，1980；Rachman，2009）。"塞文的童年期中最突出的就是，她的父亲给她造成过的一系列严重的创伤。从 1925 年到 1933 年，在与费伦齐持续 8 年的分析中，这些创伤被重新发现（Eissler，1952）。这些创伤在《临床日记》中被分为三个阶段来描述。

第一阶段。……在她一岁半的时候（她的父亲许诺给她"一些好东西"，而实际上是施毒和性虐待）……完全幻灭与无助……半恍惚状态……不想活着……完全压抑自己的爱好和感受（Ferenczi，1988）。

第二阶段。第二波打击发生了：在她五岁时，她再次遭受了残忍的侵害；她被强制要求屈从于男性；被服用刺激性麻醉剂……自杀冲动……濒死感（极端痛苦）……对任何外部帮助的无助和绝望，驱使她走向死亡（Ferenczi，1988）。

第三阶段。最后一次剧烈的打击发生在这个人身上，她在十一岁半的时候已经分裂成了三个部分（Ferenczi，1988）。

费伦齐和塞文讨论了她的人格碎片问题，并将其分为三个部分：（1）在成年人中受苦受难的孩子——有意识的成年人没有觉察到在无意识中受损害的孩子，成年人没有觉察到"被埋葬的孩子"；（2）"奥尔法"碎片——这是塞文和费伦齐针对她在童年创伤期间保持完好无损的人格的积极部分，来加以命名的片段（Ferenczi，1988；Rachman，2014a，2014b；Severn，1933）；（3）"……人格中没有灵魂的部分……或者灵魂逐渐被剥离身体，其解体完全不被察觉，或者被视为发生在另一个人身上的事件，个体只是从外部观察该事件"（Ferenczi，1988）。

作为童年期的创伤，塞文在成年后出现了严重的精神病理学症状（例如，严重的、令人虚弱的头痛，严重的抑郁和自杀意念，以及定期住院治疗）。但她能够结婚生子，并生下女儿玛格丽特。她也拥有成功的事业，首先是作为一名"心理疗愈者"（therapeutic healer），然后是作为一名非专业的分析师。

作为"心理疗愈者"的塞文

伊丽莎白·塞文在与费伦齐进入精神分析之前，就开始了"心理疗愈者"的职业生涯（Rachman，2009）。在接受费伦齐的分析之前及之后，她同时也是一名讲师和一名作家。她通过挨家挨户地做百科全书推销员的工作，培养了对治疗的兴趣，在那里，她的顾客会寻求个人事务方面的建议（Fortune，1993）。她的顾客对塞文积极的人格品质做出了回应，这些品质包括同理心、自信、智慧和一种迷人的人际风格，她将这些品质带进了她与费伦齐的分析中。

塞文是少数在前精神分析时代，在没有接受过正规心理治疗培训的情况下，发展出自己对如何治疗心理问题的治疗性理解的人之一。她将自信、可爱、同理心和人际技巧等个人品质与灵性研究结合起来（Rachman，2014）。起初，她在一家妇女沙龙里用治疗性按摩来帮助她的顾客。她的治疗性按摩工作非常受欢迎，以至于她能够为神经质女性开办一家私人诊所（M. Severn，1988 in Rachman，2009）。

大约从 1908 年开始，塞文在科罗拉多州、纽约州和得克萨斯州实践了她自创的品牌疗法。她的第一份临床声明如下：

> 伊丽莎白·塞文是一名心理治疗师……想要宣布……晚上 10 点到 12 点，下午 4 点到 6 点……得克萨斯州圣安东尼奥……在她对心理的详尽研究中，她秉持着科学的态度，目的是使所揭示的真理成为现实（Rachman，2014b）。

在未来的岁月里，塞文宣称自己为"伊丽莎白·塞文博士，心理治疗师和疗愈师"，正如 1911 年 4 月 9 日她在芝加哥的东方神秘社团的讲座公告，以及 1912 年冬天她在华盛顿特区举办的一系列讲座中所指出的那样。到了 1916 年，塞文发布了一份关于她在纽约市西 45 街 50 号开业的通知，她将自己称为"伊丽莎白·塞文博士，心理治疗师"（Rachman，2014b）。

1925—1933 年间，塞文在费伦齐那里做分析，并在布达佩斯对她从美国带来的一小群病人进行分析。塞文离开布达佩斯后在伦敦临床执业了一段时间。她临床执业的最后阶段发生在她回到美国时。她在纽约市有多个办公地点，最后一个办公地点是东 87 街 115 号，在那里她一直执业到 1959 年去世（Rachman，2014b）。

塞文自学成才的治疗性理解

塞文最初是一个自学成才的治疗师。她受到了基督教科学派的创始人玛丽·贝克·艾迪（Mary Baker Eddy）和法国心理学家埃米尔·库伊（Emile Couré）的影响，后者提出了一种自我改善的方法（Dupont，1988b）。在“基督教科学派”（Eddy，1875）这个标题下，艾迪的观点强调自我疗愈，不依赖药物、医学和医生的治疗。她认为疾病的治愈来自个体的能力，以及他对自己的心理治愈能力的信念。一个人的疾病是由他错误的信念系统造成的。玛丽·贝克·艾迪的哲学思想和塞文的灵性、自立性和自信是一致的，并为未受过训练的塞文提供了一种她可以自学成才的治疗方法。

另一个影响来自埃米尔·库伊，他创立了被称为“应用心理学”的学科（Abraham，1926；Coue，1920）。他坚信“自我暗示”（auto-suggestion）（自我催眠）的观点，认为每个人都有解决自己问题的方案：“你就是治愈你自己的工具。”他的“集中注意力定律”就是指一遍又一遍地将注意力集中在一个想法上，这样你就会自发地倾向于有所领悟。这种哲学思想指导他形成了著名的语录：“每一天，我都在以各种方式变得越来越好。”

作为一名作家和一名讲师的塞文

塞文出版了三本书：（1）《心理治疗：理论与实践》（*Psychotherapy:Its Doctrine and Practice*，1913）；（2）《行为心理学》（*The Psychology of Behavior*，1920）；（3）《自我的发现》（1933）。通过一封来自伦敦的热情洋溢的信，我们可以看出，塞文在离开费伦齐以后在伦敦开设了一家诊所，她通过出书和举办讲座培养了一批追随者：

自从读了您关于心理治疗的书以来，我对这一主题便产生了兴趣。如果您有机会来英国，请尽快来吧，我正热切期盼着这一天。如果可能的话，我想见到您（Rachman，2014b，letter to Dr. Severn from L. Chirnside. March 31，1919，London，England）。

作为被分析者的伊丽莎白·塞文

1925年秋，塞文开始了为期8年的奇幻历程，这成为最具争议性的精神分析案例之一。弗洛伊德及其追随者认为，费伦齐是被患有严重障碍的塞文在情感上诱惑了。她也成了费伦齐的分析师，因为她引发了他根本没有得到解决的童年期神经症，这是由他对母爱的需要没有得到满足导致的。可以说，塞文用一个虐待她的父亲呈现出她童年的创伤，促使费伦齐成为"全爱的和完全奉献的父亲"。

塞文显然是费伦齐"最困难的被分析者"，费伦齐把她描述为有"渐进性精神分裂症"（Schizophrenia progessia）的患者（Ferenczi，1988）。该分析是以传统的方式开始的，但塞文的情绪问题并没有对诠释、阻抗分析和移情等传统方法产生任何反应。

塞文对如何进行心理治疗形成了自己的想法（Severn，1920）。她对自己的情绪问题也有自己的观点，而这些问题源于她的父亲在她的童年期实施虐待所造成的创伤（Eissler，1952；Ferenczi，1988；Severn，1933）。她在临床方面的敏锐性和自信，使她能够向费伦齐表达自己的想法，说明她想要和需要被如何对待。她决心利用她的治疗机会来找回、面对和修通自己的童年创伤。塞文的观点现在被认为是创伤分析的标准程序（Rachman，2003）。

塞文还利用她作为一名精神障碍患者所提供的丰富体验和作为一名治疗师所拥有的临床功能，来理解她自己的情绪问题和试图帮助她的精神科医师和分析师的功能：

……阿什博士……是一个非常好的朋友……他自己的分析是不完整的。他对我的分析是有限的……他独自停下来……分析并没有按照应有的方向发展……奥托·兰克……我发现他完全沉浸在这个关于出生创伤的想法中，不能再思考任何其他的东西……

杰利夫博士……是一个虐待狂……我对和他一起工作感到非常失望。我们的工作毫无进展（Eissler，1952）。

在 1924 年与兰克的经历之后，她说：

我当时处于绝望的状态……因为我觉得我活不下去了，除非我摆脱了这个仍然困扰着我的无意识的东西，它给我带来了剧烈的头痛和极度的抑郁……如果我能摆脱它，我肯定不想再活下去了（Eissler，1952）。

即使在几次分析失败之后，她仍没有放弃希望。塞文人格中的奥尔法功能也是她分裂的一部分，它帮助她渡过了可怕的创伤和"糟糕的分析"。

费伦齐和塞文之间的分析是一位富有洞察力的、才华横溢的、在情感上有勇气的被分析者与一位有天赋的、有共情能力的、在情感上有勇气的分析师之间的一场临床互动大剧，其中费伦齐是一位温柔且善良的分析师，尤其是对她的需求能做出共情和回应，这是其他分析师从未做到的。他并没有因为在他们的关系中遇到的任何困难而去"指责或批评"塞文。事实上，费伦齐努力理解自己，并接受塞文对他的临床行为的诠释。与塞文一起，他发展出了一种新型的分析关系，在这种关系中，一种民主的互动占据了优势。在精神分析史上，分析师和被分析者第一次成为共同创造分析性境遇的参与者，这其中包括"对分析师的分析"（Ferenczi，1980e，1988）及对被分析者和分析师之间主体性的一致性调整（Rachman，2010a）。

费伦齐和塞文之间的分析的另一个独特之处是，塞文诠释了费伦齐的临床行为，并试图说服费伦齐分析他对她的情感反应。面对塞文的这一建议，费伦齐挣扎了大约一年的时间，她认为这妨碍了他们分析的进展。这也创造了关系中的一种新的存在方式。弗洛伊德对反移情反应的发现，被费伦齐转化为"反移情分析"（De Forest，1954）。费伦齐本可以拒绝塞文的自我分析要求并终止分析，就像阿什博士对塞文所做的那样。弗洛伊德、琼斯和其他人也敦促费伦齐结束对塞文的分析，因为他们认为她给费伦齐造成了个人和职业方面的伤害。费伦齐是否无可救药地陷入了反移情反应中，需要塞文来满足他对母爱的渴望（Freud，1933），就像弗洛伊德所认为的那样？费伦齐想要看到分析获得成功，这不能仅仅被理解为一种精神病理学动机。费伦齐的身份认同是建立在成为一个"疗愈者"的基础上的，而塞文有一种特殊的被治愈的需要。她确信费伦齐应该是"她的疗愈者"。费伦齐拓展了共情与分析活动之间的界限，这一点没有一位分析师曾经这样做过：

> 当塞文这个个案没有任何进展时，我加倍努力，事实上，我决定不被任何困难吓跑；渐渐地，我屈服于病人越来越多的愿望，治疗次数增加了一倍，并且我会去她家，而不是强迫她来找我。我会带她一起去度假（马德里），甚至在星期天也会给她治疗。在这种极端努力的帮助下，以及在某种程度上放松的对比效果的帮助下，我们达成了一个目标，在这里，明显的创伤性婴儿的历史可能会以恍惚状态或攻击的形式浮现出来（Ferenczi，1988，Clinical Entry，May 5，1932）。

分析中的困难

半恍惚会谈

当费伦齐使用经典技术与塞文互动时，她表示抗拒并向他表明，诠释是一种冷漠超然的智力性回应形式，对她是没有帮助的（Ferenczi，1988）。在这方面，一个特别引人注目的情形发生在分析的后期。塞文在躺椅上以经典的分析姿势躺着接受分析，并保持沉默。费伦齐开始跟她说话，她仍保持沉默。费伦齐认为沉默一直在持续。她的眼睛一直闭着。他变得焦虑不安，开始提供一系列的诠释来打破沉默，他相信自己正在履行自己的职责，来维持语言上的互动。然而，塞文对他的诠释和打破沉默的做法极为不满。费伦齐的"疯狂的诠释"是一种干扰，所以她最后让他"闭嘴"（Ferenczi，1988）。最后，费伦齐意识到塞文是正确的，领会到"治疗性恍惚"与她的治疗更相关，而不是将她的行为诠释为"阻抗"。巴林特（1992）作为费伦齐在匈牙利精神分析协会的最亲密的同事，会定期与他的导师讨论塞文的分析。这些讨论最终促成了巴林特在他的治疗性退行概念中详细阐述费伦齐的创伤分析的新方法。

费伦齐对塞文的共情失败

1928 年，费伦齐将"临床共情"（clinical empathy）引入精神分析（Ferenczi，1980a）。这一事件永远改变了分析性境遇的面貌（Rachman，1989）。被分析者不再因为分析过程中出现的困难而受到指责。精神分析中一个古老的传统，即分析中的阻抗，得以被重新设置。为了修通分析困境，费伦齐努力与被分析者的主观体验及他自己的体验保持协调一致。这是分析性境遇中的双人心理学的开端（Aron，1996；Rachman，2007）。

就像在塞文以前的所有其他治疗中发生的事情那样，她与费伦齐的分析也陷入了僵局。她"绝望地"寻求帮助，因为她被严重的、致残的症状所困扰，而这些症状正驱使着她走向自杀的道路。当塞文和费伦齐陷入僵局时，塞文确信她知道如何克服困难。她告诉费伦齐，他有一种负性反移情反应，因为他"憎恨女性"。正是他对她的"憎恶"导致了治疗的僵局。费伦齐需要分析自己对她的负面情绪，才能打破僵局，释放出共情。

在下一次会谈中，塞文帮助创造了精神分析的另一个历史性时刻。她告诉费伦齐，他需要她来帮助他修通关系方面的危机。她提出这个建议是一种傲慢的表现还是一个天才的所为？她比费伦齐更懂得反移情吗？在1932年的大部分时间里，他都在痛苦地纠结于相互分析是否有意义。分析师从来不允许被分析者反过来对其进行分析。当然，也从来没有出现过像塞文这样的被分析者。她对分析费伦齐对她的憎恶的坚持，以及他对一位非常严重的被分析者失去控制的焦虑，构成了一场激烈的权力斗争。但是，在精神分析历史上的这一时刻，在分析性境遇中一些新的东西被创造出来，因为他可以放弃他对权力、控制和地位的需求（Rachman，2000）。费伦齐愿意尝试进行有关分析性境遇本质的实验，让权给塞文，承认她对他们的分析僵局和他的主观性的洞察。他同意接受塞文对他的负性反移情的分析，并允许塞文帮助他。

塞文对费伦齐的分析

由于塞文说服了费伦齐，他需要分析自己对她的负性反移情，因此他们进入了一种相互分析的互动状态。他们都没有意识到，他们的共同努力将带来费伦齐最深刻的治疗性体验（Rachman and Prince，2014）。按照以下顺序，费伦齐揭露了他童年时期的性创伤（Rachman，2010a，2010b，2012，2014）：

第一阶段。……在 RN 那里，我再次找到了我的母亲，即真正的母亲，她很严厉且精力充沛，我很害怕她。RN 知道这一点（Ferenczi，1988，Clinical Entry，February 24，1932）……

当塞文鼓励费伦齐更深入地研究他的反移情反应时，一个引人注目的事件发生了：

第二阶段。我深深地沉浸在婴儿经历的重现中；最令人印象深刻的影像是模糊的女性形象，很可能是童年期早期女仆的形象（Ferenczi，1988，

Clinical Entry，March 17，1932）。

费伦齐决心要进入"谷底"去分析他与塞文之间的困境。浮现出来的是一段关于虐待儿童的记忆：

第三阶段。……被压进尸体的伤口里的一个疯狂幻想。

第四阶段。……一位女仆很可能允许我触碰她身体的私密部位……这让我感到很害怕，好像要窒息了一样（Ferenczi，1988，Clinical Entry，March 17，1932）。

随着反移情境遇的持续发展，费伦齐对自己关于女性的负性反应有了深入的认识：

第五阶段。这是我憎恨女性的根源。我想因此而解剖她们，也就是杀死她们（Ferenczi，1988，Clinical Entry，March 17，1932）。

这让他洞悉了他的母亲与塞文之间的情感联系：

第六阶段。病人对被爱的需要与我母亲对我的类似需要相对应。我确实憎恨这个病人，尽管我表现得很友好（Ferenczi，1988，Clinical Entry，May 5，1932）……

费伦齐也逐渐觉察到，塞文对他的负性反应，以及他们之间的僵局是对她在童年期遭受父亲的原始创伤的一次移情性重现：

第七阶段。……这正是她所觉察到的，她对此做出了同样的反应，最终迫使她那犯罪的父亲放弃了她（Ferenczi，1988，Clinical entry，May 5，1932）。

费伦齐报告说，这种相互分析性境遇减弱了以前难以处理的情欲化移情，从而使更传统的分析性互动得以恢复。这种移情方式之所以发生变化，是因为他能够向塞文揭露自己对她的负面感受，并通过相互分析在情感上变得脆弱，从而揭示自己童年期的性创伤（Rachman，2014）。费伦齐并不推荐将相互分析作为一种常规的方法，而只是作为最后的手段来使用。费伦齐肯定了塞文在克服治疗僵局方面做出的重大贡献。本质上，最有帮助的临床行为是，费伦齐主动适应塞文的主体性（Rachman，2010a）。

……塞文说，在我允许她分析我内心隐藏的感受之前，她的分析永远不会有任何进展。我抵抗了大约一年，但后来我决定做出这种牺牲（Ferenczi，1988，Clinical Entry，May 5，1932）。

单方面过早地终止治疗所导致的创伤

费伦齐因身体过于虚弱而无法坚持下去，并且正在遭受恶性贫血晚期的折磨，所以他在 1933 年 2 月不情愿地结束了这一分析。该分析处于"恶性退行"阶段，揭示了童年期创伤的最深程度。她和费伦齐在八年的斗争中精疲力竭：

……我发现他无法承受持续很长时间的分析，我也不认为我能承受。这意味着我要抛弃我更多的生活、我的金钱和其他所有的一切，所以我最终以纯粹的意志力逃离了布达佩斯，沦为一具彻彻底底的"残骸"（Eissler，1952）。

塞文认为费伦齐愿意进入相互分析有助于她与他的分离：

……那是我在那里的最后一年，我对他进行了分析，这正是帮助我站起来的真正原因，你看，我和他断绝了联系（Eissler，1952）。

治疗终止的临床经验中似乎缺少的是，对"单方面过早地终止治疗所产生的危机"的分析。需要完成的是分析过早地终止对塞文所造成的创伤性影响的心理动力学机制，这是她的父亲在她的童年期遗弃和虐待她的重演。塞文觉得费伦齐离开她就像她父亲把她赶出家门一样，是为了他自己的目的，并忽视了她的需要。对于塞文的需要未得到满足这一点，费伦齐似乎缺乏分析性觉察。更重要的是，塞文需要费伦齐的帮助才能与他分离。也许他的身体衰弱与对分析的情绪挫败感的共同作用（Balint，1992），产生了一种抑郁性反应，干扰了他一贯卓越的分析技巧。

在修通恶性退行阶段之前，费伦齐就不得不单方面终止分析。塞文需要继续她的分析直到得出结论。当费伦齐明白自己正在丧失工作能力时，他为什么不将塞文转介给另一位分析师（也许是布达佩斯的迈克尔·巴林特，也许是美国的伊泽特·德·弗瑞斯特）呢？费伦齐有没有考虑过用什么药物来帮助塞文治疗她的严重症状？精神类药物的使用在 20 世纪 30 年代仍处于很初级的阶段。塞文可能会拒绝服药，因为她相信玛丽·贝克·艾迪的信条。但是，为什么费伦齐治疗了塞文如此严重的心理疾病，而当她的创伤时常压垮她时，费伦齐不让她在巴登-巴登的果代克疗养院接受住院治疗呢？塞文是否让费伦齐相信只有他才能治疗她，而且只能通过精神分析来治疗她？塞文将费伦齐作为"她的救世主"的信仰，是否影响到他并超出了他的能力范围呢？他是否怀有一种自大狂的幻想，想仅凭自己的人格和作为精神分析师的临床技能，来治愈一种严重的疾病？

塞文的康复

塞文于 1933 年初离开了布达佩斯，处于近乎崩溃和绝望的状态。她告诉艾斯勒：

（我感觉到）……自己完全崩溃了（Eissler，1952）。

塞文并没有因为精神分析终止时的情绪激烈震荡而迁怒于费伦齐或精

神分析。

> ……它（分析）丝毫没有削弱我对精神分析或其有用性的信任程度（Eissler，1952）。

当塞文三次拜访弗洛伊德，让他来评估她的分析时，弗洛伊德并没有对费伦齐提出任何批评。但塞文的女儿玛格丽特对费伦齐的分析的评价并没有那么慷慨大方。据福琼（1933）报道，玛格丽特·塞文给费伦齐写了一封抗议信，抱怨他治疗她母亲的方式。离开布达佩斯之后，塞文和女儿住在一起休养。玛格丽特是在巴黎工作的现代舞的先驱（Rachman，2009）。她们母女之间的关系非常密切。正如弗洛伊德对安娜（Rachman，2003b）所做的那样，伊丽莎白·塞文也分析了她的女儿玛格丽特（Rachman，2009）。不管这一分析给玛格丽特带来了什么困扰，它都没有妨碍她帮助母亲康复。

如果说这是一项有局限性的大胆的临床试验（Balint，1992；Rachman，2014a，2014b），而不是分析技能的缺陷或精神病理学的征兆，那么费伦齐提供了一种共情、安全和信任的感觉，它帮助塞文从她严重的童年创伤中回过神来、探索自己并最终康复（Rachman，2010a，2010b，2012，2014a，2014b）。

"工作与爱的能力"——（弗洛伊德）：塞文在终止分析后的功能状态

工作的能力

弗洛伊德提出的"工作与爱的能力"标准（Erikson，1950），一直以来被看作分析成功的标志。从1933年到1959年，从塞文与费伦齐的分析结束到她去世前的 26 年，有证据支持费伦齐与塞文的分析取得了一些成功。在塞文康复的第一年，她写了她的三本书中的最后一本，即《自我的发现》（Severn，1933），当时她正在从创伤中恢复过来。这本书可以被看作一本关于创伤障碍的精神分析专著，原本是费伦齐和塞文打算一起写的（Haynal，2014；Smith，1998）。此书报告了被分析者对共情性理解的需要、对分析师的回应能力和灵活性的需要，以及分析师给予温柔和情感的能力。

塞文能够恢复她的临床实践生涯，是作为一名非专业的分析师，而非心理治疗师或灵媒。塞文认为自己与费伦齐已经接受了训练分析（Eissler，1952），费伦齐也是如此（Ferenczi，1988）。在 1952 年接受艾斯勒的采访时，她表现得与之前一样善于分析（Eissler，1952）。

在巴黎康复之后，她搬到了伦敦，正如前面提到的，她早期的临床实践和她写的受欢迎的书，让她收获了一大批追随者。20 世纪 40 年代，她和她的女儿搬到了纽约。她的女儿在退休后开始主持一档舞蹈节目。塞文一直在 87 号街公园大道执业，直到 1959 年去世，显然她是成功的，她的被分析者的来信也间接证实了这一点（Rachman，2009）。

当我考察 1952 年 12 月 20 日库尔特・艾斯勒在纽约对塞文进行的采访时（当时塞文 73 岁），以前被谣传为一个功能失调的、消极的人的塞文在分析团体中的这种负面形象被抹除了。塞文给人的印象是一个非常睿智的、有思想的、自信的、善于分析的人。她对艾斯勒的回答是开诚布公的，艾斯勒有时会催促她给出具体的答案。更重要的是，塞文对精神分析、弗洛伊德、费伦齐、兰克及她自己的能力提出了许多有洞察力的陈述。这次采访显示，塞文似乎已经从她的疾病中恢复过来，其能力呈现了很高的学术水准。在采访中，塞文听起来就像一个精神分析学家，她在面对库尔特・艾斯勒这位弗洛伊德传统的"钥匙守护者"时，可以做到应对自如。

爱的能力

在接受费伦齐的分析之后，塞文在爱的能力方面，也表现出了很有意义的功能状态。在塞文的成年生活中，她与她的女儿玛格丽特一直保持着亲密而又充满爱意的关系。也许她们的关系是病态的亲密。玛格丽特·塞文崇拜她的母亲，她在作为舞蹈家在美国和欧洲巡回演出时会给她写信，有时是每天写一封信，而且持续了大约 20 年（Rachman，2009）。当二人搬到纽约时，她们经常与朋友和同事聚会。星期天下午，她们会邀请朋友来喝下午茶。这些社交聚会的一位当事人说，伊丽莎白·塞文是一位友好且善解人意的女主人（Rachman，2009）。

对于塞文与费伦齐的分析，她的评价很有启发性：

至于我自己的分析，我的一些最糟糕的症状已经得到缓解或消除，包括自杀冲动和毁灭性的头痛，尽管我在情感上已经筋疲力尽，仍然遭受着令人失去活力的噩梦的困扰。我一直没有从这些噩梦中完全恢复过来（Elisser，1952）。

巴林特对费伦齐和塞文的分析的评价也很类似：

这位病人是一位才华横溢但深受困扰的女性，后来获得了极大的好转……但并不能认为是被治愈了……当我们讨论费伦齐的实验时，这个个案……是最伟大的。费伦齐承认，他在某种程度上已经失败了，但他补充道，他自己学到了大量的东西，如果其他人认识到通过他所尝试的解决方案来解决这一任务是无果的，那么也许他们会从他的失败中获益（Balint，1992）。

塞文对精神分析演变的贡献

费伦齐和塞文的分析是诊断创伤障碍的一座熔炉。塞文和费伦齐有共同的性创伤背景（Ferenczi，1988）、独立和叛逆的感受（Rachman，1997a），以及与父母在关系方面的负性经历（Ferenczi，1988）。与费伦齐和塞文二人的背景相比，还有没有分析师与被分析者之间能匹配出更相似的心理动力学背景？根据费伦齐的论文、《临床日记》和新发现的关于塞文的相关数据（Eissler，1952；Rachman，2009，2014a）中的陈述，我们可以说，塞文不仅是他的被分析者，也是他在创伤研究领域的合作伙伴或协作者。他们的合作实际上为精神分析的演变迈出了重要的一步。由于传统精神分析界对费伦齐（Rachman，1997b）和塞文（Rachman，2014a）的压制和谴责，我们以前不可能欣赏到这些贡献。塞文是许多理论性和技术性创新的共同参与者：

1. 引入临床共情（Ferenczi，1980a）；
2. 在分析性境遇中引入非诠释性技术（Ferenczi，1980a，1980e，1988）；
3. 分析性境遇的民主化（Ferenczi，1980a，1980b，1980c，1980d，1980e；Severn，1933）；
4. 发展言语的迷惑理论（Ferenczi，1980e）；
5. 建立"创伤分析"（Ferenczi，1980a，1980b，1980c，1980d，1980e；Severn，1933）；
6. 自我积极功能的概念化（Ferenczi，1988）；
7. 反移情分析和"对分析师的分析"（Ferenczi，1988）；
8. 个体作为生长、修复和恢复的生命力的奥尔法功能（Goldstein，1995）。

这些创新促使了理论和技术方面的演变，并产生了深远的影响。首先，费伦齐和他的被分析者巴林特成立了布达佩斯精神分析学派，将更大的灵活性、应答性、活跃性和共情整合到临床互动中（Balint，1992）。巴林特成为客体关系视角的重要中转人之一。在同一时期，另一位费伦齐的被分析者克拉拉·汤普森，以及亨利·斯塔克·沙利文和埃里克·弗洛姆，都发现费伦齐的观点符合人际精神分析的思想（Fromm，1959；Thompson，1950；Wolstein，1993）。费伦齐和塞文的分析方法还通过伊泽特·德·弗瑞斯特（1954）和卡尔·罗杰斯（Carl Rogers，1951；Kahn and Rachman，2000）的工作对美国的人本主义心理治疗产生了影响。虽然海因茨·科胡特（Heinz Kohut）并不认为费伦齐是先行者，但迈克尔·巴史克（Michael Basch，1988）和约翰·盖多（John Gedo，1986）承认费伦齐对科胡特的影响。在科胡特死后，自体视角的心理学公开承认费伦齐作为自体心理学的先驱具有重要地位（Rachman，1989，1997c，2014b）。通过当代人的努力（Aron and Harris，1993；Harris and Kuchuck，2015；Rachman，2007，2010b），费伦齐已经被确立为关系性视角的学术和临床先驱之一。如果停下来审视费伦齐和塞文的关系的影响，人们就可以得出结论，在推动弗洛伊德式精神分析向其他重要的精神分析技术的演变过程中，他们的贡献提供了肥沃的土壤，他们之间的合作对此具有极大的影响力。

在精神分析历史上曾有过一系列伟大的案例，这是分析师与被分析者之间产生的一种特殊经历，为精神分析的演变做出了贡献。伯莎·帕彭海姆（Bertha Pappenheim）帮助弗洛伊德发现了精神分析是一种"谈话疗法"；萨宾娜·斯皮勒林（Sabina Sprielrein）帮助荣格发展了严重心理障碍的理论和治疗方法；F 小姐帮助科胡特发展了自体心理学；埃伦·韦斯特（Ellen West）帮助路德维希·宾斯万格（Ludwig Binswager）发展了存在主义精神分析；而伊丽莎白·塞文帮助费伦齐发展了创伤的诊断、治疗和理论。所有这些人都是值得被称道的先驱。

（本章由崔界峰翻译。）

第 7 章

费伦齐关于战争神经症的工作[1]

艾德丽安·哈里斯

费伦齐的论文《两种类型的战争神经症》最早出现在 1916—1917 年的《时代裂痕》(*Zeitschrift*，Bd IV. 131)一书中，并被收录在他的第二本论文集《精神分析理论与技术的更多贡献》(*Further Contributions to the Theory and Technique of Psychoanalysis*，Ferenczi，1928/1980)中。从该文集的脚注中，我们了解到这篇论文曾在住院医师学术大会上被公开发表（Ferenczi，1928/1980)。

费伦齐首先描述了一战期间他被派到一家军队医院（大约从 1916 年 2 月初开始）的工作经历。尽管他在"两个月的时间内已经观察了 200 个案例"，但他还是谦虚地认为自己的理解很肤浅。我发现，即使是在理解的最初阶段，他也觉得有必要写下并公开关于战争环境会对士兵造成损害的观点。损害的严重程度、前所未有的堑壕战经历、长期暴露于无为和无力状态中，以及机枪的影响导致许多士兵以难以想象的方式和不可预料的程度呈现崩溃状态（Shepherd，2000)。"弹震症"(shellshock)一词证实了关于心理和身体的崩溃是由器质性的原因驱动的早期观点。

这篇论文第一次被谈及和发表的时候，战争还在继续。但不久之后的 1919 年，当"关于战争创伤的专题讨论会"在国际精神分析大会上举办时，费伦齐意识到这个新兴的知识已经不再"新"了。

在一本关于战争创伤的论文集中，史蒂夫·波提切利（Steve Botticelli）和我（Harris and Botticelli, 2010）注意到了 21 世纪有关战争创伤的研究呈"一边倒"的局势。在战争期间，人们更关注创伤，采取康复措施和照护工作，而在战后的短时间内就出现了出人意料的"遗忘"现象，紧接着是一个持续几十年的漫长的战争创伤后遗症的空白期（Davoine, 2010）。现在，重复出现此类遗忘现象并不会令人太惊讶。我们抹除痛苦的过程，事实上是不断地重复否认的过程。这种重复的遗忘在第二次世界大战和此后的许多战争中反复出现，尽管有一些迹象表明这种遗忘症正在消失。遗忘与否的悖论，与费伦齐对解离状态和创伤后远期后遗症的根深蒂固的信念产生了共鸣。

费伦齐在论文的开头写道，他会带着读者一起走进病房。他在数百个房间里穿梭，这里的病人或坐、或站、或发呆、或颤抖，都陷入无法想象的极度痛苦中。费伦齐还描述了他对这些病人的看法，把我们从"弹震症"这一新奇观点带回到了战争神经症的清醒现实，这种精神崩溃和碎片化对大脑的影响就像最近的机枪破片武器一样强烈。

在对医院工作的描述中，我们得知费伦齐为了验证战争创伤源于心理因素的观点，经历了一个漫长的思考和探索期。他从强烈而显著的躯体症状开始，即身体打颤、抽搐、颤抖、非器质性麻痹的四肢瘫痪。没有明显外伤的士兵表现出了无法行走、站立和走动，以及很多不典型的和奇怪的步态。他倾听那些士兵记忆中的故事：被掩埋、被扔到水里或土里、气温剧烈变化、被近距离击倒、炮弹爆炸、目睹同伴死亡或被肢解。

费伦齐开始发现，表现单一症状的病人一直带着灾难发生前一刻的症状、姿势或动作，时间停止在了那一刻。他认为这些是转换型癔症的一种表现形式。费伦齐注意到，强烈且反复出现的梦境重现了创伤事件，人们在醒来时伴随着失忆，并且有身体和运动损伤的临床表现。他在这些令人费解的动作中看到，一只手臂举起来准备在一场毁灭性的攻击之前射击，一个身体想要躲避炮弹，或者一具尸体被埋在泥土中。在精神分析的引导下，他读懂了这些士兵的身体语言；有时他会秉承对弗洛伊德的忠诚，将症状病因学聚焦在性相关因素上。

费伦齐继续思考这些症状为什么如此顽固，英勇强壮的士兵与压倒一切的恐惧表现之间为什么如此不匹配。他开始看到以这些症状为表现模式的退行现象，时间和发展仿佛在此发生了逆转。他在同一名士兵身上同时看到了高度警觉和失忆症状，并指出了其中的微妙之处，即恐惧掩盖了更深层次的焦虑。他看到战争导致的创伤如洪水般影响着性功能状态、发育水平，以及思维和情感状态的分裂。费伦齐概括出第二种类型的战争神经症是由焦虑所驱动的。他在这两种类型的战争神经症中都发现了无意识现象、退行和碎片化等有强烈作用的运作状态。

我读了这篇论文及其关于费伦齐在一所战时精神病院工作的独特经历的报告，并将它们视为贯穿费伦齐余生的创造性体验和理论性反思。后来他又燃起了早先在《言语的迷惑》（Ferenczi，1933）中产生的对性虐待和创伤的兴趣，以及在许多临床论文和理论性论文中提到的对碎片化和解离的关注（Ferenczi，1928）。论文中关于战争神经症的报告，包含了费伦齐对身体表征和身心相互依赖等内容的关注（参见福琼写的第 5 章），以及费伦齐个人向弗洛伊德提出的"自我首先是身体的自我"这一观点的演变。

当我读到这篇文章时，我的内心充满了惊奇和悲伤。费伦齐的观察看起来是那么与众不同，那么富有现代气息和同情心。他理解这些士兵的身体携带着创伤，经常用同一个动作讲出来又加以否认。他的观察非常人性化，针对大量精神科和军队中罹患弹震症和战争创伤的病人，他从不给予居高临下的评判和嘲讽。琼斯和韦泽利（Jones and Wesely，2005）对 1914 年之前的医学辩论进行了广泛的历史回顾。需要重点指出的是，在分析师和精神科医生中有一些先驱，他们发现了表面症状与内心作用机制之间的关联，但同样清晰的是，特定的战争情境（如堑壕战的工业化特点等）也需要费伦齐及其同事在诊断和治疗方面有新的突破。

当我了解到费伦齐被遗忘的漫长历史时，悲伤也随之袭来。费伦齐的工作和影响力受阻，并不是由于他在战争期间的工作，而是由于在他去世后的 20 世纪 30 年代，他的声誉遭到了猛烈的攻击，以至于那些他提到过的与解离和创伤相关的内容也被蒙上了阴影。而对战争创伤的遗忘超出了费伦齐和精神分析本身的范围，许多创伤理论学家（Gaudilliere，2010；van der Kolk et al，1984；van der Kolk，1994）指出，随着战后人们的生活归于平静，对创伤后应激障碍（PTSD）及其他战争相关症状的关注都消失了。

回到费伦齐最初论文的背景，我想首先谈谈文学理论家对 1914—1918 年战争影响的看法。保罗·福塞尔（Paul Fussel，1975）写了一本有趣的关于那场战争对诗歌和记忆的影响的著作，他认为，碎片化——无力感、大规模的死亡和灭绝所产生的巨大影响——改变了诗歌和文学的整个语境和形态，实际上也改变了回忆录和记忆本身。福塞尔的作品丰富了文学资源，虽然它们被批评为"狭隘"，但他的观点所产生的强烈影响仍然是重要的。那场战争的性质和行为让人们的意识发生了变化。福塞尔看到，声音、句法、结构和形式都被那一代诗人的战争经历打破了。语言上的破碎（这是由大规模堑壕战和机枪带来的尸体破碎的回声）导致了许多幻想、帝国和制度的崩溃。存在于费伦齐的著作中的破裂的和碎片化的自我的概念，也广泛存在于第一次世界大战的个人体验中。

文学艺术并不是反映战争恐怖性的唯一艺术形式。2007 年，在纽约现代博物馆的一场超现实主义的展览中，观众在展厅的系列纪录片中观看了一系列可预测却难以想象的拍摄画面。堑壕战、飞机低空扫射、炮击、肢解，这场战争的所有标志性画面都被一一呈现。但最令人触目惊心的是一组拍摄于战地医院的真实镜头，那是一个受伤的士兵的脸部因撞击受到重创而被装上了人工面具的画面。看完这些，你可能会发现从前未曾留意的 19 世纪 20 年代至 30 年代的毕加索和布拉克的油画作品中有同样的画面：到处散落着的受伤的士兵、裂开的脸部和躯体碎片。

费伦齐对战争影响的强烈敏感性，塑造了他对原始心理状态、退行、碎片化和创伤的理解。但他的著作需要被放在那个时代的许多著名的精神分析学家的背景下来理解：陶斯克（Tausk）、果代克、格罗士（Grosz）、比昂和希梅尔（Simmel）。这些精神分析学家拓展了他们的观点和理论，包括重大创伤和碎片化等主题，并远远超过弗洛伊德在《超越快乐原则》（*Beyond the Pleasure Principle*，1920）中对这些主题的贡献。

在他的写作和临床工作中，我们感觉到，费伦齐具有面对和吸纳多种类型的病人的重大创伤的能力，这些能力的获得必然有很多来源。但是，他在一战期间作为精神科医生和精神分析师的经历是其中的重要因素。在战争期间，精神科和医学对"弹震症"的治疗刚刚起步，事实上在最开始的时候，"弹震症"仅根据字面意思来治疗——一定有某种机械性和器质性病变发生了（Shepherd，2000）。我们可以从字里行间看到，费伦齐沿着自己的方向，提出了心源性创伤理论。这一理论描述了一种不同的心智模型，一种基于解离和功能运作水平的视角，一种在时间的宏观意义和微观意义上将创伤视为时间的破坏者的观点。

回顾费伦齐在战争创伤方面的著作，了解他从 1926 年秋到 1927 年春在美国纽约的更多工作，我发现自己对那些生活在一战期间且深受战争影响（我认为）的精神分析师和精神科医生产生了浓厚的兴趣。例如，比昂、果代克、陶斯克、希梅尔和费根鲍姆（Feigenbaum，与费伦齐在纽约相遇）写下了来自创伤的直接、即刻的经历和体验。比昂有一句非常著名的话："我已于 8 月 7 日（1917）死在亚米恩-罗伊路（1982）。"格洛特斯坦（Grotstein，1998）在对比昂回忆录的评论中，将这个句子理解为比昂对在战争中阵亡的那个勇敢的和他深爱的朋友的持久性内疚和羞愧。很多早期的分析师都有过这种亲身经历的创伤。

弗洛伊德在《超越快乐原则》中确实提出了一个关于创伤和强迫性重复的精妙理论。但在我看来，这与费伦齐的《两种类型的神经症》还有一定距离，最明显的就是"去 / 来（fort/da）游戏"这一章的脚注，很明显这是他整个论点的关键内容。在脚注中，他简明扼要地指出，当一个同胞弟妹出生时，儿童会重复去 / 来游戏的过程，他所体验到的断裂感要比母亲实际死去时更加强烈。在对去 / 来游戏的内容进行评论时，弗洛伊德在脚注中说："当这个小男孩 5 岁零 9 个月大的时候，他的母亲'死了'。当现在母亲真的离世了的时候，小男孩却没有表现出任何悲伤的迹象。事实上，在之前的一段时间里，第二个孩子出生了，这已经激起了他强烈的嫉妒（Frued，1920）。"

现在我们知道，这里提到的死亡是弗洛伊德挚爱的大女儿索菲（Sophie）的死亡，并且在更多私人的交流中，他可以表达对这一死亡的理解，即这不是一次能够挽回的死亡。然而，家庭创伤会通过孩子的游戏和故事体现出来，这无论在何种情况下都是令人震惊的。但我认为，与费伦齐和其他战争亲历者所写的更浓烈的和令人困扰的著作相比，弗洛伊德在写作中所采用的疏离（或者说是受到精神创伤的）风格呈现出巨大的反差（1919 年，即索菲死于流感暴发的两年后，弗洛伊德的妻子又怀孕了）。历史学家和文化理论家已经注意到了这种对丧失和哀悼表现出的情感疏离（von Unwerth，2005；Breger，2000），对很多人来说，这一立场与弗洛伊德在哀悼和应对丧失时的诉说困难有关，这种困难既涉及他母亲的死亡，也涉及他深爱的女儿的死亡，二者他都无法直面。

在战争早期阅读弗洛伊德和费伦齐的通信内容也是相当奇怪的（Falzeder and Brabant，1996）。在这些信件中，费伦齐追溯了自己在布达佩斯玛丽医院为战争创伤退伍士兵工作的过程（2.1916，#598）。他开始称这些病人为"大脑残疾者"（#556），但在八个月后，他将这些症状表现描述为"战争性精神病和战争性神经症"（#561）。这让我突然意识到，费伦齐实际上是在使用他写给弗洛伊德的战时信来继续进行分析的。几乎每一封信读起来都像一个分析小节，其中包含内心的战争。费伦齐采用精神分析性评论方式，对性生活进行了非常细致的转述。在死亡和恐怖的背景下的性生活和关系中的活力，值得我们去深思他的先占观念与这种活力之间的联系，以及生本能与死本能之间的联系。

　　另一种解读方式是，从费伦齐写给弗洛伊德的信及他关于战争创伤的工作中，我们可以看到理论的分叉点。1913 年后，精神分析组织内部在创伤、驱力、幻想和性欲的作用方面的紧张气氛尤为激烈和尖锐（Makari，2008）。性格和创伤的问题无疑是复杂的，但事实上，在战争期间，重要人物在不断地调整他们关于创伤和性驱力，以及它们对神经症的影响的观点。

　　尽管费伦齐在这些信件中明确暴露了私人信息及自我分析的内容——实际上是自由联想——弗洛伊德仍将他的目光集中在精神分析组织和实用主义问题上。当费伦齐准备将关于战争神经症的论文发表时，弗洛伊德非常赞同，但在第 598 号信中，弗洛伊德说，"把自己很棒的理论观点留给自己吧"，并坚决否认自己曾有过创伤神经症是一种死亡的躯体表征的想法。一种可能的解释是，这是对费伦齐的一种冷漠和防御性的反应。弗洛伊德总是对将其他领域的研究纳入精神分析感兴趣。例如，他很高兴见到希梅尔写的关于战争神经症的著作（1921），但这主要是因为这本著作传达出了德国精神科医生当时逐渐吸纳了战争创伤的心源性观点的信息。换句话说，弗洛伊德的关注点更为学术化和务实，而不涉及临床分析和移情方面的考虑。

　　在 1919 年布达佩斯召开的国际精神分析大会的战争专题研讨会上，弗洛伊德介绍了关于战争创伤和战争神经症的基本精神分析观点，这一观点在 1921 年被公开发表，费伦齐与恩斯特·希梅尔等其他分析师也发表了论文，他们的观点与费伦齐的观点高度一致。希梅尔相对独立于弗洛伊德，因而更能聚焦于创伤本身。他明确表示反对采用限制性疗法来治疗战争神经症，并且认为那是一种"折磨"。对于采用催眠和心理疗法来治疗战争神经症，他保持谨慎态度，因为要想产生深度的人格改变，患者需要更全面、彻底的分析性治疗。希梅尔认为，战争性创伤事件与人格之间的相互联系是很奇妙的。他解释道，性欲必定在创伤性体验中有所体现，对于那些表现出急剧而原始的身体状态的情形更是如此。但是，一个人与权威人物及与战争创伤的关系是怎样的，这一点他也同样感兴趣。在一个令患者极端痛苦的案例中，他通过追溯发现，这个患者对于曾被掩埋的经历几乎完全不记得。他将被战友或长官支配的权力与导致自我身份崩溃的后果联系起来。另外，我们可能会注意到，当前创伤的焦点与作用于性格之上的驱力之间存在张力，这一张力与费伦齐从事的工作相似。和费伦齐一样，希梅尔带着对幸存者巨大的同情心来处理战争创伤。我们可以看到，他在战争期间的临床工作让他了解到特定条件下的创伤性恐惧感受，如噪声、泥浆、气温变化，以及上述所有匪夷所思的、难以忍受的无力感。

我重新关注费伦齐关于战争神经症的工作有很多原因。首先，他的工作指明了他后来的发展方向，可能是偏离弗洛伊德的道路，而不仅仅是针对性创伤这一主题。但我也想将这篇论文与费伦齐对精神病性过程的最初状态的兴趣，以及在一战阴影下共事的同事的工作联系在一起。战争为精神分析团体带来了各种不同的损失。在我看来，费伦齐在精神分析领域的贡献被抹杀，这不仅限制了他的影响力，也限制了许多战争年代的精神分析师的重要影响力。他们理应获得更深刻的聆听，本章的内容就是为了达到这个目标。

（本章由范娟翻译。）

· 注 释 ·

1. 本文的早期版本出现在《精神分析视角》2010 年第七卷第 1 期，并获得版权许可在此引用。

第 8 章

故事的另一面：
塞文与费伦齐的相互分析

彼得·L. 鲁德尼茨基

"相互分析的目的或许是为了找出在每一个关于婴儿期创伤的案例中重复出现的共同特点。"

——摘自费伦齐的《临床日记》

费伦齐式的经验

在学术方面，我们也有我们的奥尔法。因此，2013 年 12 月 16 日，当我正在努力为本书撰写一个主题时，我收到了一封题为"费伦齐的学生访问盖恩斯维尔"的电子邮件。它的作者凯蒂·梅格斯（Katy Meigs），一个生活在加利福尼亚州奥哈伊的作家和编辑，她提醒我，2012 年，我们在布达佩斯举办的桑德尔·费伦齐学会的会议上谈过，并询问我们是否可以在她去盖恩斯维尔看她女儿时碰面。一星期后，梅格斯女士出现在了我的办公室，她拿出了伊丽莎白·塞文的《自我的发现》一书的影印本，并让我留意从第 134 页开始的一个案例。我扫了一眼这本书（我必须承认我没读过），马上就确信了她的推测，"那必定是费伦齐……"。

发现塞文

自《临床日记》出版以来，塞文作为费伦齐实施相互分析实验的病人的重要性得到了广泛认可。迄今为止，人们对塞文生平的了解都要归功于福琼（1993），塞文也在马森（1984）、斯坦顿（Stanton，1991）、沃尔斯坦（1992）、拉赫曼（1997）和史密斯（Smith，1998）的著作中找到了拥护者。但是，这些作者要么依赖于塞文在费伦齐的《临床日记》中的"RN"形象，要么依赖于印象中的书本描述，这些内容不仅来自塞文的头两本书（1913，1917），也来自《自我的发现》一书（1933）——这本书是她与费伦齐关系的升华，这段关系从 1925 年她到达费伦齐那里开始，直到 1933 年 2 月才结束。史密斯（1998）在塞文早期的著作中出现的诸如"麻醉式抚慰"（anesthetizingly comforting）的措辞中，发现了塞文遭受性虐待和身体虐待的隐含内容，这与《自我的发现》中提到的概念"痊愈的深度"（depth of healing）形成鲜明对比，他也聚焦于塞文的"奥尔法"概念，将其作为对抗创伤的防御盾牌，但他认为，这一概念并没有传达出塞文的卓越成就的标志性品质。

《自我的发现》中包含着关于费伦齐和塞文的一段隐秘病史，当人们意识到这一点时，这本书立即成为精神分析史上不可或缺的材料，并成为《临床日记》不可或缺的姊妹篇。塞文第一次真正成为拥有自己的独立权利的主体，其全部著作都需要被彻底地重新评估。同样，《自我的发现》在辉煌的传统中占据了一席之地——从弗洛伊德和费伦齐一直延伸到霍妮和科胡特——他们都在采用隐蔽的自传体精神分析写作方式，同时也默默地使用来自同事的分析材料。与许多对同事进行临床分析的人不同，塞文坚持伦理准则以确保她的被分析者的知情同意权，并允许她的被分析者了解她是如何陈述他们的。

竞争遗产

布伦南（2014）在一项伟大的突破性研究中，确定了《临床日记》中的姓名代码所代表的八名主要患者的身份。除塞文外，这里还包括克拉拉·汤普森（Dm）和德·弗瑞斯特（Ett.）。人们如今对塞文的重新关注，使这三位难以对付的美国女性在多大程度上支持费伦齐的这一全新观点变得更为清晰（虽然她们三个人都游走于自我心理学霸权学派的边缘），这不仅源于她们的个性特征，也源于在布达佩斯与费伦齐度过的最后几年中她们之间的团体动力。

在这三位女性中，汤普森对费伦齐的态度最为挑剔。德·弗瑞斯特在《国际精神分析学报》（1942）上发表了关于费伦齐的第一篇论文，她认为分析师应该帮助患者"通过在情感层面重新体验创伤来戏剧性地面对创伤或创伤事件，不是在其原初情境中，而是在分析情境中被当成一个实际发生的部分来体验"，与此同时，汤普森提出了反驳性的观点（1943），她认为分析师应该把目标放在这样的前提下，即通过坚持"让患者与现实保持联系"的职责，来促使患者重温创伤体验，因此，在任何形式的双方互动情境中，分析师都绝对不应该"让患者相信分析师会真的被卷入其中"。

虽然汤普森并不赞同德·弗瑞斯特对费伦齐的激进观点的认同，但她仍然客气地、不带恨意地与德·弗瑞斯特进行辩论。这与她对塞文非常厌恶的态度截然相反。当弗洛姆为了反驳琼斯（1957）对兰克和费伦齐的精神正常的怀疑而收集相关证据时（1958），汤普森曾写信给弗洛姆说，塞文是"我所认识的人中最具破坏性的一个"，费伦齐"在受她折磨多年后才有勇气拒绝她"（Fortune，1993），她劝阻弗洛姆不要联系塞文。此外，1952年6月4日，汤普森在接受库尔特·艾斯勒的采访时贬低塞文是"比弗洛伊德更坏的母亲"，并称她是一个"偏执的荡妇"和"食肉猛禽"（Brennan，this volume）。

在《临床日记》的第一篇中，费伦齐（1932a）披露了汤普森童年时

"曾遭受父亲严重的性虐待"。但是，夏皮罗（Shapiro，1993）指出，汤普森在回到美国时并未提及虐待的事实及其对童年生活的影响"。夏皮罗提到了费伦齐在最后一篇日记中提到的问题，"每个个案都必须进行相互分析吗"，他评论汤普森"因为缺乏与我之间的相互分析而感到受伤"。

费伦齐提及的汤普森的性虐待病史，为费伦齐的叙述提供了一个背景，他写道，她通过亲吻他的放松技术，"让自己获得了越来越多的自由"，后来她还向"那些正在接受其他人分析的多名患者吹嘘'我可以被允许随心所欲地亲吻费伦齐爸爸'"。正如布伦南在本书中所提到的，在与汤普森交谈的患者中，有一个叫伊迪丝·杰克逊的，她正在接受弗洛伊德的分析，弗洛伊德正是通过这一途径听说了费伦齐所谓的"亲吻技术"，他对此予以谴责，并带领正统分析师，如反驳弗洛姆的阿洛（Arlow，1958），将费伦齐的技术革新草率地认定为"非精神分析"。因此，这不仅间接地加剧了费伦齐和弗洛伊德之间的冲突，还导致了费伦齐在逝世后的声誉受损，这一点汤普森是负有责任的。

在汤普森去世后被发表的手稿（只有部分被发表）《费伦齐的放松疗法》（*Ferenczi's Relaxation Method*，1933）中，我们找到了确凿的证据证明费伦齐放纵汤普森的行为并非源于他的任何色情欲望。汤普森在手稿中写道，一个女人"在一座迂腐闭塞的小镇中长大"，"因童年期与一些男孩有染而被排斥"，在她的分析治疗中，重要的不仅是"谈论自己的身体是否被分析师厌恶，还要获得验证"。因此，分析师鼓励她"尝试自然地表达自己的感受"，这使得她"需要不止一次地亲吻分析师，并且要在分析师对自己的退行程度有所觉察之前，从她那里接收到温暖、友善和爱抚（而不仅仅是被动）"。

在汤普森的个案报告中，患者和分析师似乎都是女性，她声称如果分析师是男性，她不确定这样的程序是否要有所不同。但是，从已知的汤普森的生活及她在分析期间的行为中我们可以明显看出，她通过讲述与费伦齐的经历来不断地证明，"除了那些很正式的方式之外，不接触病人的技术可能很容易被当成童年期经历的持续性再体验，其导致的结果是，永远不可能实现一种体验性宣泄和态度转变的效果"。

尽管汤普森已经含蓄地承认了费伦齐的价值，但可以肯定的是，她从费伦齐的治疗中并没有获得她所需要的东西。这种失望的痛苦必然会加剧汤普森对塞文的厌恶，因为塞文像对费伦齐施了魔法一样，占据了费伦齐大部分的时间和情感能量，并促使费伦齐与其实施相互分析的实验，而这样的相互分析是汤普森一直热切期盼的。

相互性、边缘性、宽容性

与汤普森一样，在《临床日记》中，塞文一直占据着费伦齐（1932a）的思想。他与汤普森未完成的事情，在塞文那里完成了。在日记的开篇，费伦齐就提到，只有在她的案例中，"自我精神内容的交流才能发展成一种相互分析的形式，作为分析师的我也从中获得了很多东西"。同时，在日记的结尾，他不仅记录了塞文的希望，即"他们之间的合作将留下的"是"对相互成就的一次互惠的'高尚'认同"，而且记录了他自己所获得的成就感——"通过重复她父亲的罪恶，我把 RN 从痛苦的折磨中解救出来，并且我承认，我也从中获得了宽恕"。

从 1952 年 12 月 20 日艾斯勒对塞文的采访中，费伦齐坚信他"把 RN 从痛苦的折磨中解救出来"这一点得到了佐证。虽然塞文（1952）可能并不知道汤普森对费伦齐说了什么，但对于费伦齐"放弃"对她进行分析这一说法，她提出了疑问并宣称，经过一年的相互分析，她和费伦齐都无法继续承受下去，"我感到精疲力竭，身无分文，接近崩溃，因此，我靠纯粹的意志力最终努力逃离了布达佩斯"。她一再重申，"这是我在那里接受分析的最后一年，最终它帮助我站了起来，你看到了，我与他断开了联系"。

塞文除了提供结束分析的另一种解释以外，还表现出了对汤普森的宽宏大量，这与汤普森对她的谩骂形成了鲜明对比。关于相互分析的费用设置问题，塞文解释道，费伦齐既没有向她付费，也没有向她收取费用。除了减免她长期积累的欠款外，费伦齐还分析了一位富有的、嫁给了匈牙利伯爵的美国女性，他说服这位曾是塞文病人的女士借给或送给塞文数百美元，塞文觉得这"非常侮辱人"，但后来他告诉塞文，他一直没有向这位女士收取费用。"而与此同时，"塞文告诉艾斯勒，"他向一名靠自己谋生的年轻女分析师收取费用。我觉得这很不公平。伯爵夫人能够支付费用，但另一位女士却付费困难。他也这么认为，却并没有那样做。"

基于布伦南的发现（Brennan，2014），我们知道了嫁给匈牙利伯爵的富有女士名叫哈里奥特·赛格蕊（Harriot Sigray）（S.I.），经济困难的分析师正是汤普森，虽然塞文表现得机智且节制，并未对这一关系中的汤普森指名道姓。汤普森肯定已经意识到，费伦齐不仅给塞文进行分析，而且不向塞文和赛格蕊收费，而她本人却要支付分析费用。这些不平等的待遇让已被排除在相互分析之外的汤普森倍感屈辱，同时也加剧了她对费伦齐的怨恨和对塞文的仇视。

费伦齐去世后，汤普森得到了费伦齐妻子的确认，"他经常跟他的妻子说我是他最好的学生"（Brennan，this volume），但这并没有让她觉得能走进费伦齐的内心深处。因此，令人感到费解的是，在外界看来，汤普森似乎是费伦齐在美国"最好的学生"，而塞文处于最偏远的边缘地带，这与从内部看到的事实恰恰相反。费伦齐在 1930 年 12 月 21 日写给果代克的信中提到，他每天有四五个小时花在他的"主要病人"——"女王"塞文身上（Fortune，2002），而同时汤普森内心怀有一种被小瞧的自卑情结。鉴于塞文与费伦齐的非同寻常的亲密关系，"与塞文相比，汤普森对费伦齐生命中的亲密关系的内情更加熟悉"这一说法（Brennan，this volume）似乎变成了一种毫无根据的臆测，这是由塞文的闭口不谈，以及她对《自我的发现》一书中关于费伦齐的个案史并不熟悉导致的。尽管塞文的女儿玛格丽特回忆道，在缺乏任何学术基础的情况下，作为一位女性的塞文，"没有朋友或同事，只有病人"（Fortune，1993），塞文（1933）对费伦齐的理解要比任何人都更深刻。当然，她在"精神-灵知"的支撑下，比汤普森或德·弗瑞斯特更能理解费伦齐的神秘主义倾向，或者果代克在费伦齐去世后给吉泽拉·费伦齐的一封信中所说的"升入星空"（Fortune，2002）。

塞文的精神分析过程

塞文在与费伦齐自 1925 年开始的八年分析期间，已经出版了两本与弗洛伊德及其思想相关的著作，并且一直把自己当成一名精神分析从业者。她还告诉艾斯勒，她之前曾试图接受史密斯·伊利·杰利夫（Smith Ely Jelliffe）、约瑟·阿希（Joseph Asch）和奥托·兰克的分析。因此，《自我的发现》（1933）不仅是她与费伦齐之间的经历的提炼，也是她长期浸润于精神分析文化的硕果。她对精神分析的理解的深度、对未来趋势的预测，以及所发表评论的中肯性，都可以在少数引文中被收集到。她首先向弗洛伊德表示敬意："真相是，有相当多的内心活动在积极地运行着，却完全不被意识自我所感知……将不可见的东西提升为可见的东西，是一项宏伟的工作，这让弗洛伊德在人类科学家和人类施恩者中享有相当卓越的地位。"

虽然塞文承认弗洛伊德是毫无争议的学术起点，但她强调的是，孩子的内心对环境影响的可渗透性明确表明了关于关系性思维的一条基本原则："很少有人能意识到孩子的内心是多么敏感，尤其是在孩子处于无意识状态的几年里——通常是 3 岁以内——他要从环境中持续不断地接收他人的词汇、动作和行为（我相信也包含想法）。"她针对一名偷钱和渴求甜食的男孩的讨论，必定会引起熟悉温尼科特的当代读者对反社会倾向的关注："这些也说明了他没有从母亲那里获得足够的爱，愤怒爆发是他针对被剥夺感来表达无意识愤怒的一种具有积极意义的症状。"温尼科特和科胡特与塞文的观点不谋而合：分析师应该"为患者提供他早年缺失的心理环境，或者不会强迫患者去寻求某种他现正在寻求的帮助"。科胡特特别赞赏她的见识，即患者需要"无穷无尽的理解和共情，正如德文中所说的那样，这是对患者及其问题的一种'神入'或认同，无论问题可能是什么"。

除了这些有先见之明的理论洞察以外，塞文还审慎而明智地评估了"精神分析的局限性"。正如费伦齐在《临床日记》（1932a）中批判弗洛伊德"过早地将'教育'阶段"引入分析那样，塞文也（1933）强调"分析性关系应该是除教学关系之外的任何一种关系"。塞文在（1952）与艾斯勒的会谈中提到，在1929年她与弗洛伊德的三次会面的第二次会面中，她表达了她的看法，即弗洛伊德早期的学生"并没有获得彻底的分析"，因为"他们是以一种理智的方式被分析的"，但是，"这种局限性对弗洛伊德来说似乎并不是一种不足"。在费伦齐的精神世界中，他认为塞文完全拥护他关于灵活性、机智和谦逊的品格（1933）："在我看来，对精神分析最大的阻碍就是它的刻板性。作为一种系统性和观察性的方法，在其针对患者的个人应用方面，精神分析缺乏灵活性和人性。"塞文补充道，"在这个过程中，分析师必须非常机智"，而患者应该有权力"说出自己认为分析师犯错的想法，因为分析师这个人对患者来说是一个权威角色"。

战线

1933年5月29日，即费伦齐去世一周后，弗洛伊德在一封写给琼斯的信中指控费伦齐在他自己的"技术革新"中已经成为"精神堕落"的牺牲品，弗洛伊德抱着最匪夷所思的想法，将矛头直指一位"可疑的美国女人"：

> 她离开后，费伦齐相信她横跨海洋通过振动影响了他，并说她分析了他，从而拯救了他。（费伦齐因此扮演了两个角色，母亲和孩子。）她似乎已经制造了一个幻想性谎言癖患者；他相信她经历过最奇怪的童年期创伤，

然后他就此与我们争辩。在这种混乱中，他曾经出色的才智已经烟消云散了（Paskauskas，1993）。

在弗洛伊德看来，塞文是一个强迫性谎言家，而费伦齐愿意相信她"最奇怪的童年期创伤"的报告，是他丧失心智的一种症状。因此弗洛伊德恶毒地谴责塞文，称她是费伦齐的"邪恶天才"（Jones，1957）——他曾用这个绰号来声讨德国精神病学家阿尔弗雷德·霍奇（Alfred Hoche，1914），阿尔弗雷德·霍奇早期曾将新生的精神分析运动攻击为某种教派，弗洛伊德认为这是一种源自笛卡尔的恐惧，是在他的梦中试图引诱他的一个怀有恶意的骗子（Frued，1929）。

塞文在《自我的发现》中为费伦齐恢复弗洛伊德的"诱惑理论"提供了强有力的辩护（1933）：

创伤作为神经症的一个明确且几乎普遍存在的起因，其重要性是费伦齐首先让我铭记在心的，他对此有深入的探索，并且已经发现它几乎存在于他所有的个案中。因此他将创伤这个曾被弗洛伊德在更早期提出的观点复活并赋予了新的价值，弗洛伊德后来抛弃了这一观点，认为这是一种"幻想"……但是，经验向我证实，病人并没有"虚构"，而是在诉说真相，即使是以扭曲的、变形的形式；除此之外，他所诉说的大多是一种他在年幼无助时所遭受的严重且特别的伤害。

从创伤经历的现实性这一前提出发，我们可以推导出这样的观点，即"情绪性回忆和再现"是"成功分析的必要条件"。塞文继续说道：

这是我与费伦齐在长期的分析过程中找到的一个重要方法——这种方法使患者能够在分析师的戏剧性参与下，重新体验过去的创伤事件。

人们通常认为，在心理上再次回忆这些创伤事件已经足够，但对于每一个个案，创伤事件最初之所以有害，是因为人们对事件的震惊和其他心理反应……所产生的情绪具有某种性质或程度，导致事件无法被吸收、被同化，而这种感受特性必须被复原和被再次体验，才能产生信念并通过重构得以释放。

或者如塞文的名言警句所述："他们所称的'幻觉'，是一种在无意识中仍保持活力的记忆，此时此刻，或许也是第一次，它被投射到我们可以看到它的客观世界中。"

费伦齐的个案

按照福琼的说法（1994），塞文在《自我的发现》中"并没有提及相互分析，也很少提到费伦齐"。但是，塞文告诉她的女儿，费伦齐要求她不要透露他们进行了相互分析（Fortune，1994），而在她与艾斯勒会谈的附录中，她证实《自我的发现》"在某种程度上替代了费伦齐与我合著一本科学质量更高的著作的计划"（1952），"他在我委托并同意出版之前，也看过这本书的手稿"。因此，在尊重费伦齐意愿的同时，塞文这本书不仅是相互分析的经历的总结，而且是一本在费伦齐去世前得到他祝福的"合著书"，其中费伦齐的精神贯穿始终。

费伦齐的个案史出现在这本书的第 5 章"噩梦是真实的"，它是塞文著作的临床核心部分。塞文（1933）将她的病人描述为"一个道德高尚且智力超群的人，有着相当平衡的人生观和极其平和的处世方式。他受多种躯体症状的困扰，这大多归因于躯体原因"，他也处于"一种与其健康状况有关的持续性抑郁状态"。塞文认为，分析不仅揭示了"一幅足以解释躯体状况恶化的明确的临床心理学图景"，还揭示了"一个清晰的精神病轮廓"。塞文坚信，"这个病人并不像他自己和其他人以前想象的那样，是一个协调的且适应良好的人"。

几十年来，费伦齐一直担心自己的健康状况，到 1932 年时，他处于一种"身体恶化的状态"，他在《临床日记》（1932a）中将此归因于被弗洛伊德的"冷漠权力践踏在脚下"的愿望，"这是一种明确的心理临床症状"。塞文最初认为她的"病人"是"一个非常协调的"且拥有"一种极其平和的处世方式"的人，这与费伦齐的说法是一致的，他描述了自己是如何被弗洛伊德教导成一个"冷静的、不表达情绪的储存器"和"一个镇定自若且知识渊博的确认者"。在塞文针对费伦齐内心唤起的"厌恶"和"担忧"的描述中，费伦齐承认，"我似乎已经假定，或许是无意识地认为，我对我无畏的男子气概产生优越感的态度，是被部分用来对抗焦虑的一种防御措施，而病人对此信以为真，把这当成一种有意识的专业姿态"。尽管塞文认为费伦齐的"精神病"归因说法看似极端，但是费伦齐的声明却证实了这一点，"针对我自己的情感空虚所做的精神分析性洞察，被过度补偿所掩盖（压抑-无意识-精神病），导致我将自己诊断为精神分裂症"。

费伦齐"无畏的男子气概"的表象在他的分析中崩塌了，正如塞文所描述的（1933），他的"精神病"是在"无意中发作的"："有一天，他突然对我说起斯特林堡（Strindberg）的戏剧《父亲》（*The Father*），并且几乎立刻把自己变成了那个疯掉的儿子。他陷入崩溃中，饱含泪水地问我，在他被抛弃并被送进精神病院以后，我是否还会偶尔仁慈地想起他。"塞文说，她的病人"明显预期会在那时被送走"。他补充道，"带着极度的哀伤，'当我们不得不穿上约束衣时，我们更希望这一切由我们的母亲来完成'"。她详细地解释道："由此我便明白，当他预期他的母亲将他送走时，他正在重新经历一次严重的创伤。"

通过叙述费伦齐对在母亲的手底下遭受的"严重创伤"的"情绪性回忆和再现"，以及"在分析师的戏剧性参与的帮助下"，塞文填补了费伦齐在《临床日记》中所描述的轮廓（1932a），即如何"使用 RN 的表达模式：在 RN 那里，我再次找到了我的母亲，即真正的母亲，她很严厉且精力充沛，我很害怕她"。按照塞文的观点（1933）："我们已经知道这个故事的一些细节，他的母亲是一个愤怒且歇斯底里的女人，经常责骂和威胁她的孩子，特别是会因为一个特定事件苛责和辱骂孩子，这使他感觉要彻底疯掉了，并被烙上了重刑犯的烙印。"这一"事件"可能指的是费伦齐"大约3岁时"因与他的妹妹吉塞拉"相互抚摸"而被他的母亲"用菜刀威胁"，他曾在 1912 年 12 月 26 日写给弗洛伊德的信中坦白了这一事件（Brabant，Falzeder and Giampieri-Deutsch，1993）。但是，弗洛伊德并不鼓励费伦齐超越理智的记忆并转向情绪宣泄，而费伦齐与塞文一起（Severn，1933），"针对这一痛苦场景的一部分进行了分析并得到了意外的重现"，这使他能够"首次将这一创伤所导致的精神错乱确认为他自己身上的一种鲜活事实；这就是创伤得以消解的开始"。

在陈述了费伦齐遭受的原始创伤后，塞文接着叙述了"另一个与母亲相关的严重创伤"，即"成年人对孩子的敏感性实施肆无忌惮的攻击，这对孩子的心理完整性及其后续的健康造成了毁灭性的破坏"。在这一案例中，"他是一个 6 岁的男孩，他的保姆是一个侵犯者，一个风骚艳丽的年轻女性，为了满足自己的性欲，她引诱男孩，处心积虑地强迫他代替成年性伴侣"。在《临床日记》中（1932a），费伦齐通过回忆他在相互分析中的"婴儿体验的重现"，证实了塞文的叙述，特别是与一个女仆在一起的"激情场景"，"她很可能允许我触碰她身体的私密部位，这让我感到很害怕，好像要窒息了一样"。费伦齐认为，这一创伤是他"憎恨女性"的根源，导致他不仅感到杀人般的愤怒，而且"对最细微的过失产生过分的愧疚反应"。

塞文（1933）完整地叙述了她分析的个案的病史，她观察到，这个孩子"在遭遇这样的情感暴力时感到恐惧、震惊且备受打击，但同时他处于一种'被诱惑'的真实感受中，因而突然变得过度早熟，他的体内被激发出一种超出了他的年龄和能力范围的欲望，这种欲望一直持续成为一个不变的刺激因素，并呈现出一种不断重复这种经历的倾向"。因此，费伦齐成了一个"聪明的孩子"，正如他在《言语的迷惑》中所阐述的那样，他不仅表现出了由创伤导致的"过早成熟"（1932b），还经历了"成年人内疚感的内摄"，这是遭受此类折磨所付出的进一步的代价。或者，正如塞文（1933）所指出的，孩子通常"因太过震惊而无法意识到成年人对他犯下的罪行的严重性"，因此他更容易"觉得自己才是那个有罪的人"。塞文总结道，她的病人费伦齐在遭受了"他所说的碎片化"以后，"仍保留了理智"并通过"他所说的碎片化"重新建立了"创伤后看似正常的与生活的关系"。换句话说，他从他的"内心"中"清除了整个事件及他自己的愤怒"，尽管"被破坏的部分仍然持续存在，从空间上被置于他的外部：可以这样说，我们必须在某个地方'抓住'它，它才有可能被恢复"。

通过这种"奇特的补偿机制"，作为塞文病人的这个孩子"成长为一个具有非凡智慧、平衡且乐于助人的人"，尽管他为此"付出了某些代价"。塞文悲伤且无奈地指出："读者可以想象得到，在他人生的大部分时间里，快乐和健康都被剥夺了，而直到这种创伤发生的 50 年后，它才被观察到并得以治疗。"

作为儿子的父亲

斯特林堡的《父亲》（1887）这个名字颇具讽刺意味，因为这个上尉、军官和自由思想家，最初似乎以"无畏的男子气概"主宰着一个满是女性的家庭，后来他开始纠结于自己是不是女儿伯莎的父亲。与妻子劳拉的冲突导致他出现了退行，在这种退行中劳拉承担了一个母亲的角色："哭吧，我的孩子，这样你的母亲就会再次回到你的身边。你还记得吗？我起初是作为你的第二个母亲进入你的生活的……你是一个巨婴，一个早产儿，或者说你可能是不受欢迎的。"上尉确认道："我的父亲和母亲根本不想要孩子；因此我生来就没有我自己的意志。"

斯特林堡概括了费伦齐在《不受欢迎的孩子和他的死本能》（1929）一文中描述的这种综合征，以及伴随创伤而来的"早熟"表现。斯特林堡的妻子劳拉计划宣布丈夫精神失常，并把他送进精神病院，她那个当牧师的哥哥称这一计划是"一起钻法律空子的谋杀"（Strindberg，1887）。当毫无防备的上尉被他幼时的奶妈玛格丽特（Margaret）穿上约束衣时，她提醒他："还记得你还是我可爱的小宝宝时，我曾在晚上抱着你，为你读'上帝温柔地爱着小宝宝'吗？"当上尉被束缚后，他便冲所有被他视作"死敌"的女人大发雷霆，但很快他就瘫倒在玛格丽特的胸前：

> "让我把头放在你的腿上。就这样！太温暖和美妙了！靠过来，好让我挨着你的胸口！啊，在女人的怀里睡觉可真舒服，不论是在母亲的怀里还是在爱人的怀里，但最舒服的还是在母亲的怀里（与原文相比有省略）！"

剧终时，上尉哀号道"男人是没有孩子的，只有女人才生孩子"，之后便中风倒地。大夫摸着他的脉搏说，"他还可以醒过来……但是以什么方式醒过来，我们就不知道了"（与原文相比有省略）。

通过揭示费伦齐对斯特林堡上尉这一戏剧人物的认同，塞文为我们进入费伦齐的精神世界打开了一扇窗。令人震撼的是，她竟然如此写道："有一天，他突然跟我谈论斯特林堡的戏剧《父亲》，并且几乎立刻把自己变成了那个疯掉的儿子。"因为这部戏剧的症结点就在于父亲是"疯掉的儿子"，所以在心理上他根本不是一个父亲。当然，费伦齐只有继子女，因此正好与上尉的悲惨命运相契合。同样令人震撼的是，费伦齐如此对塞文说："当我们不得不穿上约束衣时，我们更希望这一切由我们的母亲来完成"，因为在剧中，约束衣并不是由上尉的母亲，而是由他的奶妈给他穿上的。但是上尉把奶妈玛格丽特与他的母亲混为一谈，所以在塞文对费伦齐的分析中，他重新经历的童年期创伤也是由母亲和他的奶妈两个人造成的。正如我们在《临床日记》中读到的那样，当费伦齐思忖着如何抵抗得住相互分析时（1932a），他想象塞文会带着一种称得上是瑞典剧作家的凶狠方式来加以回应："你的内心不能保留一点儿秘密，难道这不是你在分析中特有的性格弱点吗？……你感到良心不安，好像犯错了一样，你必须跑到你的母亲或妻子面前，就像一个小男孩或顺从的丈夫一样，去坦白一切来获得宽恕！"

塞文对自己的分析

一个不亚于费伦齐的个案史得出了结论"噩梦是真实的"。塞文将其描述为"这是我工作的一个长程个案"（1933），她是"一位智力超群、思维活跃的中年女性"，隐藏了她的"内部瓦解"，但同时她又是"一个重病的女人，凭借超人的意志持续着必要的生活"。

这其实就是塞文本人，她呈现了她与费伦齐的分析过程，就好像她是她自己的一个病人一样。"分析揭示了一个惊人的故事，讲述了她在 12 岁以前几乎完全不记得的事情"，在此期间，病人遭受了"一个来自残忍狡黠的和秘密犯罪的父亲"的"令人难以置信的虐待"，伴随着"一个愚蠢且被奴役的母亲对所发生的一切的视而不见"。据透露，父亲"在针对其女儿的最后一次剧烈的暴力危机之后离家出走，显然他对女儿因不断积累的打击而丧失了所有记忆感到心满意足"。

所有这些细节在《临床日记》中都有详细描述。费伦齐（1932a）讲述了 RN "在 11 岁半时因巨大的打击"的影响"而被分裂成三个部分"的过程。塞文对她与"罪犯"父亲和故意视而不见的母亲之间关系的分析，在费伦齐的书中得到了印证，"最令人恐惧的是，父亲的威胁与伴随的母亲的疏离和遗弃这两个后果同时发生了"。塞文强调（1933），"我们发现持续使用麻醉药品也是对孩子施加虐待的一部分"，正如费伦齐评论（1932a）的，RN "认为麻醉药品被用于一种可怕的暴力行为……被麻醉就是让一个人的躯体暂时发生分裂：不是在对我这个人实施手术，而是对我过去的身体实施手术"。

虽然塞文并没有透露她犯过谋杀罪（1933），但这个主题在她的梦里很显眼。她报告说，她的"病人"有"一个名为'这就是被谋杀的感觉'的梦"，在梦里，被父亲虐待的场景反复出现。她观察到，"我们经历了将这一场景视为幻想的阶段"，"但是伴随着每次表现出的情绪的次数和强烈程度，我们最终都确信这是一个历史事实"。她在自己接受费伦齐的分析时所叙述的内容的基础上，加上了费伦齐的告诫来予以补充（1932a），"如果作为这些事件的唯一见证者的分析师仍坚持其纯理性态度，病人则无法相信这一事件真的发生过，或者不能完全相信"。因此，分析师应该选择"与病人一起进入过去的那段时间（弗洛伊德曾责备我，因为这是不被允许的），这样才能让我们自己和病人相信这就是真正的现实"。

塞文让我们明白了（1933），病人通过"碎片化机制"，让自己"真正经受住了反复出现的虐待的打击"，其导致的结果是，"逐渐出现了至少三个有鲜明的和清晰的特点的人"。正如我们所看到的，费伦齐发现 RN 在她 12 岁时经历了"最后那次巨大的打击"后，"已经分裂成了三个部分"。塞文在一个梦中呈现出碎片化的表现，她在钢琴上随着另一个女孩（另一个她）演奏的音乐跳舞的画面，虽然"这两个女孩都很活跃，但同时她们都死了，病人在睡梦中也感觉自己死了"。在分析过程中，"病人最终认识到这两个女孩同时都是她自己。"费伦齐在《临床日记》中提到了 RN（1932a）："频繁重复出现的梦：通过完成对梦的分析，她发现梦中出现的两三个人甚至多个人，代表了她人格的几个部分。"

除了她的钢琴梦境，塞文还有另外一个关于"双重人"的梦（1933），"我参加了自己的葬礼"。对弗洛伊德所称的"没有人会梦到自己的死亡"这一观点，塞文反驳道，"完全有可能的是，一个人在精神上被'杀死了'，或者他的某一部分被杀死了，但同时他仍继续在肉体中活着"。事实上，在她自己的案例中，"病人在表达时，并不能回忆起太多早期经历过的精神灾难，确切地说，在那个时刻真正发生的事情要在她的内心被铭记才行"。在费伦齐关于创伤理论起源的一个经验性描述中，塞文在她的梦中重温的"只不过是对她自身的一个不可或缺的被破坏的部分或丧失的部分的一种识别，同时另一部分足以从当前的精神环境中被移除，来观察正在发生的事情，并因此而承受痛苦"。

最后，塞文关注了"另一个具有启发性的梦"，梦显示出了"她在心灵受到攻击时保持自我的丰富资源"。她引用了一个梦作为说明，"孩子的生命是受魔法保护的"。在此，她把自己的一部分称为"智力"，正如费伦齐的个案中所体现的那样，"作为对所遭受创伤的补偿，智力已经发展到非同寻常的程度，在她的身心遭受父亲的恶行时，智力就像救死扶伤的天使一般降临来照料孩子"。塞文继续解释道，"智力"具有"'魔法般的能力'，很早就出现在孩子的生活中，并像母亲一样持续地照护着孩子，给予她一种精神寄托，使她得以抵挡命运降临给她的精神和躯体上的摧残"。

要了解塞文所称的"智力"这一概念，我们必须参照《临床日记》中的描述：

> 患者 RN 甚至想象，在经历重要创伤时，她可以借助无所不能的智力——奥尔法，搜遍整个宇宙来寻求帮助……因此，我推测她的奥尔法已经追寻到我，因为我是世界上唯一一个因我特殊的个人命运而能够且愿意弥补她所受到的伤害的人（Ferenczi，1932a）。

对许多人来说，认识到"相信这种'确认'似乎是离奇的，就如同我所认为的那样，所有的梦都是'真实的'，只不过是我们过去的鬼魂"。塞文（1933）主张，这与"生理学家在躯体方面所了解到的补偿和适应过程是相同的"，而从更高的层面看，这是"一种无意识智力表现（朝向'好的'和'健康的'的发展趋势），一种明显贯穿于整个自然界的治愈倾向"。

灵魂伴侣

在《临床日记》中，费伦齐提到了塞文的一个"梦的片断"（1932a），一个"干瘪的乳房"被强行塞进她的嘴里，此外她还把这个梦视为"被分析者和分析师的精神世界的无意识内容的混合"。如果费伦齐最初给塞文的印象是一位"平和的、适应良好的人"，那么塞文给费伦齐的印象就是冷漠和令人生畏的，但是两个躯壳里都包裹着遭受过严重创伤的灵魂，它们都在寻求治愈和救赎。作为孩子，他们俩都曾以实际的或象征的形式经历过谋杀，这导致他们都在"精神上"被杀死了，尽管他们也被赋予了非凡的天赋。费伦齐引用了塞文关于"两个分析的综合结果"的总结："你最大的创伤是生殖能力的损毁，而我的情况更糟：我看到，我的生命被一个疯狂的罪犯给摧毁了。"

费伦齐重新阐述了他和塞文是如何发现相互分析这种方式的。最初，"这个女'患者'不知为什么，根本无法相信这个男人"。但是，当这个男人发现"他在童年期对母亲的仇恨几乎大到想要去弑母"时，这位"女分析师"通过帮助他看到"为了拯救他的母亲，这个'患者'阉割了自己"，而向深推进了这一分析过程。仅仅通过他在与塞文的移情中的重演卷入（re-enacted），费伦齐就挖掘出了他的"生殖能力毁损"的根源"：

> 这个男人的全部力比多似乎都已经转换成了仇恨，而事实上要消除仇恨就意味着自我湮灭。在他与这个女分析师的朋友关系中，"他在婴儿忧郁的原初阶段（statu nascendi）的内疚感和自我毁灭的根源可能就被识别出来了"。

费伦齐的治疗过程的概念化，被应用于塞文对他的分析，以及他对他自己的患者的分析工作，尽管分析师"会尽可能地拿出友善且放松的方式来工作，但是迟早会有一个时刻，他将不得不亲手重复患者之前遭受过的谋杀行为"。

只有当费伦齐允许塞文分析自己时，对塞文的分析才有可能取得进展："第一个朝向患者获得确信的真实进展，会在分析师接受相当系统的分析基础之上，与一些真切的和有情感色彩的片段相连接时出现。"费伦齐将塞文的"干瘪的乳房"之梦与"他自己在婴儿期和女仆的事件"联系起来并做出回应。由于他们俩给予彼此的帮助，费伦齐"第一次能够将情绪与上述原始事件联系起来，从而赋予该事件以真实体验的感受"，与此同时，塞文也成功地"获得了看透这些事件真实本质的超出以往的更敏锐的洞察力，而这些事件曾在一个智力水平上经常被不断地重复"。在两个人过去相互分隔的地方，"这两半儿似乎结合在一起形成了一个完整的灵魂"。

结束语

"（他）说，她分析了他，因而拯救了他（他因此扮演了两个角色，母亲和孩子）。"

（本章由范娟翻译。）

· 注　释 ·

1. 本文的修订版本和增补版本——包括塞文生平的概述和她头两本书的综述——放在了《自我的发现》的导言部分，并在劳特利奇出版社的《关系性视角系列丛书》中出版。我对塞文和汤普森的关系的讨论，同样是我在阅读了艾斯勒对汤普森的采访的完整文本后，重新进行修订的。最后，我的研究表明，塞文的"噩梦是真实的"一章，也包含了她分析自己的女儿玛格丽特的案例，这种将塞文童年期遭受性虐待的经历置于一个代际背景下来考虑的形式，能让我们从另一个角度来研究相互分析的变迁。

第 9 章
弗洛伊德和费伦齐：
在巴勒莫漂泊的犹太人[1]

刘易斯·阿隆和凯伦·斯塔尔

弗洛伊德和费伦齐是非常亲密的朋友和旅伴，他们作为到处漂泊的犹太人，多年来会定期一起旅行和休假。在最近的书中（Aron and Starr，2013），我们审视了他们两个人在精神分析历史上存在的疑惑点，尤其是弗洛伊德在犹太种族身份与德国文化身份的两难十字路上的"最佳边缘"位置。作为弗洛伊德的朋友和同事，费伦齐也同样面临着犹太启蒙运动背景下的这种分裂身份。如同大多数早期分析师一样，弗洛伊德和费伦齐都经历了移民、文化适应和同化的部分传统（Eros，2004）。他们都来自从东欧移民到西欧、从小镇移民到国际大都市的犹太家族。医学领域的工作，尤其是私人执业，是实现向上流动且独立于机构的自由职业之一，因为当时很多机构并不接受犹太人。

第一次世界大战之前，生活在奥匈帝国的犹太人对国家非常忠诚。在奥地利，被西化的犹太人在多个学科领域占据重要位置，他们在语言、文化和教育上以德国人自居，在政治忠诚上把自己视为奥地利人，但在种族、民族和信仰上是犹太人。而在匈牙利，犹太人则被更彻底地同化，或者说是被"马扎尔化"，成为奥地利的马扎尔人。他们认同自己为匈牙利人，同时使用匈牙利语、德语和依地语（犹太人的语言）（Rozenblit，2001）。在弗洛伊德和费伦齐的通信中，我们能够发现很多依地语的用词，例如，费伦齐（1915）在描述他的理论时用到了"所有力比多都是基于'愉悦感'（na-chas）而产生的"。接下来，我们将探索弗洛伊德和费伦齐这两位犹太启蒙运动人物之间的私人关系和职业关系——朋友、同事和分析伙伴——他们各自在反犹太和恐同文化的背景下产生的独特反应，极大程度地塑造了他们之间的动力学关系。

桑德尔·费伦齐：不断进步的犹太启蒙人士

费伦齐生于 1873 年 7 月 7 日，在家中存活下来的 11 个孩子中，他排行第 8。费伦齐的父亲巴鲁克·弗兰克尔（Baruch Frankel）是从波兰移民过来的，随着东欧犹太人因躲避反犹太主义而大规模迁移，他也移民至匈牙利。1830 年出生于克拉科的他，与弗洛伊德的父亲有着相同的社会文化背景。由于政治氛围的变化，巴鲁克·弗兰克尔最终更名为伯纳特·费伦齐（Bernat Ferenczi）经历了一个过程。18 岁时，他参加了反对奥地利统治的匈牙利起义暴动。当时，匈牙利的犹太人已经受到严重歧视，被视为下等人，其中以位于布达城和佩斯城的德国互助会尤为严重；因此，几乎所有犹太人都从 1848 年开始被当作马扎尔人。当时，马扎尔人中的自由党派欢迎犹太人的同化，因为他们需要更多的人口来移居匈牙利王国（Lukacs，1988）。这场暴动一直被镇压到 1867—1868 年，最后匈牙利获得了独立，犹太人得到了解放。伯纳特·弗兰克尔（Bernat Frankel）因此获得了一个新的匈牙利贵族荣誉——以"y"为结尾的名字费伦茨奇（Ferenczy）。作为一个自由民主主义人士，他拒绝了这个象征地位的荣誉，并在 1879 年改为更平民化的名字费伦茨（Ferenci）。之后他又在名字上加上了字母"z"，变成了费伦齐（Fortune，2002）。

第 9 章　弗洛伊德和费伦齐：在巴勒莫漂泊的犹太人　**163**

1900 年，布达佩斯在当时已经成为拥有超过 20% 的犹太人人口、40%
左右的犹太选民的繁荣大都市，犹太人在经济、商业和文化的影响力甚至
比其人口数量所体现的影响力还要大。随着人口数量和各方面影响力的增
加，匈牙利人中的犹太人与非犹太人之间的联盟破裂了，一种新的现代自
由派反犹太主义开始掌权，这种思潮是民粹主义和民主主义的，不是宗教
的，而是关乎种族的，其目标是那些已经拥有了权力、成功和影响力的被
同化的和虔诚的犹太人（Lukacs，1988）。这就是费伦齐在成年后生活和工
作的布达佩斯。正如我们将要看到的，在 1918—1920 年，奥匈帝国解体，
战前时代的社会政治崩溃了。这是弗洛伊德和费伦齐的反犹太主义经历的
重要历史性差别。在维也纳，承诺犹太人彻底解放和参与德国文化的自由
党政治派别崩盘的时间，要比在匈牙利早得多。随着 1897 年卡尔·鲁伊格
（Karl Lueger）上台，尤其是在第一次世界大战以后，弗洛伊德更早地对犹
太人的未来生活失去了幻想。相反，在匈牙利，尽管民众对犹太人的憎恶
越来越严重，但直到 1919—1920 年，匈牙利的政治氛围仍是自由主义的。
鲁伊格和基督教社会党在维也纳掌权时，布达佩斯有一位犹太人市长任职。
鲁伊格在提到布达佩斯时用贬损的"犹达佩斯"作为称呼（Lukacs，1988）。
在维也纳反犹后的很长一段时间里，匈牙利犹太人仍继续寻求解放和融入
匈牙利社会（Sziklai，2009）。此时的费伦齐依然在做"犹太信仰的匈牙利
人"的幻想中彷徨（Ferenczi，1919），而弗洛伊德早已丢弃了类似的幻想。

巴鲁克/伯纳特在米斯科尔茨市中心经营着他在 1856 年从一个要回故
乡美国的哈西德学者迈克尔·海尔普林（Michael Heilprin）那里买来的书
店。书店渐渐成为家族产业，楼上就是他们家居住的公寓。伯纳特又增开
了一家印刷厂，然后又成立了音乐会经纪公司，因为费伦齐家族是音乐世
家。到 1880 年，他被选举为米什科尔茨市的商会会长。费伦齐的家成了艺
术家、音乐家和知识分子的聚集地，桑德尔·费伦齐在这个充满活力、智
慧和政治文化自由的环境中成长起来。费伦齐是父亲最喜爱的孩子，经常
陪着父亲去他在米什科尔茨附近的山上的葡萄园游览（Kapusi，2010）。伯

纳特作为一个向上推动改革的犹太人，经常带着费伦齐去市里的卡津齐街上的犹太教堂祷告，这里现在是米什科尔茨市目前唯一保留下来的犹太教堂。

费伦齐的母亲罗莎·艾本舒茨（Rosa Eibenschütz）1840 年出生于克拉科，不久她的家人就搬到了维也纳。1858 年，巴鲁克和罗莎结婚了。由于犹太妇女联盟主席的工作需要长时间离家，因此为了养育他们的 11 个孩子，罗莎不得不辞去她所创立的这一联盟的荣誉职位。费伦齐 15 岁时，父亲去世了，母亲罗莎接管并扩大了生意。第二次世界大战时她被驱逐出境，只有极少数费伦齐家族成员幸免于难。

费伦齐毕业于米什科尔茨·加尔文体育学校，这是自由、开明的犹太家庭上学的唯一选择。他考上了维也纳医学院，并与亲戚住在一起，1894 年毕业后他前往奥匈军队服兵役。之后，他定居在布达佩斯，开始在一家为穷人、妓女和流浪汉服务的收容所工作。1900 年，作为伊丽莎白临终关怀医院的神经学家，以及法庭指定的法医神经学家，他建立了自己的诊所。

费伦齐在整个医学生涯中始终保持着社会学倾向，从他开始接触弗洛伊德时起就考虑到精神分析的积极影响。这种自由的社会主义政治倾向在费伦齐的犹太人圈子中很常见，他们在布达佩斯的咖啡馆里讨论艺术、科学、文化和政治。1909 年 10 月 30 日，费伦齐给伽利略协会的成员做了一次关于弗洛伊德的《日常生活的精神病理学》（*The Psychopathology of Everyday Life*）的演讲，并写信给弗洛伊德：

> 我很高兴能在将近 300 名热情洋溢的年轻医学生面前讲话，他们屏住呼吸听我的（或者，你的）演讲……医学生围着我，希望我向他们保证，无论如何都要告诉他们更多关于这些事情的信息。毕竟布达佩斯不是一个太糟糕的地方，观众中有十分之九的人是犹太人（Ferenczi, 1909b）！

早在 1910 年，费伦齐（1910a）就向弗洛伊德强调了精神分析的"社会学意义"，"在我们的分析中，我们会通过调查获得个体在社会各个层面的真实境遇，在排除了所有伪善和保守主义以后，我们才能镜映出每一个个体自身的实际状况"。费伦齐用他分析的案例说明了这种社会学意义，包括他对遭受压迫的"恐怖主义"的排版工人的分析、他对为了规避工会规则而欺骗工人的一家印刷厂厂长的分析、他对年轻的伯爵夫人的分析（该分析揭示了这名年轻的伯爵夫人及其社会阶层成员的"内心空虚"），以及他对一名以低于最低工资的标准雇佣一名年轻女佣的性受虐狂的分析。早在 1911 年，费伦齐就认为酗酒是社会神经症的一种症状，只有通过分析其社会因果关系才能治愈（Nyíri Kristóf, cited in Sziklai, 2009）。费伦齐主张同性恋者和易装癖者的权利，并写下他与妓女和罪犯的工作，呼吁更健康的社会条件及如何更好地对待弱势群体（Gaztambide, 2011）。费伦齐是性学家马格努斯·赫希菲尔德（Magnus Hirschfeld）于 1905 年成立的国际保护同性恋人道主义委员会在布达佩斯的代表（Stanton, 1991）。

弗洛伊德、费伦齐和施莱伯：同性恋渴望、恐同症和偏执狂

犹太人和德国人的文化身份对种族、性别、性、偏见、反犹太主义和恐同症产生了严重影响。我们将集中讨论 1910 年弗洛伊德和费伦齐在巴勒莫一起度假期间发生的插曲，当时他们正在合作编写施莱伯个案。弗洛伊德的《施莱伯，一例偏执狂个案的自传体精神分析笔记》（*Schreber, Psychoanalytic Notes on an Autobiographical Account of a Case of Paranoia*）于 1911 年发表。虽然这本书是弗洛伊德与费伦齐合著的，但在种族主义、反犹太主义、恐同症和厌女症等相关动力学观点上，他们二人的分歧却很大。弗洛伊德和费伦齐之间紧张的人际关系，预示并塑造了费伦齐对弗洛伊德的个人分析，以及日后他们在理论和技术方面的分歧。

1910 年夏天，弗洛伊德和费伦齐由巴黎前往意大利，当时费伦齐 37

岁，仍是单身，但他自 1900 年以来就一直与已婚的吉夫人，即吉赛拉·保洛什（Gisella Pallos）有染。费伦齐与弗洛伊德之间简短而中断的分析，已经有四年多没有重新开始了。弗洛伊德和费伦齐到巴勒莫的旅行，遭遇了令人不快的西罗科热风的影响，但是两个人之间的私人风暴比热风更剧烈。1921 年圣诞节那天，费伦齐给乔治·果代克写了一封深刻的自我分析信件，回忆了当时发生在巴勒莫的事件：

> 我和他在一起时永远也无法获得完全的自由和开放；我觉得他对我的这种"顺从式尊重"期望太高了；他对我来说太强大了，太像一个父亲了。结果，在我们到达巴勒莫后的第一个一起工作的晚上，当他想和我一起编写那本著名的偏执狂（施莱伯）的文稿，并开始让我口述一些东西时，我的抵触情绪突然爆发，大喊这不是在一起工作，而只是让我口述而已。"原来你是这样的人？"他惊讶地回应，"你显然想要自己一个人做整件事。"从那之后，他每天晚上都独自工作，把我冷落在一边，痛苦的感觉如鲠在喉（当然，我现在知道"在晚上独自工作"和"如鲠在喉"意味着什么了：我想要获得弗洛伊德的爱）（Ferenczi，1921）。

通过将费伦齐的回忆与弗洛伊德的同时期的描述进行比较，我们可以看出，弗洛伊德和费伦齐都将费伦齐的欲望理解为同性恋欲望，是反向俄狄浦斯情结的衍生物。从罗马开始，弗洛伊德在给荣格的信中就曾将他和费伦齐的关系三角化：

> 我的旅伴是一个亲爱的伙伴，但是他的行为方式总是有一种令人不安的梦幻色彩，他对我的态度很幼稚。他从不掩饰对我的崇拜，但我并不喜欢这样，当我松懈时，他可能会无意识地对我进行严厉的批判。他一直表现得被动和顺从，就像一个女人一样认为所有事情我都要让着他，但我的内心真的没有足够的同性爱来接受他这个人。这些旅行经历激起了我对真正女性的极大渴望。我把许多科学想法聚合在一起，形成了一篇关于偏执

在的论文，这篇论文虽然还没有结尾，但在解释神经症的选择机制方面迈出了一大步（Freud，1910a）。

虽然弗洛伊德（1910a）指责费伦齐是"幼稚的""拘谨的"和"梦幻的"，并且没有平等地对待他，但依照费伦齐的叙述，他坚持自己的立场，认为自己并不是一个秘书，而是一个平等的合作者。费伦齐想要的是一次合作，但弗洛伊德却指责他想要接管整件事情。弗洛伊德似乎无法与人平等地合作，将参与合作伙伴关系的要求，解释成要全部接管的要求。费伦齐在给弗洛伊德的回信中，承认自己是幼稚且拘谨的，并补充道，"这次，我甚至宁愿无情地揭露我对自己的同性恋驱力成分的阻抗（以及因阻抗而来的针对女性性欲方面的非同寻常的高估）"（Ferenczi，1910b）。费伦齐在此明确地理解了他渴望与弗洛伊德亲密的欲望是同性恋的，而弗洛伊德因其恐同倾向而将费伦齐贬低为幼稚的，尽管弗洛伊德认识到自己的异性恋欲望过强可能是对潜在的同性恋欲望的一种防御。费伦齐（1910b）写道，他正在从弗洛伊德身上寻求更多的东西：

对于两个男人之间的关系，或许我真的有一个大胆且夸张的想法，那就是他们会不计一切后果和不留任何情面地告知对方真相。就像我与吉夫人之间的关系那样，我以同样的方式和更多的正当理由追求绝对的相互开放，我相信这显然是残酷的，但最终是有用的，清清楚楚、明明白白、毫无隐瞒的开放，在两个具有神秘奥尔法心智的人的关系中是可能存在的，这两个人能够真正地互相理解一切，而不是去做价值判断，他们可以寻找他们的奥尔法冲动的决定因素。这是我一直在寻找的理想状态：我想要喜爱和享有这个人，成为他亲密的朋友，而不是他的学生。

在不惜一切代价地讲述事实真相的持续理想化进程中，费伦齐似乎忽略了他采用这种方式所表达的攻击性。他陷入了这样的动力学困境中：当他看到自己对真正的平等和相互性的渴望时，他要么主动攻击（正向俄狄浦斯——偏执狂），要么被动顺从（反向俄狄浦斯——歇斯底里），无法找到第三种应对方法。

费伦齐（1910b）接着提到了自己曾经做过的一个梦，他看到弗洛伊德赤身裸体地站在他面前。费伦齐分析了这个梦，得出自己有两个动机：第一个是潜意识的同性恋倾向；第二个是"对绝对的相互开放的渴望"。费伦齐对弗洛伊德开放的渴望能否仅仅基于婴儿的性欲来加以解释？费伦齐在认识到自己的这一动机的同时，也认为成年人对与人接触和产生关联的愿望不应该被还原为婴儿渴望的遗传根源。他渴望弗洛伊德和他在一起时进行自我暴露，甚至在说出让人不愉快的真相时，也不会感到不自在。费伦齐（1910b）写道：

> 不要忘记，多年来我一直只专注于你的智慧结晶和成果，我也总是能感受到你著作的每句话背后的那个人，并把他当作我的知己。无论你是否愿意，你都是人类最伟大的老师之一，你必须让你的读者至少在智力和个人关系上接近你。我追求真理的理想是质疑所有的思考，这一点当然是你的教诲的最不言而喻的结果……当这种洞察力出现在两个人面前时，它的最终结果是，他们在彼此面前并不感到羞耻，毫无秘密且开诚布公，告诉对方真相时不用担心有被侮辱的风险，或者在真理框架内明确地希望不会受到不断的侮辱……遵循我的奥尔法理想，这里没有半途而废、似是而非的标准，在我对真理的理想中，对人和情境的所有顾虑都会消失。请不要误解我。我不是一个偏执狂，我真的不想"改变"世界。我只想看到思想和言论能在两个奥尔法心智人士的关系中从不必要压抑的强烈欲望中解放出来。不幸的是——我做不到，但你必须这样做！毕竟，你是奥尔法中的翘楚！

弗洛伊德告诉费伦齐，当他们一起离开时，他的梦完全与弗利斯有关，这对费伦齐来说是难以形成共鸣的。弗洛伊德在信中很快又提到他对施莱伯的看法。虽然这封信里有很多内容被提及，但我们想强调的是，弗洛伊德否认了自己的超级英雄地位及其对周围人的影响，这突显了在他的私人关系和合作性工作中，以及对施莱伯的研究中，关于同性恋和偏执狂主题之间的错综复杂的联系。

我不是人们内心构建的那个奥尔法超人，我也并没有克服反移情……你不仅注意到我不再有任何彻底开放自我人格的需要，你也理解了其中含义并对其创伤来源进行了正确的归因。你为什么强调这一点呢？自从弗利斯的案例以后，我的这种需要就消失了，你看到的症结已经得到克服。我已经撤回了那次同性恋的力比多投注，并以此来达到拓展自我的目标。在偏执狂失败的地方，我已经获得了成功（Freud，1910b）。

在这次交流中，我们看到了两个人互补的个性所表现出来的对立观点的碰撞。接下来，我们将详细解释其中的动力学机制。费伦齐很重视精神分析中双方互动的和互惠的开放性价值，将这种不加批判的理想主义变成自己工作的核心中的核心，而且费伦齐仍然持续不断地渴望弗洛伊德提供这样的开放性和私人亲密性。他写信给弗洛伊德说，他并没有放弃对弗洛伊德的希望：

请把你撤回的部分同性恋力比多重新"打捞"上来，带上更多的同理心，朝着"我心目中坦诚的完美形象"努力。你知道，我是一个无懈可击的治疗师。我甚至不想将放弃这种偏执状态当成一种巨大的损失。因此，我怎么能接受这个事实，即你把不信任扩展到所有男性身上——而这一点已经得到部分证实！我对坦诚的渴望确实相当幼稚——但它的核心部分确实也是健康的。并非所有幼稚的东西都应该被嫌弃（Ferenczi，1910c）。

费伦齐对精神分析大师弗洛伊德所期待的东西，正是他 20 年后努力为自己的病人提供的东西：相互开放性和真实坦诚。费伦齐并没有意识到这是他自己的创新，但他认定这是弗洛伊德教义必然的和显而易见的目标！同时我们还要注意到，在这些私人交流的背景下，还盘旋着同性恋和偏执狂的关系。正如我们将要详细阐述的，弗洛伊德与费伦齐之间一直存在的紧张关系，形成了配对的二元关系：异性恋/同性恋、主动的/被动的、正向俄狄浦斯/反向俄狄浦斯，偏执/歇斯底里、男性/女性。因此，为什么这些冲突性的力量会在他们二人试图就由施莱伯案例引发的主题进行合作的过程中变得具有爆炸性，就很容易理解了。

永恒的、到处漂泊的犹太人

弗洛伊德经荣格介绍认识了费伦齐，他在 1908 年与费伦齐合作，开始了针对偏执狂和被压抑的同性恋之间的关系的理论探索。1910 年，荣格送给弗洛伊德一本施莱伯所著的《我的神经症回忆录》(*Memoirs of My Nervous Illness*；Lothane，1997)。弗洛伊德与荣格的分歧围绕着他们对施莱伯案例的不同解释，在 1912 年达到高潮。弗洛伊德通过施莱伯来强调被压抑的性欲在产生偏执狂方面所起的作用，这是他理论的核心，而这一理论从未被荣格完全接受。

相比之下，费伦齐总是愿意从精神化或升华同性恋的角度来理解自己，他坚持认为导致偏执狂的原因并不是同性恋本身，而是对同性恋的否认。用今天的话来说，人们可能在解读费伦齐的观点时，认为偏执狂是由恐同症导致的。请记住，弗洛伊德和费伦齐的理解，都要早于对区别于性征的性别认同的任何阐述，因此一名男性拥有任何文化上认定的"女性"特质都会被等同为同性恋者。弗洛伊德和费伦齐的著作在过去一个世纪的大部分时间里都被滥用了，人们错误地认为同性恋是异性恋失败后的病理性和退行性结果 (Phillips，2003)。然而，无论是费伦齐还是弗洛伊德，都没有对同性恋采取道德性的和病理性的理解，而是将其视为解决俄狄浦斯情结的一种变体。同性恋的病理学描述是后来才出现的。

让我们回到 1910 年 9 月的巴勒莫，那个弗洛伊德和费伦齐最初发生争执的现场。许多主题——同性性欲、同性恋、恐同症和偏执狂——在弗洛伊德和费伦齐的头脑中酝酿着，导致了这场完美的风暴。弗洛伊德与费伦齐之间的亲密和冲突，弗洛伊德对阿德勒的"异端邪说"的预期、对渴望荣格成为他的雅利安接班人的焦虑、对狼人的分析所激起的反应，以及对施莱伯案例的专注，都刺激弗洛伊德不断地产生对他的老朋友威廉·弗利斯的思考。1910 年 12 月，弗洛伊德告诉荣格，"我的施莱伯案例已经完成了"，但紧接着他提到自己无法判断其客观价值，"因为在这项工作中，我不得不挣扎于自己内心的情结"（Freud，1910a）。弗洛伊德预料到即将与阿德勒分道扬镳，事实上这在有关施莱伯案例的论文发表之前就已经大白于天下。弗洛伊德（1910a）写信给荣格：

> 在看待阿德勒的问题上，你与我是一致的，我很高兴。这件事让我如此不安的原因是它撕开了弗利斯的伤疤。这种感觉扰乱了我在偏执狂的研究工作中所享受的平静。

弗洛伊德后来称阿德勒为偏执狂，正如他指责弗利斯在他们的关系破裂后成为偏执狂一样。弗洛伊德专注于掌控自己的同性恋倾向，并在给费伦齐的信中写道："我……承认通过克服自己的同性恋倾向，拥有了更大的独立性（Freud，1910c）。"费伦齐对弗洛伊德的爱的恳求唤起了"弗利斯恶灵"，就像弗洛伊德与荣格不断加深的同性关系那样。事实上，荣格的妄想性崩溃可能是由他与弗洛伊德的关系决裂引发的（Lothane，1997）。

阿德勒的"异端邪说"理论恰好以一种不可思议的方式与这些动力学机制相匹配。布雷格（Breger，2000）认为阿德勒的"'男性钦羡（masculine protest）'的概念——即夸大某些文化定义的男性特质，来拒绝被视为女性特质的软弱和无助的感受——太符合弗洛伊德身上的特质了"。但是，无论是布雷格（2000）还是鲁德尼茨基（2002）（二人都敏锐地阐明了弗洛伊德和费伦齐二人的关系），都没有考虑到这样的阐释不仅适合弗洛伊德和阿德勒的特殊精神动力学机制，还准确地捕捉到了犹太男性针对普遍反犹太主义刻板印象的文化性反应，在这些刻板印象中，犹太男性是无能为力的，是处处受限的——男性在接受割礼后被视为女性化的，因而成了"被阉割"的人。

虽然弗洛伊德（1937）的"贬抑女性"（the repudiation of femininity）观点似乎与阿德勒的"男性钦羡"观点是一致的，但弗洛伊德从生殖衍生的生物学基础出发，认为男性钦羡是由阉割焦虑导致的，阿德勒则审视了社会和文化方面的因素。所有这些思潮都有其背景，正如这两个漂泊流浪的犹太人——弗洛伊德和费伦齐——他们亲密地一起旅行，写下同性恋、偏执狂和施莱伯对永恒犹太人的认同的案例。在撰写施莱伯案例时，弗洛伊德必须证明阿德勒是错的：精神病与社会问题无关，只与生物学因素有关，尤其是与性欲有关，他还必须说服荣格相信，精神病根源于性而非灵性的冲突。如果说弗洛伊德在撰写施莱伯案例时正在克服他对弗利斯的同性之爱，那么他也同时与费伦齐上演了这种关系。回想一下詹姆斯·斯特雷奇（James Strachey）对欧内斯特·琼斯关于修改过的弗洛伊德-弗利斯信件的评论，"这实际上是一个感应性精神病的完整案例，其中弗洛伊德意外地扮演了一个偏执狂的歇斯底里伴侣的角色"（Boyarin，1997）。

在弗洛伊德与费伦齐的合作中，二人重新扮演了歇斯底里和偏执狂的互补性角色，而与斯特雷奇的评论相反，费伦齐扮演了弗洛伊德这个偏执狂的歇斯底里伴侣。我们提出的论点是，弗洛伊德和费伦齐——在一种分裂互补性关系中（Benjamin，1988）——将反犹太主义及其伴随的恐同症分裂为两个极端，弗洛伊德表现出了偏执性反应，而费伦齐则是更为突出的歇斯底里性反应。弗洛伊德强调正向俄狄浦斯愿望，以压抑反向俄狄浦斯愿望，而费伦齐更强调反向俄狄浦斯愿望，并试图将其升华。弗洛伊德曾尝试效仿希腊-德国的征服者-英雄式理想，而费伦齐却倾向于"冷讽性服从"，这是他在很久以后才确认的一种策略（Ferenczi，1932）。

在捍卫正向俄狄浦斯情结及"克服"自己的同性恋倾向的过程中，弗洛伊德也拒绝接受他所在的社会所认为的，并且他已经内化的东西，包括带有成见的犹太人的、被动消极的、女性化的、受虐的、被阉割的形象。这正是费伦齐在夸张的"漫画"中所扮演的角色。"贬抑女性"变成了"理论基石"，弗洛伊德认同了包括摩西在内的勇士和征服者，他把摩西从一个谦逊而不情愿的领导者转变成了一个冷酷无情的实干家。当拉比们强调摩西的谦卑和关爱时，弗洛伊德眼中的（1939）摩西却拥有"决断性的思想""坚强的意志"和"行动的能量"，表现出"自主与独立"和"神圣的漠不关心（最终可能发展为冷酷无情）"。弗洛伊德的英雄主义观点在冷酷无情方面达到了顶点，而费伦齐的观点在相互开放性、妥协和宽恕方面达到了理想化的完美境界。

博亚林（Boyarin，1997）将弗洛伊德对施莱伯的描述解释为弗洛伊德自身潜意识动力的自传体评述。虽然博亚林强调的是弗洛伊德对自己的同性恋倾向的防御性反应，以及对反向俄狄浦斯情结的远离，但是，我们可以通过比较弗洛伊德与费伦齐的反应，来对博亚林的分析进行拓展性理解［费伦齐最终批评弗洛伊德的"大男子主义倾向"（androphile orientation），并将其男性气质本身视为一种"歇斯底里性症状"］。在面对病人时，费伦齐会直接表达他的痛苦，他作为一个男性曾被教导要压抑关爱和仁慈的能力，因为这些能力会被认为是女性化的和幼稚的；作为分析师，他会因没有能力提供母性照护而感到愧疚。弗洛伊德和费伦齐在看待性别和性欲方面的观点明显不同。同为犹太人的弗洛伊德与费伦齐都经历了向上发展并成为自由且专业的人士的心路历程，在激烈的反犹太主义文化氛围下，他们被认为是女性化的，经受过割礼或阉割的，并被排斥成为真正的匈牙利人、奥地利人或德国人。尽管如此，他们对这些环境的个人反应却截然不同，因为他们与自己的父母在一起时经历了截然不同的童年期。换句话说，他们对反犹太主义的反应，在塑造他们对性别、性欲及贬抑女性等多种观点上是一个重要原因（但肯定不是唯一的原因）。需要明确的是：我们并没有将父权制和贬抑女性思想简化为反犹太主义，而是在探索贬抑女性思想、种族主义、反犹太主义和恐同症的交集。女权主义已经揭示了父权制和贬抑女性思想之间的内在联系，后殖民期研究调查发现了种族主义、贬抑女性思想和恐同症之间的相互关系。反犹太主义、恐同症和贬抑女性思想相互交叉的精神分析研究丰富了女权主义的研究发现，而并没有使之减损。针对弗洛伊德和费伦齐所在社会中的反犹太主义和对所谓的标准化男性特质的期待，他们以完全相反的方式做出了反应；他们都被对方迥异的方式所吸引并产生焦虑。这种两极化冲突在他们的理论和临床方法中，以及在他们随后的精神分析情境中都有所体现。

熟悉的陌生人

受到弗洛伊德喜爱的费伦齐身上保留着神秘的异国情调（Erös，2004）。弗洛伊德强调了费伦齐的匈牙利民族特质。"匈牙利，在地理上与奥地利毗邻，但在科学上又很遥远，我只有费伦齐一个合作者，但他已经足以抵得上整个匈牙利社会"（Freud，1914）。后来，其他人也强调了费伦齐的匈牙利民族特质和吉卜赛人的天性（Thompson，1988）。但正如匈牙利精神分析史学家厄洛斯（Erös，2004）所提到的，"我们不应该寻找不存在的匈牙利根源，而应该强调费伦齐的生活背景下的民族文化和语言的多元化"。这种多元化的典型特点是，种族同化主义者、中产阶级、向上流动的犹太家庭，如弗洛伊德和费伦齐的家庭。费伦齐是弗洛伊德"熟悉的陌生人"（Erös，2004），他们之间的关系既熟悉亲切又陌生神秘。这种熟悉的陌生感并非由费伦齐的国籍、语言或文化引发，而是源于他与弗洛伊德在性别、歇斯底里和偏执方面的分裂互补性。

弗洛伊德和费伦齐都有正向的和反向的俄狄浦斯愿望和防御的另一面。弗洛伊德的偏执（他的阉割焦虑与父性恐惧，后者表现为他害怕他的儿子会联合起来杀死他）与费伦齐的歇斯底里（他的过度"女性化"需要，即渴望被爱和参与直接的情感交流）不谋而合，尽管他们都无意识地、内心矛盾地认定对方为自己的神秘替身。在对费伦齐进行正式分析之前、期间和之后，弗洛伊德反复向费伦齐解释，费伦齐正在试图从他的患者身上，以及通过同性恋屈从的方式从弗洛伊德身上，获得他在童年期未获得过的爱。正如恩斯特·法尔泽德（Ernst Falzeder，2010）所指出的：

> 弗洛伊德甚至做梦都没想过要给费伦齐一些这样的爱。不，费伦齐应该控制好自己，不再像个讨厌的小孩子一样行事，他应该像弗洛伊德告诫他的那样，应当……"离开你和你幻想中的孩子的梦想孤岛，融入人类的斗争中去"。

需要指出的是，弗洛伊德和费伦齐一开始都认为女性化和孩子气这两种特质是一回事，而费伦齐直到晚年才开始挑战这一假设。

在对施莱伯的分析中，弗洛伊德只专注于施莱伯对父爱的渴望的动力性冲突——反向俄狄浦斯情结——而只字未提施莱伯与他母亲的关系。对母亲的忽略在弗洛伊德的著作中很突出，这在其他方面也反映了他对自己与母亲之间的冲突缺乏洞察力。母亲只是作为孩子欲望的客体而存在，不仅母亲被忽略了，男孩与父亲之间的充满爱的关系也是如此。正向俄狄浦斯关系只反映了矛盾心理中竞争和残忍的一面。很明显，弗洛伊德的著作也忽略了反犹太主义的主题，包括他所处的社会主观地认为犹太男人具有被动的、娇弱的、倔强的、同性恋的和被阉割的性格特质。弗洛伊德没有提到施莱伯将反犹太主义的言论融入自己的妄想系统。施莱伯构建了一个复杂的信仰理论，即一个具有黑暗和光明化身的分裂的上帝，其"射线"和"神经"会对他实施性侵犯。施莱伯认为他实际上正在"被阉割"，作为一个永恒的或到处漂泊的犹太人正在转变成一个女人，这样的话上帝就会侵犯他来创造一个新人类。作为他转变的一部分，他感到自己的胃正在被一个"犹太人的胃"取代。这里说的没有男子汉气概与犹太化具有相同的含义。吉尔曼（Gilman，1993）研究了弗洛伊德对施莱伯作品的空白处批注，证明了弗洛伊德很清楚这些反犹太言论的内容。但是，如果弗洛伊德评论施莱伯对漂泊犹太人的认同，就会引起人们对他自己身上的犹太人标记的关注，并削弱他作为中立（非犹太）的科学家的可信度。因此，弗洛伊德认为非常重要的是，在呈现研究数据时，他不能被所谓的跟犹太人有关的任何标记沾染和影响。永恒犹太人的意象与"永恒的女性"（eternal feminine）[2]的形象相融合，将犹太人标记或阉割成一个在种族或性方面表现迥异的民族（Pellegrini，1997）。

偏执狂和反犹太主义之间具有紧密的联系。在19世纪末的德国和奥地利，偏执狂经常处于对犹太阴谋论的危险感知的中心。吉尔曼（1993）认为，弗洛伊德将这种危险感知从犹太人转移到了同性恋者身上。与反对沙可（Charcot）所倡导的遗传性病因学相类似的是，弗洛伊德也反对卡夫-埃宾（Kraft-Ebbing）的理论，该理论认为同性恋和犹太特质一样，是一种先天生物学缺陷。相反，弗洛伊德认为它是一种个体发展上的阻滞，不是一种退化，而是一种原初性。当弗洛伊德和费伦齐在巴勒莫一起合作撰写施莱伯案例时，他们所专注撰写的内容——同性恋、偏执狂和恐同症——已准备就绪。这两个犹太人被他们所处的社会视为被阉割的、同性恋的和女性化的，他们在合作与相伴中，撰写出他们高度关注的主题。弗洛伊德下决心不再重温他对弗利斯的爱，而与此同时，费伦齐正带着对爱意和亲密的渴望，梦想看到弗洛伊德的真身。

弗洛伊德（1911）对施莱伯的诠释与他自己内化的恐同症有着千丝万缕的联系，这源于他对一个生活在反犹太主义和恐同环境下的女性化犹太人的身份认同，而正是在那个时期，同性恋正被转变为一种完全不同的身份认同。弗洛伊德认识到，施莱伯想要转变为女性的渴望，意味着他要面对自己尚未解决的女性欲望，这在他们的社会环境中被等同于同性恋。弗洛伊德想要急切地解除19世纪末欧洲强加于犹太人身上的女性化和同性恋的病理学观点，于是，他开始对其进行病理化解释，或者至少将其定性为发育方面的原初状态。

在弗洛伊德开始将职业方向聚焦于男性歇斯底里时（包括他自己），一种新的病理学——偏执——成为核心，因此出现了一种新的二元论。随着偏执成为男性精神病理学的新原型，歇斯底里返回到了前弗洛伊德的观点，即歇斯底里是女性身上的典型表现。脆弱性从被割礼的犹太男性身上替换到歇斯底里的女性和偏执的男性（即无意识的男同性恋者）身上。歇斯底里和偏执狂、女性化和男性化的讽刺漫画，可以通过假定普遍存在的焦虑感来加以解释：生殖器嫉羡，阉割焦虑和贬抑女性特质变成了心理学的基石。反向俄狄浦斯被病理化，男性的性欲望受到了压抑。除了一个巨大的普遍性差异，即两性之间的生殖器差异以外，包括种族和宗教在内的所有差异，全都变成了细微的差异（Pellegrini，1997）。这种诠释并不意味着贬抑女性是继发于种族主义或宗教仇恨的；相反，我们认为每一种诠释都会替换和隐藏另一种诠释。

让我们来回顾"内摄"这一术语的创造者（Ferenczi，1909a）和第一个研究"与攻击者认同"这一动力学机制的分析师（Ferenczi，1933b/1949）是如何处理他所处环境周围的反犹太主义的。这是一个关于被殖民地的民众如何吸收和融合殖民者的观点的明显的例证——他们如何认同攻击者，尽管有伪装的矛盾心理，或者如费伦齐（1913）所描述的那样，"隐藏在盲目信仰背后的嘲弄和轻蔑"。让我们回到费伦齐在 1921 年圣诞节时写给果代克的信，信中他回忆起在巴勒莫发生的事件。

心身医学的先驱乔治·果代克在巴登-巴登做执业医师。1917 年，弗洛伊德将费伦齐介绍给了果代克，之后费伦齐迷恋上了他，并且一如既往地通过敞开自己的心扉来获得果代克的爱。事实上，在费伦齐的余生中，他在果代克的疗养院里度过了几个夏天，二人进行了相互分析（参见福琼在本书中探讨的果代克对费伦齐的影响）。费伦齐对弗洛伊德抱有怨恨，因为他在弗洛伊德的压力下委屈自己娶了比他年长又不能生育的吉泽拉为妻[3]。费伦齐从未在婚姻中感到过性满足，他写信给果代克："我，我内心中的'本性'，对分析性的诠释不感兴趣，我想要真实的东西，一个年轻的妻子和一个孩子（Fortune，2002）！"随后，费伦齐立刻转移到他对果代克的感情上："你是否有可能成为我的女性朋友，或者用你的友谊以同性恋的方式来取代她（Fortune，2002）？"请注意异性恋和同性恋、正向的和反向的俄狄浦斯情结，以及犹太特质和反犹太主义等新浮现出来的主题之间的关联的不断变化。费伦齐接着讲了一个梦，他称之为一个"完完全全的'匈牙利人'的梦"，这个梦说明了他的匈牙利经历和身份。在梦中，费伦齐愉快地唱着一首匈牙利民歌，他回忆起那些歌词：

> 这是老犹太人告诉我的。
> 这里！——它来自我的市场摊位。
> 在你的摊位上没什么我想要的，
> 我也不想要你，老犹太人。
> 这是法伊·久洛（Fay Gyula）（一个时髦男人的名字）告诉我的。
> 亲爱的，我要买衣裙和丝带，送给你。
> 法伊，我不需要你的衣裙和丝带，
> 我只要你。

费伦齐毫不犹豫地提出了他对这个梦的联想。在圣诞前夜，他与家人共进了晚餐，有两个"女仆"姐妹和他们的朋友一起唱歌和欢笑。16岁的妹妹长着"烈焰红唇"，姐姐19岁或20岁，费伦齐写道："我在一次医学检查时发现她皮肤紧致，乳房丰满。解读：这些漂亮的女孩不想要像我这样的老犹太人（Fortune，2002）！"费伦齐注意到他的头发正在变得灰白，而他的朋友仍然是黑发，这位朋友的妻子还是一位"年轻有活力的金发女郎"。

费伦齐说，当他小时候和父亲一起去葡萄园时，他听到过村姑唱这首歌，当时他就记住了。令人惊讶的是，费伦齐回忆起自己也听过父母唱这首歌。他仍然记得对葡萄园中的那些农家姑娘所散发出的魅力的渴望。费伦齐之后补充道，这首歌在某种程度上是"双性恋"的，而那位"时髦的男人"法伊·久洛同时也是一位漂亮的女士。

在我们看来，这个梦反映了费伦齐对他的环境周围的反犹太主义的内化，这种内化因对持相同态度的父母的内摄加以认同而扩大化。他可以愉快地唱歌，嘲笑这些公然的反犹太意象，这是他及其家人与攻击者认同的一个例证。它还谈到他们的匈牙利民族主义思想——渴望被社会文化接纳——并相信他们会被吸纳为拥有犹太信仰的匈牙利人，但这种希望很快就被粉碎了。也许费伦齐及其父母愉快地唱着反犹太民歌的这一行为，揭示了解离的心理机制，说明了霍米·巴巴（Homi Bhabha，1984）对殖民模仿这一矛盾心理的描述，其中包括在伪装与嘲弄、模仿与恐吓之间的摇摆不定。费伦齐预见到了巴巴的观点，他认为与攻击者认同永远不会被彻底完成（Frankel，2002）。分裂的自我呈现出的解离性的轻蔑和嘲讽式态度，正反映了费伦齐特别提出的"反讽性顺从"观点。正如他所阐述的："精神疾病患者对人类的精神错乱有着敏锐的眼光（Ferenczi，1932）。"

费伦齐在 1919 年 3 月被任命为第一位精神分析专业的大学教授，但在当时，大学的独立性已经被匈牙利议会共和国废止（Eros，2004）。随着霍尔蒂反革命政权的胜利，出现了很多大规模杀戮和任意逮捕。到了 8 月，费伦齐的教授职位被废除，很快他也被布达佩斯医学会开除了（Giamppieri and Eros，1987）。费伦齐（1919）在给弗洛伊德的信中写道：

> 冷酷无情的神职反犹太精神似乎已经取得了胜利。如果所有真相都被揭示的话，我们匈牙利犹太人现在正处于犹太人被残酷迫害的时期。我认为，他们错以为会在很短的时间内治愈我们，而我们正是带着这种错觉被养育大的，换句话说，我们是"有犹太信仰的匈牙利人"。

费伦齐接着又补充了一段话，这从我们的角度来看，是非常具有反讽意味的。"我认为匈牙利的反犹太主义——与民族性相称——要比奥地利人的微小仇恨更为残酷，"他接着说，"就我个人而言，一个人将不得不以这次创伤为契机，抛弃从小就有的某些偏见，并接受一个痛苦的事实，即犹太人是真的没有国家归属的。"一个永远漂泊的犹太人。"最黑暗的反应发生在这所大学里。所有的犹太助教都被解雇了，犹太学生被赶出去并被殴打"。弗洛伊德（1919）回应道，"最让你失望的是它抢走了你的祖国"。费伦齐发现自己是无家可归的，而且根本没有家乡——这是一个漂泊的犹太人的常态。

费伦齐从未放弃对弗洛伊德的爱，1933 年 3 月 29 日，他在给弗洛伊德的最后一封信中写道："简短而美好的祝福：我建议你利用这段未受到生命威胁的时间，带着你的病人和你的女儿安娜去一个安全的国家，如英格兰（Ferenczi，1933）。"弗洛伊德回信说，希特勒不一定能够以武力占领奥地利，就算占领了也不会达到德国那样的残暴程度。无论发生什么，他自己的生命都是安全的，更何况移民并不容易，即使他们杀了你，这种死法跟其他死法也没啥差别。

1933 年 3 月 4 日，费伦齐在弥留之际，为弗洛伊德写下了生日快乐的祝福。桑德尔·费伦齐于 1933 年 5 月 22 日在布达佩斯逝世。费伦齐的弟弟卡罗利（Karoly）和他的妻子在 1944 年死于奥斯威辛集中营。他的妹妹兹索菲亚（Zsofia）在米什科尔茨的一处墓地上立了一座刻着铭文的墓碑。在他们的名字之后，写着"我会永远将你们铭记于心。哀悼你的妹妹"。[4]

我们所有人都会被社会和文化的假定与偏见深深地影响，我们根本无法观察到这些假定和偏见，而它们却真实地影响着我们对自身的理解，一些成见也会在临床实践中出现。在巴勒莫上演的互动场景及弗洛伊德和费伦齐二人关系的历史，说明了这样一个事实，即这些前反思信念和相关的无意识动力是如何不可避免地在我们的关系中产生影响的，这一点在我们用语言来进行阐述时更是如此。我们的希望是，这种超越精神分析文本的背景研究，可以作为精神分析思想发展的一个极其重要的研究实例，让我们能够在一个社会、文化、政治、经济和宗教背景的大框架下，来研究包括基本临床概念在内的精神分析理论的发展。

（本章由范娟翻译。）

· 注 释 ·

1. 资料来源：This chapter is adapted from Chapter 15 in Aron and Starr's (2013) *A Psychotherapy for the People: Toward a Progressive Psychoanalysis*. New York: Routledge. An earlier version was presented by Lewis Aron as the Keynote Address to the Spring Meeting, Division of Psychoanalysis (39), American Psychological Association, New York City, April 15, 2011.

2. "永恒的女性"是 19 世纪后期象征主义艺术家和作家所宣扬的一种文化原型，在这种文化原型中，女性是一种本能的或心灵的存在，既是邪恶的妖女又是圣洁的处女。

3. 通过回顾弗洛伊德与费伦齐的通信，我们可以非常清楚地看到，尽管弗洛伊德声称自己是中立的，但他还是向吉泽拉承认，他在分析过程中和分析外都在竭尽全力地劝说费伦齐娶她。关于弗洛伊德、费伦齐、费伦齐的妻子吉泽拉及其女儿埃尔玛（Elma）之间的四角关系的详细描述，参见伯曼的论文（Berman，2004）。

4. 有关匈牙利分析师在整个 20 世纪期间遭受反犹太主义迫害的悲惨故事，参见梅萨罗斯的论文（Mészáros，2010）。

第三部分

理论与技术

第 10 章
"内摄型分析师"费伦齐 [1]

弗朗哥·博格诺

目的

　　这一章的目的是强调为什么费伦齐是精神分析史上最优秀的"内摄型分析师"。我将采用我在《精神分析之旅》（Borgogno，1999）一书中提出的经典精神分析文本的方法，来探索和讨论一些关键的理论问题和临床问题，这些理论问题和临床问题贯穿于费伦齐的一生及其著作中，并影响了他在这个方向上的发展。在这样做的过程中，我也坚持认为，费伦齐的分析性观点的独特性，是我们今天仍然把他看作灵感源泉和当代导师的主要原因。在我的论述中，我将特别关注费伦齐的早期著作和晚期著作，以便更清楚地说明他的"内摄型"分析风格的发展，而把一个同样有趣的主题——费伦齐关于模仿、整合和认同等现象在内摄进程中如何运作的观点——留给另一篇论文。

序曲：一张"名片"

　　我以费伦齐的第一篇精神分析著作作为开端，即他的论文《早泄对女性的影响》(*The Effect on Women of Premature Ejaculation in Men*，1908a)。我选择它的理由是，这篇论文代表了费伦齐的"名片"，通过这张"名片"，费伦齐（虽然他没有意识到）宣布了他在未来研究中独特的内摄型方法。其中包含了一系列调查研究，从费伦齐早期进入精神分析的那个阶段开始，当时的精神分析本身仍处于"正在形成"的阶段，其目标是惩戒他所宣称的"精神分析师的原罪"(the sins of psychoanalyst)(Ferenczi，1932b)，当然，其中也包括当时他自己作为一名新手分析师的原罪：首要的是，分析师与病人的内在情感需求沟通不充分，因此，对于那些应该感到被关注和获得照护的病人来说，分析师在与病人的沟通中缺乏内摄型和情感性分享过程(Ferenczi，1932b)。

在某种程度上，对于那些熟悉他的个人生活事件的人来说，费伦齐本人很可能就是论文中所描述的那种早泄病人（他在此进行了"自我分析"）。然而，我更喜欢对一位作者的所有著作和文集进行全面的概述。可以看出，即使在费伦齐提出这些思想的早期阶段，这位早泄病人实际上似乎也算得上一位分析师了，尽管他真诚地致力于帮助病人，但他还不能充分地实现分析性境遇中必不可少的心理匹配度，因为他没有承认（有时是忽视）病人的独特性及其对联结和认同感的心理需求。

因此，如果我们在阅读费伦齐的第一篇论文时，撇开症状的生理本质（他最初关注和探索的是早泄如何影响女性伴侣），转而采取一种更具隐喻性的阐释立场，我们就能够领略费伦齐敏锐的洞察力——这种值得称道的洞察力，放在其形成的文化背景下来评价，就显得极其不同寻常。实际上，费伦齐提出的问题是：当一名女性的性伴侣发生早泄时，这位女性所体验到的感受，如"焦虑""抑郁""躁动不安"，甚至部分或彻底的"麻木无感"和"无性高潮"，结合大量的"力比多兴奋"，是否几乎可以通过分析师在与病人的关系和解释方面的仓促所产生的影响来理解呢（1908a）？我用"仓促"（haste）这个词想表达的是，存在这样一种精神分析性态度，即分析师自己没有充分把握病人的需要和请求，没有同情她们的弱势处境

（当然，与分析师的处境相比，病人是处于弱势的），也没有考虑在实施"插入-诠释动作"（penetrative-interpretative act）时所必需的节奏感和同步性，要知道，这种行为满足了伴侣双方而不仅仅是一方的需求（Paula Heimann，1949；Roger Money-Kyrle，1956；Irma Brenman Pick，1985）［就像拉克（Racker，1949–1958）所描述的，以及埃切戈延（Etchegoyen，1991）在关于精神分析技术的教科书中所描述的，诠释被认为是一种"投射行为"；我将在本文的最后部分简要回顾这一点］。

可以肯定的是，费伦齐后期的著作证实了这样的隐喻性的诠释，这种诠释乍一看似乎有些牵强（只是"乍一看"，因为费伦齐在《塔拉萨》中通过对"躯体交媾"与"精神交媾"进行比较，认可了从躯体到精神的这种诠释的转变），但它非常清楚地说明了早泄者很可能就是分析师。例如，如果精神分析师失去耐心，不愿意再花费足够长的时间来达成双方真正的内心接触，那么这要么是因为分析师"对诠释痴迷盲信"（fanaticism for inter-pretation）（Ferenczi and Rank，1924b），要么是因为分析师在诠释过程中"过分敏锐"（over-keenness）（1928），[2] 又或者，是因为他对病人发出的信息的回应具有"过度保守"和"分裂样禁欲"等特征，这一点费伦齐在《临床日记》的开篇就明确地指出来了（Ferenczi，1932b）。费伦齐在《临床日记》中对这种态度反复加以批评，并且明确地指出，这种态度也代表了一种"男性化"的拒绝（虽然它在男性和女性身上都可以看到），即拒绝提供必要的内部空间来容纳会引起张力的体验，并排斥体验那些不熟悉的和非预期的感受，因为这些感受要求一个人暂时对自己的思维方式和身份认同做出调整和改变。

插曲：精神分析方法的使用说明

在详细讨论费伦齐将内摄概念引入精神分析这一问题之前，我想简要地审视一下，能名正言顺地称得上精神分析方法的"使用说明"的到底是什么。正如费伦齐在他的执业开始时所观察到的那样，精神分析方法总是要求患者接受一定程度的心理教育。此外，要想与患者达成成功的心理连接和有效合作，这一教育过程应该以"通过长期实践获得的多种技巧和心理理解"来进行（1909b）。然而，令人遗憾的是，在这个教育过程中经常会出现分析师因驱力表达的过度或不足，延误或干扰教育的积极结果的情况。

关于此类"过度"或"不足"的多个案例，在费伦齐职业生涯的早期阶段就已经出现了（在那个阶段，他已经完全成为一名精神分析师），这些案例都与我的观点，以及后来他基于临床思维所发展出来的精神分析方法，都密切相关。例如，他把注意力转移到父母的角色上，简要地讨论了一位母亲不能接受她的儿子成熟并逐渐获得心理和存在上的独立性的情况，以及一位父亲（像母亲一样）是一位乱伦的父亲，当他拥抱并亲吻女儿时，"每次都要把舌头伸出来"（Ferenczi，1908c；这个细节在英文译本中被删掉了）。他还提到了照料者，因为他们"对孩子缺乏关注并忽视孩子"（Ferenczi，1908b；这个细节在英文译本中也被删掉了），具有"在大多数暴力危机中丢下孩子的习惯"，或者因过于焦虑而对孩子撒谎，行事虚伪：一方面，他们低估了孩子的"理解能力和观察能力"（1909b）；另一方面，当面对孩子想了解真相的渴望及获得性发育方面的帮助时，他们往往过于严苛。这些都是父母的态度，正如费伦齐所指出的那样，通过诱使孩子"不容辩驳地服从"和"不可置疑地尊重"父母，来过度激活或抑制孩子的成长（1909a），并通过"对负性幻象的催眠后暗示"（post-hypnotic suggestion of a negative hallucination）来导致一种"内省缺失"（introspective blindness）（1908b），从而引发"不必要的压抑"（1908b）及对自我的重要部分和资源的"解离"和（使用一个我发明的术语）"抽离"（extraction）（Borgogno，1999，2011）。

正是由于这一系列的原因，费伦齐早在 1908 年就提出建议，所有精神分析师都应该首先是清醒的，而不是教条主义的。换言之，分析师首先应该持续不断地监控自己的情感特征，以防它们退化成激情，进而引发"不必要的痛苦"（1908b，1911b）。此外，在表达自己的感受时，分析师应该"限制外部刺激的数量"（1908b），诉诸"良好的幽默和慈爱"，当"认真思考"患者言行的含义时，分析师应该"略带少许反讽意味"（1991a）。最后，在倾听患者的诉说时，分析师不应该忘记自己在童年期和青春期的经历，始终如一地坚持男性与女性、父母与孩子、分析师与患者之间的权利和义务的"平等分配"（equal distribution）原则。费伦齐的晚期著作中反复出现了这一主题思想，这在论文《家庭对儿童的适应过程》（*The Adaptation of the Family to the Child*，1927）中体现得尤为显著。在这篇论文中，他坚持认为，为了触及患者心中最原始的和最非语言的层面，分析师应该克服他们对自己童年的遗忘，采取一种主动的姿态，来接近并适应患者及其独特的心智状态（Borgogno，2013）。

在具体的分析实践中，费伦齐指出，分析师应该始终重视这样一套理想的原则——那些从一开始就遵循的原则——不要主观假定这些原则是很容易坚持和掌握的。因此，在《论精神分析的技术》（*On the Technique of Psychoanalysis*，1919c）一文中，他强调，分析师反移情中的自恋部分，以及分析师对自身所需要的自我分析和修通进程的阻抗，是如何严重阻碍他们对这些原则的执行的；而分析师在这两个方面的问题反过来又常常引发患者的阻抗和负性治疗反应，在某些情况下成为"使移情延缓出现和无法出现"的原因（1919c）。因此，费伦齐对这一问题的看法总结下来就是，分析师的自恋及其对分析任务的阻抗，是最有可能明显激发患者的阻抗和负性治疗反应的因素：他将继续在他与奥托·兰克合著的《精神分析的发展》（1924b）、他自著的《成人分析中的儿童分析》（1931）、《笔记与片段》（*Notes and Fragments*，1920–1932）和《临床日记》中，不断丰富他的观点（Ferenczi，1932）。

顺便提一句，我想在此指出，在费伦齐撰写《论精神分析的技术》的同一年，亚伯拉罕（1919）也谈到了患者拒绝或阻碍分析师使用分析方法的问题。然而，亚伯拉罕与费伦齐的结论完全相反。尽管费伦齐声称导致这些患者的态度的原因是分析师在倾听和回应能力方面的自恋性缺陷，亚伯拉罕却辩称，其原因是患者强烈的自恋，他们因嫉妒和贪婪而不能接受分析师有"好东西"可以提供给他们。另外，费伦齐和亚伯拉罕在这方面的观点差异，与他们在内摄问题上的不同观点有关。事实上，在《塔拉萨》和《临床日记》中，费伦齐像温尼科特一样将婴儿的早期内摄视为一个残忍的过程，但本质上又是一个以生命为导向的过程（毫不夸张地说，婴儿愉快地吃掉母亲，母亲愉快地感受着被她的婴儿吃掉）；而亚伯拉罕坚持认为（像克莱茵一样），内摄总是有部分的破坏性，如果不加以减轻或修通，其内在破坏性必然会"决定一个人的命运"。

主乐章：心理接触、心理感染、移情和内摄

通过一系列关于"心理接触"（psychic contact）的简短但逐渐详尽的讨论，以及当这种心理接触的性质和强度并没有得到充分处理时，它可能如何转变成一种"心理感染"（psychic contagion），费伦齐发展了最终让他提出"内摄"概念的思想。在费伦齐的整个职业生涯中，他越来越强调这一概念的重要性，甚至声称它作为一种心理过程的重要性并不亚于投射——当时，弗洛伊德及其追随者都认为投射才是心理生活的首要推动因素。

尽管费伦齐在首次提出内摄这一概念的时候，确实还没有完全形成自己的观点（Ferenczi，1909a），但他从一开始就明确地指出，正如拉普兰奇和彭塔力斯（Pontalis）在《精神分析的语言》（*The Language of Psychoanalysis*，1967）中所明确指出的那样，内摄与神经症患者特有的"激情式移情"有关。因此，值得强调的是，这种"激情"不仅标志着潜藏在神经症下的幼稚的灵魂，也体现了作为一名新手弗洛伊德式精神分析师的费伦齐的方

法的独特性。正是在探索与这种（幼稚的）激情式移情相关的思想和观点的过程中，费伦齐越来越关注孩子对爱和客体的渴望，以及他们由于对这些客体的强烈依恋和联结而产生的脆弱性和可渗透性（即使是处于婴儿期早期的孩子，他也只认为其力比多是在寻求客体而不是寻求驱力满足），他在几个评述中也开始暗示，内摄不仅作为一种心理构建过程扮演着极其关键的角色，还呈现了这样一个事实，即内摄既可能是死亡的根源，也可能是生命的源泉。费伦齐根据梅列兹科夫斯基（Merežkovskij）的描述，通过在论文中引用彼得大帝及其儿子亚历克西斯的故事，充分说明了这一观点（1909a）。

说得更直白一点，在《内摄与移情》中，费伦齐似乎在字里行间暗示了，即便是在人生的最初阶段，孩子也有可能从父母那里"遭受到损害"（而不是获得滋养），因为与他那个时代占主导地位的社会文化环境（和精神分析）范式相比，他们根本就不是"定义上的好"父母。事实上，正如费伦齐接着在同一篇文章中所写的那样，婴儿当然渴望对于他们的发展而言不可或缺的客体和情感，然而由于他们年纪很小且充满无助感，他们别无选择，只能接受一切，无法选择并保护自己免受影响。

"但是，话又说回来，婴儿把什么东西摄入了自己体内呢？"费伦齐似乎想知道，所以他进一步把他的思考集中在内摄的重要作用上。当然，婴儿摄入的不仅仅是某些物质——食物、注意力、情感和语言——还包括提供这些物质的实际方式。从费伦齐的观点来看，最重要的是，他人特有的回应方式塑造了我们随后的认同方式，以及我们对自己和周围世界的看法和认知，包括对那些潜在致病性的看法和认知。

关于内摄的致病形式，值得一提的是费伦齐提到的至少两个相关的例子。第一个是一种认同形式——与攻击者认同——数年后，他在《一只小公鸡》（*A Little Chanticleer*，1913c）一文中将这种认同形式确定并描述为人格形成和分析中的一个关键过程，在他生命的最后阶段，他系统地研究了这一复杂的现象学过程（1930；1931；1932a；1932b；1920–1932）。第二个是一种"婴儿化倾向"（infantile inclination）的类型，他认为这是生理性的，即把父母的特质融入我们自己的性格中，其中最重要的内容是父母对我们步入这个世界的反应方式（有时完全是无意识的）。费伦齐晚期的一篇论文《不受欢迎的孩子和他的死本能》（1929）精彩地描述了这种特殊的倾向，费伦齐在文中阐述了"母亲的厌恶或不耐烦"（不是以存在的方式，而是以反射性的"渴望和欢迎"方式）是如何投注给孩子一种自己是一个"不受家庭欢迎的客人"的感觉，以及一种"生命几乎不再值得延续下去"的感觉和一种"对生命的悲观和厌恶"的感受的（1929）。

　　这些例子有助于阐明以下事实，即费伦齐最终似乎对心灵间传输的各个面向给予了崭新的和非同寻常的关注；而实际上，通过引入内摄的概念，他敏锐地向他的同事指出，考虑人类沟通的特定类型的语用学是至关重要的。[3] 尽管此类沟通的语用学在心灵传输过程中一直扮演着重要角色，但是当这一过程所涉及的心智还没有完全形成时，语用学的重要性就变得极其明显了，因为与成年人相比，这些孩子的心智更容易遭受照料者的"催眠式指令"的影响和塑造：如果催眠式指令是基于迷恋、暗示和诱惑，那么它们就是"母性的"催眠式指令；如果催眠式指令是基于恐吓、胁迫（1909a）、"强制性"的和"威权性"的命令（1913a），那么它们就是"父性的"催眠式指令。费伦齐补充道，这两种类型的指令都不可避免地被新生儿接受和内摄，并在他们的心智（和思维模式）中发挥作用，而他们并没有意识到自己最私密的地方托管着这些信息，直到他们遇到某个人，而这个人会将这些信息显现出来并转化为语言，最终"松动"他们对这些部分的控制（1932a）。[4] 然而，正如费伦齐在《内摄与移情》的结尾所强调的那样，无意识的催眠式指令的问题在于，在通常情况下，即使是给孩子下达指令的那个人也经常既没有意识到他所做的事情，也不知道他实际上下达了什么指令，因为他已经从他自己的照料者那里内摄了同样的禁令。

　　这种困境也让我们注意到了这样一个事实，即与费伦齐在开始反思内摄时所持的观点相反，移情并不仅仅是由无意识幻想引发的一种投射形式。

实际上，移情也是由分析师产生的（依然是无意识地），因此，分析师不应再仅仅被认为是病人心智状态的"催化发酵剂"（1909a），或者换言之，分析师是一块磁铁，吸引病人特有的情感和他生活中的重要人物的显著性格特质，而不通过自己的主观性来以任何方式影响整个分析进程。[5]

特别是如果我们考虑到这个观点是在什么时候被系统地阐述的，这确实是一个非同寻常的观点，几年后，费伦齐坚称，"分析过程中的暂时性症状"应该在分析会谈的背景下，从聚焦于分析师在这些症状出现之前说了（或没说）什么或做了（或没做）什么开始来加以理解。换句话说，从这样的观点来看，这些症状应该通过分析分析师与病人之间的相互关系来加以理解，因为只有通过仔细审视"此时此地"的背景，我们才能看清病人的内心缩影，明白他痛苦的起源，照亮他成长的内在心理环境，包括他从童年期开始因受到刺激而产生的愉快或不愉快的感受，以及由此产生的防御反应和内心冲突。费伦齐也会将这种工作风格拓展到病人之间的比较、他自己的梦，甚至（在普菲斯特之后）他自己的涂鸦上 [参见《比较的分析》（*The Analysis of Comparisons*，1915a），与《毫无戒备的梦境》（*Dreams of the Unsuspecting*，1917）]。

终曲：创伤、认同式游戏和角色反转

在本章的最后一部分，我将探讨费伦齐作为一位"年轻的精神分析师"所拥有的敏锐直觉的最终发展过程，作为我提出的结论——费伦齐是一位特别的"内摄型分析师"——的前奏，我首先要指出的是，在费伦齐后来若干年内对精神分析的理论与实践的探索和努力中，他明确地恢复了他在职业生涯初期就已经确定和聚焦的一系列主题。然而，应该指出的是，这些核心主题如今是从不同的角度来被讨论的，即从一个新型创伤理论和相应的新型治疗技术的角度来重新唤醒和改变它。

　　作为迈入当代精神分析的第一步的标志，这些新的观点（费伦齐在1933 年发展起来的）持续不断地通过它们所引发的核心问题来刺激我们当今的精神分析研究。

　　事实上，费伦齐的晚期著作反映了他已经把自己从弗洛伊德权威的沉重负担中解放出来，最终以一名临床治疗师的身份"做自己"，并全面阐释了他所称的"成人式儿童分析"（1931）的临床实践，即分析的目的是避免分析师自己在治疗过程中表现出太多的不恰当态度。

　　然而，为了连续完成从费伦齐早期著作到晚期著作的回顾，我有必要简要提及他在"中期阶段"的众多研究中的两项，这也与我探求的研究主题有关。第一项研究是对"原初认同"（primary identification）作为"一个前客体关系阶段"的越来越深入的考查（Ferenczi, 1932b）：这一研究涉及许多原始的和自保护性的生存策略的内容，而这些生存策略是为了应对极端且无以言表的痛苦而产生的。[6] 第二项研究，正如费伦齐反复强调的那样，是为了使治疗中的"死穴"（dead points）重新复活（1919a），[7] 因此分析师有必要采用更强烈的"力比多流动性"（libidinal mobility）和一种更为慷慨的、灵活且柔软的、"始终保持敏感"的治疗方式（1933）。要铭记在心的是，在费伦齐的观点中，根据不同的需要和情境，精神分析师无论如何都必须是第一个暂时承担病人的潜意识"指定"他们人格化的各种角色的人，以便不仅在心智上而且在亲密关系上，理解最初造成他们的致病性痛苦及心理"障碍"和"身体不适"的情境（Ferenczi and Rank, 1924b）。

　　如果费伦齐在 1927 年至 1932 年间的研究是从这个双重视角来考虑的——一种将对原初认同及其相关的原始防御策略的关注，与对病人进行更强烈的想象性认同的倡导结合起来的观点——很明显，它实际上是围绕一个核心问题来展开的：精神分析师（尤其是他本人）在分析性境遇中是否能具有足够的可渗透性和开放性，让自己暂时地变成病人并（只是暂时地）承受病人所遭受的苦难和折磨？[8]

　　费伦齐对这个问题的回答毫不含糊——"根本不能"——他详细列举

了分析师所表现出的各种形式的拒绝、懒惰和禁入的信号来说明自己的观点，当我们接受病人投射到我们身上的内在"父母意象"（parental imago）时，这些信号会使我们原形毕露，特别是（费伦齐最珍贵的发现）当我们在自己的身体和心理内部去抱持这个"解离的和碎片化的孩子"时，我们会给出消极的回应，这是因为这个孩子经受过创伤，因而在面对冷漠的和不可靠的成年人时，他会产生不可避免的无意识认同，这让他失去了自己的声音。费伦齐强调，他只是一个孩子而已，无论如何，他总是在等待救援者帮助他恢复记忆并进入存在状态，帮助他识别和慢慢形成已经流逝的婴儿语言，找回在"巨大痛苦"情境下的自己，从而带着他重新复活（Ferenczi，1932b）。然而，只要分析师能谦卑地（在他的心理空间内）代表病人主导和呈现病人迄今为止无法体验的感受，以及他从未表达过甚至没有意识到的、他本该在儿童或青少年时期就可以拥抱的自然潜能，病人的识别和重生能力就会显现，他的生命历程就会发生改变。我想要强调的是，费伦齐在这方面的思维方式与温尼科特在《崩溃的恐惧》（*Fear of Breakdown*，1963–1974）中所采用的思维方式惊人地相似，而且正如我所建议的（Borgogno，2007），它很好地说明了费伦齐"全新开始"的概念的深层含义，而迈克尔·巴林特（1952）在理论上将这一概念进一步发扬光大。

很明显，在费伦齐思想的这一阶段，他不再是弗洛伊德所描述的那种典型的俄狄浦斯情结病人，而是今天最常进入我们咨询室的那类病人（边缘型病人、分裂样病人，等等），他们的主要问题是自我功能运作和象征能力等方面的缺陷。参照这些类别，费伦齐在《临床日记》中全面描述的对RN（伊丽莎白·塞文的化名）的长程分析性治疗，构建了开创性和示范性的先例。这是因为，费伦齐在日记中通过对自身移情和反移情的毫不留情的审视，最终坦诚地暴露了分析师在容忍病人的移情和被迫扮演病人生命中的某种角色时遭遇的限制和困难，以及病人迫使分析师体现的角色，尤其是当移情的传递形式是非言语形式时，因此分析师被认为应该代表病人做出个体人格化的表现——或者"诠释"，在"扮演病人要求我们扮演的角色"的意义上——那个"迷失的"孩子"走了"，已经"失去理智"（Ferenczi，1932b；Borgogno and Vigna-Taglianti，2008，2013）。

从费伦齐的角度来看，这些限制和困难也会出现在正性反移情的背景下[9]和（当然在更大程度上）普通的负性移情中，因为其中充斥着强烈的愤怒和仇恨情绪，在这些情境下，它们变得势不可挡，难以应对——也就是说，在"长波段"的分析中，通过角色反转的过程，分析师不得不接受被转变成一个孩子，那是病人过去曾经部分地放弃或流放的孩子；或者，在达到那一时刻之前，分析师就被转变成"坏客体"，这个坏客体已经决定了这种特殊的负性移情——值得再次指出的是，在所有的可能性中，对这个客体的负性移情，并不是（而且一开始也没有）源自病人的原初敌对性感受，而是源自父母及分析师身上的特质性缺陷和错误，因为他们无法认同病人的早期痛苦。

总而言之，由于自身的缺陷或错误而变成"坏客体"，并经历（通常）由此产生的角色反转过程[10]，是分析师在大多数情况下都不想知道的情境（Borgogno，2007）。然而，费伦齐强调，这类情境也恰恰是（最重要的是，在处理创伤及其后果时）绝对不应该被避免或忽视的，因为要使病人的体验中未被象征化和表征化的部分得以恢复，只有通过明示的方式"物化"这些部分，来使它们变成"发生在另一个人身上的事情"（Ferenczi，1932b），当然，在治疗框架内的另一个人必须是分析师。用费伦齐自己的话来说，分析师是与病人过去所经历的一切"形成对比"的人，他必须准备好负起责任，来承受成为"病人的凶手"的压力（Ferenczi，1932b；Schreber，1903）[11]，同时赋予病人（在他的内心及外部）一个不同的心理环境，在这个环境中，那个曾经遭受过伤害、引诱和背叛的童年期最终能够再次汇入病人的生命长河中，并被完成、重建、铭记与整合。费伦齐在其发表的论文《放松与新宣泄疗法的原理》（1930）和《成人与儿童之间的言语的迷惑》（*Confusion of Tongues between Adults and the Child*，1932a）中，明确地描述了这种重要的治疗功能，即分析师要提供一种不同的心理环境，这种心理环境可以通过与病人在婴儿期或青春期经历的心理环境"形成对照"来发挥治疗作用。

结论

最后，我还想补充什么呢？首先，我要明确地指出，通过这篇综述，我从一个相当理想化的角度介绍了费伦齐的精神分析旅程。事实上，费伦齐并没有将他在整个职业生涯中所拥有的洞察完全理论化和进一步发展，他大多是惊鸿一瞥或灵机一动地提到这些发现，因此我们今天是受他重托，带着他的勇气和努力，来提高和加强精神分析干预措施的效果，尤其是当分析是在一个被内心痛苦及伴随而来的巨大仇恨所淹没的情境中进行的时候。在这类极端痛苦的情境中，分析师最有可能难以抵挡他的恐惧情绪和痛苦感受，并防御性地诉诸真正的"痛苦折磨的恐怖主义"（terrorism of suffering）（Ferenczi，1932a，1932b）。虽然我们确实可以说，正是在以"被憎恨和憎恨"为核心议题的情境中，以及（同时）在对他人的痛苦一视同仁的同情中，费伦齐揭示了自己的局限性，即分析经常因发现自己陷入了与病人之间的纠缠关系而告终，但同样需要强调的是，在《临床日记》中，他也为我们提供了一个无与伦比的、非常诚实的详尽描述，即为了达成修通性理解和相互转变的目标，有必要让心灵内的东西（这是在生命的早期阶段通过心灵外的东西所产生的）在精神分析关系的"此时此地"再次变成心灵间的东西。在这方面，费伦齐还指出了，如果想最终从病人自体内的各个客体和自体的各个面向中解脱出来并获得自由，那么分析师需要怎样在这种复杂的动力学机制中长期忍受下去。顺便说一句，上述思考让我们看到了费伦齐遗产的另一个重要的、我们逐渐能够欣赏的方面，它帮助我们重新发现了，在我们的工作中"人际间互动"这一要素是不可避免的（有时是必不可少的，以便确认和呈现分析过程所揭示出的内部世界中的相关事件）；因此，我们往往不能那么容易地获得诠释的快捷通道，而总是要受到我们自己的强烈的无意识卷入的影响。许多美国研究者对这种临床现象进行了富有成效的研究，他们仔细地将其与"未加思考的行动"区分开来，通过"卷入"或"诠释性行为"（interpretive action）这样的术语来理解它们（Levenson，1983；Jacobs，1991；Ogden，1994）。至于法国研究者（Botella and Botella，2001），他们通过引用分析师的概念"塑形性工作"（work of figurability）来探索这些现象，巧妙地将这一概念与分析师的需要联系起来，即在这种情境下分析师需要允许他们自己的思维在分析期间出现正式的退行，从而变得能够触及那些本身也在极度退行的病人。

其次，我想回过头来简要概述一个我在本章开始时并没有完整说明的问题。在"序曲：一张'名片'"这一节中，我谈到了诠释是一种插入动作，顺便提到了［引用保拉·海曼、罗杰·莫尼-克尔（Roger Money-Kyrle）、艾尔玛·布伦曼·皮克（Irma Brenman Pick）、海因兹·芮克（Heinrich Racker），以及奥拉西奥·埃切戈延（Horacio Etchegoyen）等人的研究］所有的"诠释性行为"实际上都是在对病人的投射产生内摄后的投射行为。在集中讨论这一复杂问题时，我必须强调一下，作为一种投射行为，分析师的诠释不仅应包括被动地接受病人的投射所传达出来的部分；事实上，分析师在努力涵容这些部分时，还应当准备好着手开启这些部分的转化，其中最重要的就是针对他们自身的重度灾难性焦虑进行一次消毒净化工作。

然而，不幸的是，分析师并不总是能够在足够的时间内完成这项任务：一个原因是他可能无法完全掌握病人的沟通中涉及的所有部分；另一个原因是，即使他真的掌握了这些部分，他也不能立即将他的个人反应与他已经内摄的投射的实际内容分离开来。在某种程度上，后者是分析师不可避免地要经历的一种情况，尤其是当病人将自己置身于一种个体化之前的心理状态时，更需要分析师愿意在有限的时间内处于混乱和困惑的状态中——这两种感受对病人来说都是非存在意义层面的感受（就像病人在童年期所感受到的那样），更简单也更痛苦的是，病人的这种感受还没有作为一个外部客体而存在。当这些心理状态出现时，我们不应该逃避，如同遵循比昂的指示那样，我们真正的目标是，通过对这些事件产生真实的遐想，来"梦到"这些在分析中正在发生的事件。[12]

（本章由成云翻译。）

· 注 释 ·

1. 2009 年 10 月 21 日至 24 日，在布宜诺斯艾利斯举行的国际桑德尔·费伦齐大会上，本章的一个版本作为应邀主题演讲《内摄、移情和当代世界中的分析师》（*Introjection, Transference, and the Analyst in the Contemporary*），被首次发表在《精神分析》（*Rivista di sicoanalisi*）（Vol 56，N.3，2010）上，后来其英文版被发表在《美国意象》（*American Imago*）（Vol 68，N.2，2011）上。我想借此机会感谢《精神分析》和《美国意象》允许本章在本书中重新出版。

2. 费伦齐将这种对诠释的狂热等同于残酷和虐待性的自恋性征服行为，其中充满了一种"大脑的和自慰的"姿态，不允许真实地看到伴侣及其独特性（Ferenczi and Rank，1924b；Ferenczi，1928）。早在 1912 年，他就把这种态度称为"经女性生殖器实施自慰"（1912a），后来，在他 1932 年 11 月 26 日的《笔记与片断》中，他还补充道，在许多情境下，"男性性高潮就等同于脑出血"（1920–1932）。

3. 关于内容传输背后和之外的关系取向的元沟通方式，是由海曼（Heimann，1970，1975）和赖克罗夫特（Rycroft，1956，1957）循着费伦齐的方向提出的，却不知道费伦齐曾经提出过。

4. 关于"无意识的催眠式指令"及其对个体的掌控，请参见 1913 年的文章《驯服野马》（*Taming of a Wild Horse*，1913a）和《信仰、怀疑与信念》（*Belief, Disbelief and Conviction*，1913b），以及 1915 年的《声音产生的心理异常》（*Psychogenic Anomalies of Voice Production*，1915b）和《比较分析》（*The Analysis of Comparisons*，1915a）。

5. 在《临床日记》（1932b）中，费伦齐甚至声称是分析师首先诱导了移情，然后又否认自己的行为，同样，是分析师引发了创伤或创伤的重复，但又不愿意承认。

6. 至于"原始的生存策略"（如装死和其他类型的伪装、拥抱反射、歇斯底里性物质化现象、自割、紧张症和僵硬症、违拗症、石化症、冰蚀症、心理性自杀等），请参见费伦齐的相关论文（1919b；1919c；1919d；1921a；1921b；1924b；1932b；and also 1920–1932）。至于"原初认同"概念，可以在《临床日记》中找到一些参考内容。

7. 在费伦齐的晚期著作的语境中，从死亡点复活将等同于复活死去的或造成极端痛苦的部分，这些内容不仅是病人的，也是分析师自身的。

8. 关于这个方面，请看这位讲英语的癫痫病人的有趣案例，他让费伦齐扮演凯撒大帝——由于在英语中，"凯撒"（Caesar）这个词听起来非常像"癫痫发作"（seizure），因此费伦齐将其理解为"如果你也有癫痫发作，你就能深刻理解我当时的感受"（Ferenczi，1932b）。这种富有成效的幻想和转变过程，是否类似于比昂著名的"冰激凌/我尖叫"（ice cream/I scream）案例（1970）？我觉得很有可能。当然，费伦齐在这个案例中的思考预示了比昂在《深思》（*Cogitation*，1992）中的洞察，即病人不仅想要从分析师那里获得一个诠释。相反，他想知道分析师是否愿意了解他所处的情境，看看他如何处理这种情境，以及在这种情境下他会采取什么样的妥协措施和选择哪种解决方案。

9. 在费伦齐看来，与正性移情相关的困难出现在以下两种情况中，一种情况是，因为移情过于强烈，其呈现为一种可以追溯到早年生活的依赖，另一种情况是，分析师通过向病人（以及他自己）隐瞒（以达到摆脱他所依赖的单相思的目的），来营造相当程度的理想化状态，这使得移情变得神秘化，正是由于这种分析所带来的不可避免的退行状态，病人会带着这种理想化目光注视这位正在照顾他的分析师。

10. 当然，这里我并不是指儿童游戏中相当常见的那种"角色反转"，它从根本上反映了一种从被动姿态向主动姿态转换的动力学机制。这种在儿童分析中可以清楚地观察到的动力学机制，即使只是更间接地，也存在于对成年人的分析中，当他们——包括儿童和成年人——使分析师体验到他们在或多或少的痛苦经历中所感受到的或过去感受过的东西时（Borgogno，2011；Borgogno and Vigna-Taglianti，2013）。费伦齐在《分析中暂时症状的构建》（*On Transitory Symptom-Constructions during the Analysis*，1912b）一文中描述的两个病人提供了一个引人注目的角色反转的例子，他们觉得分析师把他们当傻子来对待，并且觉得自己在分析期间变得很愚蠢，因此这反过来也使费伦齐觉得自己很愚蠢和"白痴"。费伦齐将他们的行为敏锐地解释为一种交流模式，旨在"嘲弄"我曾经定义的（Borgogno，2005）分析师的一次"解释性抽搐发作"（interpretative tic）。此外，值得注意的是，费伦齐在一个脚注中报告了他与一个孩子的简短交流，突出说明了当孩子跟成年人说一些"废话"时，孩子实际上经常是在"嘲弄"成年人（1912b）。

11. 有关这方面的内容，请参阅鲁德尼茨基的《读懂精神分析》(*Reading Psychoanalysis*) 的第 7 章、《分析师对患者的谋杀》(*The Analyst's Murder of the Patient*; Freud, Rank, Ferenczi, Groddeck, 2002)、圣戈尔 (Shengold) 的《灵魂谋杀：童年期虐待和剥夺的影响》(*Soul Murder:The Effects of Childhood Abuse and Deprivation*, 1989)，以及 M. 沙茨曼 (M. Schatzman) 的《灵魂谋杀：家庭中的迫害》(*Soul Murder:Persecution in the Family*, 1973)，这本书在 20 世纪 70 年代非常有名。

12. 在这里，我们无法更详细地讨论费伦齐在这方面的实际成就，以及超出他的控制能力范围的情境，正是这些情境导致他犯下了今天我们所认为的"严重的错误"，而不论其是不是一次真实的"付诸行动"。一方面，由于费伦齐所处时代的精神分析界缺乏一个能够向他提供所需援助和咨询的人，他偶尔会"利用"他的病人（即"相互分析"）来克服他自己与病人之间的困境。然而，另一方面，伊丽莎白·塞文的治疗过程清楚地说明，尽管费伦齐有明显的缺点，但他也能够（通过修通自己的移情和对病人的投射性认同的情感反应）对她的内心世界进行内部心理解释，并将此与她的分析关系的"长波段"及二人过去的个人历史联系起来。通过这种方式，费伦齐实际上为我们提供了一个范例（这样的范例复杂而深刻），这个范例是我们在分析中应对这类情境时必须处理的临床类型，我们必须从病人用来诱捕我们的束缚中解脱出来。要想对这个主题进行更深入、更全面的分析，请参阅我的《精神分析之旅》(1999) 一书的最后一章，章名是"关于临床日记：对痛苦的恐惧和痛苦折磨的恐怖主义"。

第 11 章
言语的迷惑：创伤与逗趣 [1]

加利特·阿特拉斯

登场

一天晚上，托马兹走进我的办公室，春风满面并向我致歉。"我必须结束在你这里的治疗，"他边说边开始发短信。"在我看来，治疗似乎已经结束了，"他发完短信以后，马上幽默地补充道，"我已经实现了我的目标，所以是时候了，不是吗？我花了 10 年的时间。"我还是不明白他在说什么，但我很熟悉他开玩笑的方式。"我会解释的，我会解释的，"他边说边看着手机读道，"'我今天不能见你，我感觉不舒服'，这是今天早上她给我发的信息，我快哭了。你知道我有多么期待与她见面。"接着，他又说道："但后来我想到了你，我立刻想到自己坐在公交车的后座上。正如我们一直在说的，我知道我不敢坐在前面，害怕提要求，不敢主动，不是一直都很好。于是我在按响你的门铃之前的那一刻，给她发了信息：'我可以带汤给你'。我不知道哪来的勇气让我直接而明确地告诉她，我想见她，她生病并不能妨碍我去见她。"

我只是微笑着点点头，但我很清楚地意识到，在幽默和逗乐的语言背后，我们总是能触及与权力滥用和攻击性相关的创伤，以及托马兹每天在金钱和女人方面的挣扎。他很难与想要为自己争取的那部分自我保持连接；多年来，他一直说他害怕接近女性，因为他害怕她们会"揍他"。我明白这种害怕也体现了一种焦虑，担心女性会发现他的"性攻击动机"并对此做出攻击性的回应。在治疗的最初几年里，托马兹没有去找工作，与赚钱相关的权力感是导致他被情绪淹没和焦虑的根源。托马兹曾因抑郁症而苦苦挣扎，并多次试图自杀。在治疗的最初几年，他曾经告诉我他将在 27 岁之前死去，就像吉米·亨德里克斯（Jimi Hendrix）、吉姆·莫里森（Jim Morrison）和科特·柯本（Kurt Cobain）那样。他总是在这一串已故摇滚明星的名字后面加上自己的名字，要求我要么当他已经死了，要么救他一命。我并不担心他可能会有意地结束自己的生命，但我对他偶尔会遭遇到的不可思议的事故感到非常恐惧。我和他分享了这种恐惧，并认为他有"无意地"将自己置于危险境地的倾向。托马兹开始意识到了这种倾向，并将自己的 27 岁生日称为"死后重生的开始"。这是一个特别的生日，我们一起庆祝，尽管他还不能确定他活着这件事，但他还活着对我来说很重要。

虽然我们多年来的治疗工作涉及许多层面，但在本章，我想重点谈谈托马兹与我之间进化出的独特语言，即满怀柔情的语言。这是一种连接方式，帮助我们形成了一个安全的环境，但只有在我们共同努力实现了它的重要意义后，我才能使托马兹在现实世界中达成功能的转化。我所指的这种语言是柔和的、富有创造力的和顽皮的，充满了幽默感。我们共同创造了我们的语言，构建了共谋关系（Beebe and Lachmann，1988，2002），创造了柔情的连接，同时避免触及创伤，因为后来我明白了这一创伤里包含着权力和攻击性的滥用问题。

开始阶段

在本章，我将探讨言语的迷惑，这种迷惑出现在满怀柔情的语言和具有攻击性的语言之间的差异和辩证关系中，也出现在治疗关系中。我将强调病人和治疗师如何利用玩笑在避免攻击性方面形成共谋，以此来保护在治疗的共同构建的第三方中逐渐形成的柔情，并防止双方再次受到创伤。在谈到费伦齐（1933）的言语的迷惑这一概念时，我关注的是分析师与成年病人之间的相互作用过程，同时考虑到他们之间由于角色、功能和职责方面的巨大差异而产生的明显不对等关系（Aron，1992b），但我也要承认，他们彼此在相互平行的层面上，说着各自的语言，并无意识地采取行动来满足各自的需要。费伦齐（1933）在性-关联性层面上对儿童的需求和成年人的需求做了重要区分，将性剥削的责任完全归咎于成年人，同时声称儿童的性行为是一种症状，证明了儿童与其周围环境之间的破裂。他指出，儿童关于玩耍的幻想是处在柔情的范围内的，而成年人则怀揣着与权力、统治和攻击性相关的性幻想，施虐者倾向于将自己的无意识欲望、羞耻和罪疚投射到儿童身上，从而忽视儿童对爱意和保护的实际需求。费伦齐（1933）分析了治疗师与病人的关系中的权力成分，并强调了可能浮出水面的具有破坏性和强制性的元素。他声称，孩子与父母之间存在的结构性依赖关系，也同样出现在病人与治疗师之间。这种依赖关系使治疗师得以滥用权力，就像父母可以滥用权力去伤害孩子一样。与受虐待的孩子一样，病人也经常对施威的人或攻击者做出充满焦虑的认同和内摄等回应，因为孩子或病人无法忍受自己被独自留下，也无法忍受被剥夺母亲般的照顾和柔情。费伦齐补充道，受虐待的孩子天真地玩耍着，并感到"无忧无虑和纯真无邪"，直到那一刻来临（1933）。

以这种方式看待儿童是特别重要的，因为这种观点为强调实际发生的和有现实基础的创伤、照料者拥有的结构性权力，以及照料者要为虐待负全部责任定下了基调。此外，这种观点还有助于发展出与攻击者认同这一概念。然而，需要重点指出的是，这种思维方式并不关注儿童的内在现实、内心冲动和无意识幻想（Blum，2004），以及儿童的脆弱性和敏感性（Atlas-Koch，2007）。应用到治疗关系中，这种观点认为，病人是潜在的无辜受害者——也许这与 20 世纪 30 年代初费伦齐在精神分析界所经历的相一致，他觉得自己受到了攻击，找不到所需要的关怀、柔情和支持（Blum，2004）。

总之，我们现在讨论的是，费伦齐对儿童与成年人之间，以及治疗师与病人之间的关系所做的明确区分，因为他讨论了治疗关系中的结构性权力、权威角色的剥削和折磨的反复出现等方面的差异：在这种情况下，成年人作为强大的一方，具有潜在的剥削性，而儿童则是潜在的被剥削方。费伦齐传达了一个含蓄而明确的信息，即力量的不对称性可能会造成创伤，哪怕只有一点不对称，如某个人比我们拥有更大的权力这种不对称情形，也会造成创伤（Frankel，1998，2002）。因此，费伦齐在与病人的临床互动中选择权责对称也就不足为奇了，因为在治疗性境遇中的不对称性会提醒病人回忆起早期创伤，这种创伤是由存在于成年人与儿童之间的权力滥用造成的。在费伦齐的"相互分析"中，他不仅没有强调不对称性在分析过程中的必要性和重要性，还把不对称性视为一种威胁，并放弃了自己的分析性权威的角色（Frankel，2002；Blum，2004；Aron，1992）。

费伦齐的许多概念和理念被当代精神分析家采纳，包括强调创伤和儿童性虐待的重要性、情感体验在分析中的意义、反移情作为分析洞察的一种潜在源泉而不是仅仅被视为阻抗、治疗师共情的价值，以及对病人与分析师、父母与孩子之间的真正关系的识别及分析师所表现出的真实和坦诚的重要性（Aron，1992a；Blum，2004；Rachman，1993；Hazan，1999）。费伦齐之所以被视为先驱，是因为他允许在分析探索中有两名参与者和两名解释者，他阐明了承认分析空间里存在两种心理的重要性。在"相互分析"中，费伦齐和他的病人会以一种背靠背的会谈形式，通过两个人轮流做自由联想——病人一小时，"病人的病人"一小时——来进行对称分析（Aron，1992b）。如今，关系取向的分析师在解释"双人心理学"的观点时，会强调对称性与相互性之间的区别，并认为分析情境是相互的但并不是对称的。他们认为分析师作为共同参与者，会与病人共同构建一种互利互惠的移情与反移情的关系，并强调移情及移情与反移情之间的辩证关系的人际本质——不是相互孤立的或人为地相互分隔的（"轮流坐庄"），而是相互作用的过程（Aron，1992b）。

迷惑与共谋

　　利用这个框架，我将讨论在治疗情境中治疗师和病人共同构建的无意识共谋关系，同时认识到在两个参与者身上，受害者和施害者的角色会同时存在，一个是语言中满怀柔情的孩子，另一个是语言中充满激情的成年人。这两个参与者会串通起来，保护一方免受易引起焦虑的另一方的影响。戴维斯和弗劳利（Davies and Frawley，1992）指出那些已成年的受虐幸存者身上同时存在着"成人自体状态和儿童自体状态"（the adult self state and the child self state），这可能会使分析过程陷入混乱。我同意他们的观点，并把焦点放在治疗师与病人都会使用两种语言的辩证方式上，即儿童的满怀柔情的语言（包括对关怀、爱、支持、包容和认可的需求）及成年人的与性和攻击性相关的语言（包括激情、愤怒、竞争、嫉妒等）。当这两种语言同时存在并威胁和破坏心理调节能力时，迷惑就会出现。当这种情况发生时，攻击性被伪装成柔情，以避免破坏在双方共同构建的治疗性第三方中逐渐发展起来的仁慈且温柔的部分。来自病人或我们自己的创伤的无意识提醒会激活这种语言转换。我将在两个个案的背景下来说明这一理论，并对参与分析的双方修通这些共谋的能力提出疑问。

托马兹

　　当我遇到托马兹时，他 23 岁，是一名艺术家，也是巴西黑手党的小儿子。他和他的哥哥关系非常亲密，但哥哥却神秘地去世了。他在哥哥去世一年后搬到了纽约，试图以艺术家的身份开始他的职业之旅。托马兹一岁半时，他的父亲从他母亲那里把他抢走了。他向我解释道："没有人能左右我的父亲，我的母亲知道如果她打算做什么，他会杀了她。"所以她毫无还手之力。父亲带着年幼的托马兹与他的前妻及其孩子生活在一起。他的前妻成了托马兹的母亲，他们的孩子成了他非常亲密的兄弟姐妹。托马兹的继母被形容为热情而有爱心的人，托马兹对她只有赞美之词："毕竟，她是救了我一命的女人。"她一视同仁地对待托马兹和她自己的孩子，她很关注他，直到今天，她还送他暖和且合身的毛衣，让他在纽约的冬天感到温暖。

继母以前常瞒着托马兹的父亲安排托马兹和他的生母见面。尽管他们经常见面，但他几乎不记得他的母亲，他对母亲公寓的印象是一间空荡荡的房间，里面有一台旋转的风扇发出单调的噪声。多年来，托马兹的亲生母亲一直是"他不在乎"的人，在为期10年每周两次的治疗中，我们主要通过修通我与托马兹之间的分离所引起的悲伤，来逐渐地与他和母亲之间突然分离的悲伤建立联系。

满怀柔情的语言长期以来都是我和托马兹之间唯一的交流方式，对他来说，我是一个有爱心的母亲，对我来说，他也是一个温柔慈爱的母亲。那个坏的、危险的、遗弃他的母亲被抹去了。父亲的角色不被允许进入分析空间，但他还是强行进入了，正如托马兹浮现出的联想所反映的，他侵略性地闯入了托马兹的内心。"有一天我的摩托车被偷了，那时我16岁，回家时我害怕极了，害怕父亲跟我生气，怪我没有锁好车。但他并没有生气，只是平静地对我说'不用担心'。20分钟后，有人敲门，父亲叫我开门，一个戴头盔的家伙站在门口说'我是来向你道歉的，你的车被我停在外面了'。我的车就是这么被退回来的，没有任何解释。我从来没有和父亲提起过这事，因为我知道最好别提。"

还有一次，托马兹因为找不到停车位而迟到，他跟我说他的父亲在巴西从来不会遇到这类问题。"无论何时我们走到哪里，他都会打电话说他想把车停在那里，于是原本停在那里的车就会莫名其妙地消失。我猜他们会直接把车抬走，给我父亲腾出车位。"托马兹感受到这些关于父亲的联想侵略性地闯入了治疗空间。他不愿意让父亲进入分析空间，并试图避免那些联想。但很快他就做出了让步，"坐在了公交车的后排"。这是一个隐喻，象征着他在"生命之旅"中的位置。"我不是一个愿意抢座位的人，"托马兹说，"我宁愿让步并看看风景。我有什么可在乎的？坐在后面，我可以戴着耳机听音乐。"

虽然托马兹没有遭受过父亲对他的身体暴力，但他深深地感受到父亲所象征的权力和攻击性。他知道，父亲生活中的女性——包括他的生母和继母，以及他的哥哥们，都遭受过身体暴力。弗兰克尔（Frankel，2002）指出，我们不仅要强调与攻击者认同这一行为的情感防御目的，还要强调其生存功能；也就是说，某种行为模式之所以在治疗中重复出现，是因为它在过去不仅把儿童从情感碎裂的状态中拯救出来，而且把儿童从直接针对自己的真实攻击中拯救出来。托马兹很确定地将自己儿时逗趣的行为解释为保护自己免受父亲的身体暴力，并且他与我之间也形成了一个默认的共识，那就是禁止攻击性进入我们的分析空间。弗兰克尔（2002）解释道，病人和分析师以某些方式相互认为对方具有内在的威胁性，并且双方都在一定程度上将对方认同为攻击者。"结果是形成了无意识共谋：为了避免双方都感到焦虑的领域而达成的并不牢固的共识"。从这个意义上讲，正如费伦齐（1933）所描述的那样，受过创伤的儿童渴望以爱意、关注、保护等为表现形式的柔情，来保护自己免受任何攻击性的体验或表现［例如，孩子们玩《小红帽》的游戏（Atlas-Koch，2007）］，我相信病人遭受过创伤的自我可能与我们的自我达成共谋，以保护自我、他人和治疗中的柔情部分，避免治疗遭到攻击性部分的损害。这是一种对恐惧的防御，这种恐惧是由攻击、侵入、羞辱和破坏等造成的创伤引发的。杰西卡·本杰明（Jessica Benjamin）认为，在男性焦虑的核心，具有攻击性的生殖器被认为会伤害或破坏母亲的身体，引申的意义是，这种攻击性会对治疗中母性柔情的部分造成伤害或破坏（personal，2009）。这是一种既怕破坏别人又怕被别人破坏的恐惧感，对攻击性的否认用来排斥任何具有威胁性的内容，因为这些内容可能会破坏治疗本身、治疗师及病人自己的"好的"和满怀柔情的部分。

　　这种威胁感非常真实，以至于托马兹时时保持警惕。任何可能被证明是危险的人或事物，都是威胁。我们承认这种警惕有时扮演着拯救者的角色，例如，当一个壁橱要砸到朋友的儿子时，托马兹跳了过去，"好像我知道壁橱马上要倒了，并正等着它倒下来"。托马兹在壁橱要砸到孩子头上的前一秒成功地扶住了它。我在咨询室内能感觉到这种警惕性。我们都很警惕，却用完全不同的语言交流，这是一种受保护的语言，一种满怀柔情的语言，这种语言主要通过我认为是逗趣的行为来呈现。父亲的角色是被严格禁止闯入的，攻击性也是被严格禁止的。这里不允许生殖器（男性的）的闯入或任何负面情绪的存在。一旦父亲闯入，他就会觉察到我在看着他并且已经理解了他内心的一些深层内容，他会马上微笑并滑稽地模仿电影《老大靠边闪》（*Analyze This*）中接受治疗的黑手党罗伯特·德尼罗（Robert De Niro），"你……你……"，并边指着我边眨眼睛。在那个时刻，他就是那个治疗中的黑手党，这种治疗性语言对他来说是陌生而又危险的，他也开始发现这种语言并为之震动。而在这些时刻，我也是一个黑手党，我用冒然的闯入让他感到威胁并认为我看着他目的是要伤害他。我们通过逗趣和幽默来加以应对，我不去诠释或分析他的行为，而是真诚且无意识地与他合作。

　　我想在这儿简略地讨论一下这种逗趣，它是托马兹和我之间的满怀柔情的语言的一部分，就像我后面介绍的罗恩的案例一样。我并不是说逗趣总是会否定攻击性或情欲化移情，也不去讨论游戏在个体发展方面的作用（Winnicott，1971）。在这里我关注的是，那些把游戏当作一种满怀柔情的语言形式的案例，其目的是避免与可能会激活早期创伤的内容接触。

　　我们知道逗趣不仅是表达情欲和攻击性的一种诱惑方式（Torras De Bea，1987），还可以用来抵挡情欲化移情和反移情。在这里呈现的案例中，我把情欲化移情和反移情的缺失理解为一种我要解决的与激情和攻击性相关的更广泛的逃避的一部分。韦尔斯和怀尔（Wells and Wrye，1991）探讨了女性治疗师对"母性情欲化反移情"（maternal erotic coutertransference，MEC）的无意识威胁感，以及避免或阻止这种威胁感的倾向。韦尔斯和怀尔提到了莱斯特（Lester，1985）的分析，她通过扮演母亲的角色从而无意识地避免将自己表现为引起情欲的女性，并指出女性治疗师和男性患者保持一种母婴融合关系，是为了否认成年男性危险的性欲（Wells and Wrye，1991）。对于我们讨论上述案例的目的，我认为男性患者的性欲是幼稚的，这是女性治疗师与男性患者之间达成的一种默契，以避免充满激情的语言，包括性攻击的内容。如上所述，我认为这是阻断与"未经思考的已知的"创伤产生联系的一种方式（Bollas，1987），它以分裂的形式作为保护受虐儿童的整个内在客体世界的联合解离机制的一部分（Davies and Frawley，1992），而这种解离机制在治疗中可能尚未得到彻底的处理。

对于女性患者，我也发现了类似的动力学机制，她们以各种不同的方式与治疗师形成共谋关系。我相信两名女性相遇通常会激活对身份认同的防御，而不是对差异性的防御，两名把彼此看作潜在威胁的女性通常会倾向于融合，否认分离，从而保护温柔的母性部分。然而这类卷入造成的影响强化了一种信念，即有些事情太危险，最好不要去感受或了解，弗兰克尔（2002）认为分析过程可以被理解为在治疗双方之间形成的不可避免的共谋关系的一个修通过程。戴维斯和弗劳利（Davies and Frawley，1992）指出，正是分析师参与和诠释逐渐展开的历史戏剧的能力，鼓励了洞察、整合和改变不断地向前推进。通过介绍我的临床工作，我将尝试谈及一些工作方式，治疗师采用这些工作方式来修通共谋是能够实现的，空间和成长也是可能达成的，我还会对一些情境提出疑问，在这些情境中此类修通无法实现，危险仍然持久地存在，甚至每时每刻都在加剧。

在多年的治疗中，我一直没把托马兹当成一个男人来看待，只把他当成一个孩子，他也没把我当作一个女人，而是当作一个母亲，一天晚上，我做了一个关于他的性梦。醒来后我很震惊，感觉非常尴尬。我在梦中对他的感觉与我在意识层面对他的感觉似乎不同。如前所述，我们的共谋关系持续了数年，在这期间我们修通了一些重大问题，特别是有关他的母亲，以及为他与母亲的分离哀悼的问题。虽然我们之间建立了稳定而持久的治疗关系，但托马兹前来接受治疗时出现的不同程度的抑郁症状，以及他让自己变得失去女人和金钱的方式，仍然没有实质性的改变。他继续处于穷困潦倒的状态，仍然不会"与女性搭讪"。从我那个梦所引发的焦虑中，我意识到与我看待其他男性患者的方式相反，我不允许自己把托马兹当作一个性感的男人来看待。这是我内心转变的开始，这个转变涉及我们在咨询中所使用的满怀柔情的语言，因为我明白我的梦是对分析空间内已经开始发生的变化的一种无意识反应，并且这种变化可能威胁到我，因为它显示了我们之间的约定已经开始发生转变。自那个梦以后，我开始审视我们在咨询室所使用的语言、我自己的与攻击性相关的创伤，以及我的内心世界中可怕的黑手党。我观察了我们的共谋关系，这是我进入解离体验的方式，而这种方式旨在保护我们的治疗及我们各自的自我中的一些部分。

回想起来，我相信我和托马兹之间已经建立起了足够的信任，并且知道好的母性部分会在随后的情境中幸存下来。我们开始修通具有攻击性的部分，这部分以前一直被留在咨询室外。我们开始了一个新的哀悼过程，因为我们认识到创伤性丧失的不可改变性和不可逆性，以及胚胎天堂的分裂幻想的终结。我记得有一次，托马兹生气地对我说："你知道你刚才说的话一点都不像你。"我吓了一跳，心想："你对我生气的状态，也不像你。"我是这样回应的："这确实与你我以往交流的方式不一样。"当时我们刚开始着手处理那个可怕的、痛苦的创伤（一个一岁半的男孩被强行从母亲身边带走而引发的创伤）。我们在寻找那个哭着想念母亲的男孩，那个被吓着的男孩。这个创伤与权力的剥削性使用有关，也与我作为一个危险客体、一个攻击者的潜在攻击性有关，还与托马兹对自己的攻击性和破坏性的部分的恐惧有关（"毕竟我是我父亲的儿子"）。这个过程引起了托马兹对父亲的愤怒及认同，然而它也促进了托马兹使用自己的权力的能力的发展，而不是害怕滥用权力。我认为他每一次根据自己的部分需要来使用攻击性，都是一次对创伤的提醒，并伴有对攻击性滥用的恐惧。因此，只有当母性部分有足够的安全感时（不仅能存活下来，而且确实能保护孩子免受他人的具有威胁性的部分的伤害），不同的自我状态才可能得以整合，充满激情和攻击性的语言才能被允许进入咨询室内。

我们在这里谈论的是三种具有代表性的主要参与者，受害者、施害者和保护者。在受虐儿童的内心剧中，"施害者"背叛了孩子，而"保护者"却无法保护他（Thomas，2003）。如果没有一位有情感的见证者-保护者，儿童就无法存活下来，同时，如果没有一个内化的有效的见证者-保护者（监护人），儿童将无法保护自己（Atlas-Koch，2007）。这就意味着，我相信托马兹对一个存活下来的、没有被打败的、不会被谋杀的客体的感知的意义。我被迫面对我最强烈的恐惧，在与托马兹的治疗过程中处理这个恐惧，并承认我自己那受惊吓的女孩的部分和攻击者的部分，以及那个神色慌张的女人的部分。而当托马兹发短信给那个正在和他约会的女人，表示要给她送汤的时候，他知道我理解他正在冒险去表达他想见到她的愿望，让她感受到他想要什么。他已经开始能够"自食其力"，去赚钱和享受做一个理想中的男人的体验。在治疗进行到一半时，他收到一条短信："来吧，我想喝汤。"他笑着对我说："她没有揍我。"如前所述，当患者和治疗师将自己和对方视为潜在的攻击者时，自然会导致焦虑驱动的无意识共谋。虽然双方都感受到了攻击性的威胁，但他们都同意忽视他们之间潜伏着的看似无法解决的、危险的冲突，相反，他们创造了柔情，这种关系让人感觉很安全，但最终可能会扼杀成长（Frankel，1993，2002）。那么接下来的问题是，是什么阻碍了这些共谋的修通？什么时候它们会被认为太危险了？治疗师与患者的辩证互动中的言语的迷惑，以及修通这种言语的迷惑的能力，是否只与咨访双方的早期创伤内容相关联？

罗恩

现在我想介绍罗恩，一个英俊、机智、有创造力的 32 岁男子，他因强迫思维和强迫行为前来寻求治疗，并伴有一种隐约的抑郁感。罗恩从来没有工作过。多年来，他一直靠母亲在经济上给予支持，但除了经济上的联系之外，他与母亲没有任何接触。他形容母亲是一个抑郁的人，在第一次会谈时，他描述了与母亲的冷冰冰的关系，其中包括一些秘密的和未明说的事情。他把她说成是一个没有过去的人。她未提起过她的童年，或者在生孩子之前的样子。她从来不与他们分享任何情绪，是一个没有个人需要的"无私的"母亲。罗恩认为她是一个"有用的人"，正如前面提到的，她现在是一个把钱打到他银行账户的人，而在罗恩的童年时期，她是一个打扫卫生、做饭和洗衣服的人。但他不记得她曾经注视过他。罗恩强调母亲缺乏个人主体性；对他来说，她是一个空洞的客体，一个死去的母亲（Green，1983），她似乎沉浸在一种丧失中，这种丧失犹如一个无法接近但又确实存在的幽灵一样，铭刻在罗恩的脑海里。

罗恩的父亲在罗恩 12 岁时突然罹患严重疾病，很快就去世了。罗恩冷淡地宣称父亲去世这件事在他的生命中并不重要。多年以后，他开始谈论一种愉快的感受。"太可怕了，是吗？"他说，"我只是很高兴他死了。当我这么想时，我感到很震惊，但我从来没有想念过他。"罗恩形容家中的哀悼是"一分钟的哀悼"，因为一分钟过后，大家都装作什么事都没发生。从那一刻起，父亲这个角色就在他的记忆中再没留下一点儿痕迹。

我们慢慢地收集着细节。我们试图去了解他的母亲、他儿时的自己和他儿时的环境，用许多丢失的碎片来拼出整幅图画。罗恩害怕暴露过去的那个孩子，并不断地保护他，特别是通过幽默的方式。罗恩是个很有趣的家伙，当我笑的时候，他会欣慰地松一口气，盯着我的眼睛看一会儿。其余的时间他都不看我。看来我似乎对他构成了极大的威胁，事实是他坐在病人的座位上，我们之间的地位是不对称的，这让他变得无力和脆弱，因此他需要不断地保护自己。所以他邀请我和他一起玩，邀请我去他觉得安全的区域。他知道自己很有趣，也很清楚这个游戏的规则，他能掌控它，并机智且迷人地展示他的想法，确保我们能持续不断地用一种逗趣的语言来进行交谈。

我与罗恩的治疗持续了 5 年。我试着把讨论的重点放在我们的共谋关系上，这种共谋关系保护着治疗中的和我们自己内部的柔软的部分。多年来，罗恩经常对我说："你很温柔……你很脆弱……你很害怕。"他给我呈现了一个空洞而可怕的世界，一个他通过幽默来保护我的世界，很长一段时间以来，我一直以为这就是我们恐惧的来源。几年后，我才开始意识到，罗恩也在保护我们免受其他已从他的记忆中抹除的内容的伤害，这些内容一直被留在咨询室以外，尽管我们在心理上都感觉到了它们，但我们形成了共谋来保护我们免受"未知的恐怖事件"的威胁。

在治疗的最初几年里，我们主要处理了他与母亲的关系，也处理了他丧失父亲的事情。在这期间，罗恩无法告诉我关于他父亲的任何事情。正如前面提到的，他对父亲没有记忆，只有对他的出生地柏林的记忆；他说那是一个"鬼城"，里面充满了鬼怪和幽灵，漆黑一片，极其恐惧。"我有一个保姆，她经常威胁我，如果我不听话，就会有人来把我弄走。"他描述了一个孤独的孩子，住在一个寒冷的、充满威胁的、阴雨绵绵的地方，一个有时听起来就像恐怖片里描绘的场景那样的城市。他把自己的德国老保姆描述为一个"总是盯着坟墓"的人。我知道他是犹太人，并试图询问这些联想是否源于他是出生在德国的犹太人这一事实，但他说他不知道。事实上，他对他的家族历史一无所知，"我不知道我们是不是从大屠杀中幸存下来的，也许我们完全来自另外一个国家，也许我们假装是大屠杀的幸存者，这样我们就会被同情并得到施舍"。他描述这些事情的方式充满了恐怖和神秘，但也带着玩世不恭和幽默，他的目的是使这些意象和幻想变得更加柔和。虚无的体验是非常强烈的。非存在感是咨询室里最为真实的存在，幽灵无处不在。没有什么是确定的，文化、家庭和性别认同的问题都浮现出来了。

罗恩在一所没有身体或情感接触的房子里长大。除了描述自己的主体性体验之外，他还描述了一种在这个世界上没有存在感的体验，这种非存在感可以提供一个容器并体现连续性（Gerson，2009）。格森写道："……这种不在那里的感受既构成了'空隙'或非存在感，也构成了用来填补非存在感的东西。也许我们可以把这简单地想象成鬼怪的阴魂不散，因为他们永远不会被驱逐，因而成为认同的原初客体，并构成了自我最持久的内核。"罗恩的世界充满了"空虚"（emptiness）。他不知道自己来自哪里，也不知道自己将去向何方。他的母亲没有给他提供任何答案，但他早就不再问问题了，而父亲——早早地就去世了，没有关于父亲的记忆保留下来。幽灵追着他进了咨询室，我们努力在治疗中采取欢迎和与之共处的方式，来修通这种强烈的非存在感。

罗恩总是很焦虑，他告诉我有一种感觉一直伴随着他："我是个坏人"。他在人生的每一步中，都充满了罪疚感。他努力想成为一个"好人"——他向慈善机构捐款，在大街上施舍别人，帮助老人上公交车，如果他看到一个老人而没有帮助他，他就会觉得自己是一个"很糟糕的人"。他担心那个坏的存在体会攻击好的存在体，这一点在第一次会谈中我们讨论费用时表现得很明显。他告诉我，我正在"利用他的正直占他的便宜"，当他离开后，我注意到罗恩的身体里同时住着两个人，"好人"和"坏人"，剥削者和被剥削者，但他们总是处于分裂状态。

在治疗的最初几年里，罗恩在我们的互动中表现出逗趣和幽默的时刻，是他唯一真正注视着我的时刻。如上所述，在剩下的时间里，他总是把头转过去看向窗外。随着时间的推移，我逐渐感觉到自己的存在，我从一个不被看在眼里和不被看到的人变成了一个实实在在的人。罗恩开始审视房间，调侃地评论书架上的书，并对我更换的书桌发表评论。他开始大声质疑他对我来说是否真的很重要，以及在多大程度上他只是"我的工作"。然后他开始以一种非常温和的非侵入性的方式来询问我的私事。我有意地选择直接回答他的具体问题，当他接受了近 3 年的治疗后，他问我老家是哪里的（我的口音明显说明我不是美国人，但他从来没有问过，我也从来没有说过），我选择不去探究他问题背后的动机，而是先做出回应。后来我询问他当我变成一个有历史的人的时候，在了解了一些我的情况后，他有什么样的感受。

我们都知道这对他来说是一次全新的体验，而不只是一次简单的经历。"别害怕，我现在不会在家里给你打电话的。"他会开玩笑地说着，开始表达他对需要我的恐惧。而当我要去度假的时候，他会站在门口对我说，"你不在的时候我不会死掉，不用担心"，然后假装晕倒或晕死在门口。"我知道你不会死，但我正要提醒你，你可以随时与我联系，不仅仅是你要快死了的时候。"我说。我总是告诉他可以给我打电话，即使在我度假时；对此，他有一次回应道："你永远也不会放弃，是吧？永远不。"他没有给我打过电话。后来有一天，他问我，如果我突然想放弃工作，会发生什么。"人们想要改变职业，这是常有的事。可怜的家伙，这对你来说可能真的太难了。"虽然他没有提到自己，只提到我，但我能听出他担心我可能会离开"可怜的他"。事后我才明白，这些话里包含着一种恐惧，他害怕我会因为他而放弃这个职业，害怕他会吓到我以至于我不再承担这样的角色。

多年来，我一直觉得少了点什么。我经常把强烈存在的空虚和死亡与我们讨论的问题联系在一起。但是，他那些短小而幽默的话语，以及我们之间慢慢发展起来的非常逗趣的语言，让我觉得少了一些东西，一些我无法定义的东西。罗恩身上有一种"滑滑的"东西，很难抓住，每次在我觉得紧紧抓住了它的时候，它就又溜走了。就像他无法触及他失去的记忆一样，我也无法完全理解缺失的是什么东西。当我们一起收集与他童年有关的证据时，我也试图收集有助于我解决这种令人费解的感觉的证据。罗恩说话的时候，我经常感到害怕，我把这种害怕解释为对他可怕而黑暗的童年故事的反应。但随着时间的推移，我开始认为他试图在我身上唤起恐惧，不仅是为了让我承认这些记忆所产生的影响，也是为了另一种我们俩都没有意识到的威胁。

有一天，一只老鼠在我们的会谈期间闯进咨询室，我当时很害怕，但很快就恢复了镇定。罗恩无法平静下来。他尴尬地告诉我，这是他最大的恐惧之一，他讨厌老鼠，这对他来说太可怕了。这一次我成了咨询中的一名"卫士"，他非常尴尬地笑着说道："一个女孩保护一个男孩。"本应该是相反的情况，他对我说。"你瞧，现在你看到我并不是个男人。"他对我说。在接下来的一次会谈中，罗恩给我带来了一个礼物——一个捕鼠器。我们谈论了那只我们正在试图捕捉的老鼠。"如果可以的话，不要杀死它。"他说。在那一刻，我是一个潜在的凶手，而老鼠被体验为一个不断逃跑的入侵的攻击者。"它可能并不吃奶酪，"他说，"它是一只聪明的老鼠。"我意识到我们面对的是一只体现我们俩当下的关系状态的老鼠：攻击者、受害者，以及我们正在寻找的那块碎片。老鼠可能会把咨询室内的恐惧、他对我想要保护他这个愿望的尴尬，以及他对我是否能做到这一点的怀疑暴露了出来。"别装了，你自己也害怕老鼠。"他反复说道。

在另一次会谈中，罗恩告诉我，7 岁时他养了一对他非常喜欢的仓鼠。有一天，雌仓鼠生了 6 只小仓鼠，但突然雌仓鼠"发疯了"。它攻击雄仓鼠并咬死了它，然后，每晚它都会吃掉一只小仓鼠。每天早上，他的母亲都会强迫他清理"恶心的烂摊子"。他记得仓鼠笼子看起来像"有人在里面被谋杀了"一样。我们谈论了来自母亲的威胁，她吃了自己的孩子，杀死了自己的配偶，而他得每天早上清理烂摊子。多年来，问题一次又一次地出现：谁是凶手？谁杀了谁？我们是否死于大屠杀？谁是攻击者，谁是受害者？危险到底来自哪里？我是一个危险的凶手吗？他是吗？在另外一次会谈中，他问道："你杀过人并且霸占了他的财产吗 [《列王纪 1》(*Book of Kings 1*)，Chapter 21]？"他谈到了父亲的死，以及他和母亲至今仍在使用的钱，他不知道这笔钱的来历。

通常来说，问题总是多于答案，但当我现在写到这里时，我意识到我的写作方式表明了我是如何拖延意识层面的理解而加入罗恩的解离体验中的。我一行接一行地写着，像在灌木丛中打转一样，这种感觉特别像身处于我们的治疗情境中，我无法理解我所知道的东西——也许我早在承认罗恩是虐待的受害者之前就已经了解了，这是一种"未经思考的已知的"东西。空虚与包含其中的残酷之间存在着一种关联但无法被触及，这一常识性的理解现在开始弥漫。我进入了罗恩解离的内心世界，感受到了碎片化和恐惧，但除了情感，我无法"抓住"任何东西。

一天，罗恩带来了一本他发现的日记。这是他的妹妹在他的父亲去世前的那段时间里写的日记。她极其详细地描述了父亲对家人的暴力侵犯和野蛮行为，以及她希望他死掉的愿望。罗恩没有跟我分享很多细节。他轻描淡写地说："是的，其中有打人的行为、粗暴苛刻的话语、愤怒的情绪。"他以冷漠的语气回忆道，"那些年来我们一直都非常怕他"，他无法与孩子建立连接，无法感受到那个男孩的痛苦，无法爱他，也无法理解他。罗恩不记得身体或情感上的痛苦，只记得死亡和虚无。罗恩作为孩子的自我是处于完全解离的状态的，而作为成年人的自我则认为他是一个苛求的、尖叫的、多愁善感的小男孩，一个他需要摆脱的小男孩。成年人的自我不允许儿童的自我现身，两个自我之间上演着持续不断的斗争，各自怀揣着不同的需求。我加入了罗恩的解离状态，一度把否认童年期的创伤性恐惧作为对成年人的自我不去感受儿童遭受创伤经历的一种保护方式，同时也是使小男孩不被曝光的一种保护方式。回想起来，我为罗恩提供的保护是我曾作为一个小女孩希望获得的那种保护。戴维斯和弗劳利（1992）认为，只有在解离状态中，分析师才能理解受虐儿童的内部客体世界。治疗师只有允许自己进入（而不是诠释）解离体验，才会与病人拥有相同的关系性背景。

当我讲述自己曾经的恐惧和无助的经历时，我一时分不清哪些是真实的，哪些是虚假的。罗恩笑了。"净瞎说，"他说，"我的妹妹一直是个很夸张的女孩。"因此，所有的事情都靠不住。语言也是不可靠的。文字没有任何意义，它们只提供了一种形式，来说明一种情感体验，没有语言的参与，也没有身体的参与，就像鬼魂一样。所以我们再也没有谈论过那本日记。罗恩拒绝暴露他的那个孩子部分，在这些时刻我感觉自己是咨询室内唯一无助的孩子。他的成年人自我对他儿时的经历感到恐惧并努力让那个孩子保持沉默（Davies and Frawley，1992）。而文字游戏和逗趣是用来连接、联系和体验一些安全且稳固的东西的唯一方式。我理解这种逗趣方式体现了一种极早期的关系需要的形式，是一种"在创伤之前存在的幸福状态——它想努力消除这种创伤"（Ferenczi，1933）。这就是罗恩，那个爱玩的婴儿，那个能进行眼神交流和微笑，能接收到来自照料者的微笑、目光及兴奋的婴儿。这就是联合共建，毕比（Beebe，2005）在婴儿研究的"视频微观分析"中曾说明过这种共建方式，同时它也是两位参与者共同参与实时互动和自我调节的方式。在游戏的时候，罗恩与我之间发生了其他的事情；为了那些包含着某种关系的时刻，非言语互动内容被创造出来——一个微笑，一次接触——然后一次又一次地被消除掉。

随着时间的推移，罗恩与我之间的联系越来越紧密，他变得更加害怕我们作为分析双方的生活及我们各自的生活，并开始担心我们在治疗中创造的柔情可能会被破坏。一旦他的父亲进入治疗空间，危机感就变得更加真实。咨询室内一直存在的危险变得更加强烈，不清楚谁会受伤。如果他回忆起自己已经忘记的事情，这是否会危及他的生活？如果他触及自己的残忍部分，我会有生命危险吗？或者，如果他和 / 或我的攻击性浮现出来，我会不会成为那个攻击他的人？

作为孩子的罗恩已经存活下来。他的父亲就是那个已经死去的人。他认可自己是攻击者、"坏人"、那个"杀戮又占有他人财产"的人，以避免自己成为一个脆弱的受害者。戴维斯和弗劳利（1992）指出，儿童人格中的施害者是病人决心要生存下来的那部分，他借用了父母虐待他的方式来保护自己的脆弱部分。罗恩把一个被动性创伤转变成了一个主动性创伤，从而再次证实了他的一种无意识信念，即他要为自己遭受的虐待和父亲的死亡负责。于是总有分裂存在。他是邪恶的幸存者，他的父亲是被破坏的受害者。罗恩和作为受害者的自己，以及作为攻击者的我并没有发生接触，我相信我们的"保护者"只能以围绕着我们的满怀柔情的语言的共谋关系形式呈现出来。

罗恩并不相信这种治疗能够在攻击浮现时幸存下来。他试图有力地保持我们那满怀柔情的语言，但这变得越来越困难，对我对他都是如此。为了尽力掩饰浮现至表面的创伤内容，他的逗趣变得带有敌意色彩。罗恩开始谈论要终止治疗。我们非常直接地谈到他对已经出现的内容的恐惧，他担心有什么东西很快就会被毁掉，所以他宁愿在这种情况发生之前结束治疗。"如果我们不那么亲近，我可能会跟你谈谈，"他说，"我想时机已经到来，我必须结束治疗。"我听到他非常害怕攻击性的部分会毁掉"好"的部分，我提醒他，他离开了他唯一深爱的女孩，因为他害怕自己即将摧毁一切，所以他宁愿在这之前结束关系。同样，他害怕他的破坏性，现在他又害怕愤怒和仇恨，因此他试图通过结束治疗来留住他所谓的"爱"，把好的部分存放在一个封闭且受保护的地方。

罗恩担心温柔的东西无法存活，不管是我还是他，多年来他对我的形容都是"太过温柔"，他说他自己也太过温柔，但只是以贬损的口气。我们都是躲起来的那个温柔的孩子，可能会受到伤害，我们一起创造和使用的满怀柔情的语言意在保护我们自己。我明白，唯一值得信赖的保护者是我们在共谋关系中共同创造的那个保护者，这种共谋一度阻止了破坏性内容的进入。任何其他保护都是无效的。他不相信他的母亲会守护他。他无法确信我会牢记和保护我自己、保护他和保护治疗中的好的部分，无法确信我能在其他部分的攻击下幸存，也无法确信我们有能力保护他和治疗不被瓦解。他的母亲没有成功地见证她的孩子所经历的一切，他也不相信我能够成为这样一位见证者而不变得内心空虚；罗恩说，他担心我一旦变得空虚就会进入非存在状态，那时我就会辞职不干了。格森描述的沉默见证者，不仅是非存在的人，也是允许暴力继续发生的人。格森写道，"我们了解到，如果另外一个人能够忍受生活中无法用语言来表达的东西，那么这个人的存在就赋予了生存和死亡以意义"（Gerson，2009）。

退场

罗恩和我共同创造了这一共谋关系，用来阻挡由攻击性所带来的焦虑感，而这一共谋关系是在充满友善的土壤中生长出来的，因此必须受到保护，以免变成空无。这其中有一种被污染的意味（Gerson，2009），"健康的"部分必须放在一个单独的空间内被保护起来。因此，无意识共谋关系是双方（每个人同时既是受害者又是攻击者）达成的一种共识，即攻击性对彼此和治疗都会构成威胁。他们一起召集"保护者"来阻挡充满激情和攻击性的语言，只允许满怀柔情的语言进入，以防止再次创伤并保护每个参与者及治疗过程中的温柔的部分。罗恩和我分开了，我们每个人都包含着治疗中美好的和空虚的部分。

讨论

（病人的心智）缺乏在面对不愉快时保持自身稳定的能力——就像不成熟的人在没有母亲的照料，没有足够的柔情时，不能忍受被独自留下一样（Ferenczi，1933）。

我试图使用费伦齐在病人与持有满怀柔情的语言的孩子之间所作的类比，并将视角转移到治疗师与病人的辩证关系中存在的言语的迷惑方面，他们同时怀揣一个儿童和一个成年人，一个受害者和一个攻击者。我相信，原初创伤的修通与移情和反移情中的两种范式的存在方式有关，并且在治疗师和病人的内心世界中有所体现，因为双方交换了表征和角色，体验到了自己诱惑和被诱惑、剥削和被剥削，并共同创造了第三方角色——一个有效的见证者-保护者。这个保护者不仅是每个参与者的内在表征，也是治疗师与病人共同创造出来的分析性第三方，这使得双方都能安全地去玩创伤修通这个危险的游戏。

在以上两个案例中，共谋关系体现了一种保护治疗中温柔且仁慈的部分的努力，即使这种保护会与治疗师和病人共同体验到的解离和否认相关联。我相信，当施害者与受害者、成年人与儿童的表征之间出现分裂时——当双方永远只抱有一种体验时——"分析性第三方"中就不可能出现进步和发展。正是有这样的进步，一个分裂为温柔和侵略两部分的共谋的防御性保护者，才能向前发展并成为一个有效的发展更好的保护者，这个保护者能使所有的部分同时存在，而不会有任何一部分攻击其他部分的威胁存在。

（本章由温贤涛翻译。）

· 注 释 ·

1. 本章的早期版本发表在《精神分析视角》第 7.1 卷，并获得版权许可在此引用。

第 12 章

持续的坏感：与攻击者认同的道德维度

杰伊·弗兰克尔

　　我认为，费伦齐标志性的理论贡献是"与攻击者认同"[1]（Ferenczi，1933；Frankel，2002a，2012），这是他对创伤反应的理解及向更开放的技术迈进的核心概念。他认为这一概念中最具破坏性的部分是"成年人罪疚感的内摄"，这是"孩子最重要的变化，产生于孩子内心对成年人充满焦虑-恐惧感的认同"（Bonomi，2002；Frankel，2002b）。

　　费伦齐所说的是受虐孩子的一种不好的感觉（坏感）。他认为，受虐的孩子承接了施虐父母的罪疚感。我自己的观察结果显示，坏感也包括一种对缺陷的羞耻感。费伦齐并不是忽视羞耻感，只是没有强调它。在接下来的讨论中，我不会局限于费伦齐对父母感受的定义及孩子的坏感的定义。

　　我将跟随费伦齐和我自己的临床观察，继续关注实际环境中的危险和缺失。在将创伤事件加工成幻想性描述，以及将坏感进行防御性隐藏的过程中，个体的内心冲突必定会在其中扮演重要角色，但根据我自己的经验，父母的失败才是这些感受的根源。[2]

　　孩子情愿承受坏感可以被认为是在道德维度上认同攻击者的现象，这种说法与 W. R. D. 费尔贝恩（W. R. D. Fairbairn，1943）的术语"道德性防御"（moral defense）相呼应，二者指明了类似的概念，我将在后面进行讨论。我这个术语的优势在于，它在更大的背景下阐明了这一现象，事实上，与攻击者认同的道德维度与其行为和心理维度是同步的，正如我将在本章末尾详细阐述的那样。

与攻击者认同

在费伦齐具有里程碑意义的论文《言语的迷惑》（1933）中，他提出与攻击者认同这一概念的定义是：遭受攻击的儿童受害者因焦虑而被迫"像机器人一样屈服于攻击者的意志，以揣测并满足攻击者的每一个欲望，他们完全忘记了自己，认为自己等同于攻击者（1993）。"

在这里，费伦齐描述了行为顺从和支撑这种行为顺从所需的心理调节过程：过度配合攻击者的感受和意图；创造出攻击者需要他们拥有的情绪和想法，这将帮助儿童在具有威胁性的情境下维持安全感；不去感知那些可能会引起注意的事情，也没有独立的想法，特别是那些可能引起不适感并破坏顺从的想法；这种解离的感受可能会削弱"儿童在必需的存活感中所发挥的作用"（Frankel，2012）。并且，由于儿童在个人体验的这些面向的缺失，归属感、真实感和自我感都被牺牲掉了。

随着我对与攻击者认同这个概念的道德维度更加警觉，我在许多病人身上都不同程度地观察到了这一点，这跟与攻击者认同的其他维度同样具有极大的普遍性（Frankel，2002a），费伦齐最早发现了与攻击者认同不仅出现在那些小时候受到严重虐待的人身上。这一观察结果促使我们跟随费伦齐（1929，1930，1931，1932，1933）的脚步，扩大我们对哪些情境会导致创伤的理解（Frankel，2002a）——我将详细阐述这一想法。

费伦齐关于坏感的观点

费伦齐发现与攻击者认同这一现象是在他晚年的时候——这时也是他工作的顶峰阶段。他对此的描述相对较少，对"最重要的"道德的方面的描述更少，他只在 1932 年夏天写的会议短论文《言语的迷惑》（1933）中的几个段落提到过这个概念。当年他的治疗方法被写在他的《临床日记》（1932）中，由于他的重度贫血症状恶化，他在来年春天便去世了。

费伦齐写道："孩子因对成年照料者充满焦虑和恐惧的认同而产生的最重要的变化，是对成年人罪疚感的内摄，这使得无害的游戏似乎成了一种应该被惩罚的罪行（1933）。"他接着说道："当孩子从这样的攻击（即创伤性攻击）中恢复过来时，他会感到非常困惑，事实上，他是分裂的——既觉得无辜，又觉得应该被惩罚——他对确认自己的真实感受的信心被击碎了。此外，成年照料者会因对自己的严苛行为感到后悔，而备感折磨和愤怒，这使得孩子更加意识到自己的罪过，并变得更加羞愧。在这类事件发生后，诱惑者往往会变得过于道貌岸然或遵守宗教规范，并试图变本加厉地拯救孩子的灵魂（1933）。"

孩子做出这种回应的一个重要因素是，他们尚未成熟。费伦齐写道："孩子在身体和道德上都感到无助，他们的人格还没有坚固到有能力去抗议的程度，即使只是在思想上，成年人的强大力量和威权也足以让他们哑口无言，并剥夺他们的感受（1933）。"他称孩子为"半流体"的人（1933），在这个生命的"纯粹的模仿时期"（1932），他们有一种随波逐流的倾向，很容易不加抵抗地去接受、去认同（1932），并模仿恐惧、仇恨和爱（1932）。[3] 只有当孩子从他们的环境中得到"全方位的支持"时（1932），他们才能克服和超越这种倾向（1932）。否则，"弗洛伊德的死本能"将占据上风（1932），孩子将失去活下去的意愿（1929），崩溃并变得"容易爆发"（1932）。这些遭受过攻击的不成熟的孩子，只有"由本我和超我组成的心智，因此缺乏在面对不愉快的情形时保持稳定的能力"（1933）。这是否意味着，这些已经内摄了成年人罪疚感的孩子，无法通过现实检验和展望——自我功能——来调控超我的严苛性，并且觉得自己只配受到惩罚？这种缺乏自尊的现象会一直持续到成年。作为成年患者，这些人"顽固地拒绝听从我的建议，并对不公正或不友好的治疗做出痛苦、仇恨或防御的反应"（1933）。

费伦齐还认为，孩子可能会让自己变"坏"："被不良对待的孩子会变成一个机械的、顺从的机器人，或者变得逆反，但又无法解释自己逆反的原因（1933）。"

我们可以推测，这种看似毫无意义的逆反可能是一种顺从——努力实现父母的投射——或者是一种妥协：孩子拒绝温顺地向不公正妥协，但又拒绝指责压迫者。此外，按照他的观点，孩子最需要的是被需要和被爱，并从父母那里接收到充满共情的陪伴（1929；见本章的注释 5 和注释 7），费伦齐认为，被孩子的不当行为成功激怒的父母会让孩子感受到，在表现得很坏的方面他并不孤单，因为父母也同样很坏（1932）。

基于类似的逻辑，我认为一个被虐待的孩子如果与自己的父母发生性行为，可能会觉得这样做不仅是为了自己的安全，也是得到自己迫切需要的那些感觉像爱意和柔情的东西的唯一方式（1932）。但孩子的快乐可能会像一个"共犯"，暗示她想要这种虐待，因此要对此负责（1932）——如果成年人指责孩子，这种归因可能会被加强（我会在后面对用"她"来指代孩子进行说明）。

费伦齐还提到了一种原发性罪疚感，这种原发性罪疚感基于"力比多的贫乏，在没有内在压力的情况下人为地释放力比多"（1932），而无论其是独自实施的还是由别人激起的——也就是说，来自被强制的而不是被渴望的性或爱。

我将保留费伦齐提出的关于父母的创伤性行为的观点，作为我自己观察的一个框架。

费尔贝恩及其他研究者[4]关于儿童坏感的论述

在所有后继的精神分析作者中，在费伦齐之后的 10 年，费尔贝恩最为直接地谈到了孩子对变"坏"的依恋现象，并使用了"道德性防御"这一概念来描述这种现象（1943）——这个概念比费伦齐的概念更被人熟知。费尔贝恩写的是关于行为不良的孩子，但他的观点似乎也适用于那些可能觉得自己坏的孩子，尽管他们表现得特别"好"。

费尔贝恩写道，"这个（被不良对待的）孩子宁愿自己变坏，也不愿拥有坏客体。……在变坏的过程中，他实际上是在承受似乎存在于他的客体中的坏的负担。通过这种方式，他试图清除这些客体身上的坏，而且在他成功地做到这一点的时候，他得到了一种安全感的回报，而这种安全感是一个好客体环境所特有的"（1943）。按照孩子的逻辑，"在好人统治的世界里做一个罪人"——一种"有条件的"、更可被容忍的坏的形式——"比在坏人统治的世界里生活更好。在好人统治的世界里，罪人可能是坏的；但他从周围的世界是好的这一事实中总能找到一定的安全感"（1943）。费尔贝恩的解释与费伦齐的解释不同，他并不认为父母有罪疚感。

此前，费伦齐也曾以类似的方式写道，当一个孩子有反对或质疑虐待她的父母所说的话的可能性时，他会面临这样一个问题："是整个世界都不好，还是我错了？于是她选择了后者（1932）。"孩子宁愿变坏也不愿孤单一人。费伦齐还认为，孩子为了保护他心目中理想化的父母形象，会承接父母的坏或疯狂（1932）。

费尔贝恩（1941）也像费伦齐一样，认为认同是最基本的关系形式，这意味着孩子的好的感觉可能更多地来自她对父母的好的体验的认同，而不是她自己的行为。也就是说，孩子需要感觉自己是坏的，是为了获得依恋安全感和自尊，但这两者又有些自相矛盾。

科胡特（1972）在这一领域的开创性贡献集中在羞耻感方面，他认为在本质上羞耻感是当表现欲被激起时，由于镜映反应的意外缺失而造成的一种自恋受挫反应，而无论这种镜映反应是来自外部客体还是来自理想化的超我。没有得到自己所期望的对全能感和完整感的赞美和肯定，这个人就会觉得自己的缺陷被暴露了。科胡特将镜映理解为一种基本的发展性需要。他在对自恋发展的特别阐述中已经形成了对羞耻感的理解，同时，他的结论与费伦齐和费尔贝恩的观点也大体一致，即儿童的原初需要（而不是他们唯一的需要）是接收到爱和共情性理解。他们三个人都认为，坏感——不论是罪疚感、羞耻感还是缺陷感——从广泛意义上理解，至少都涉及一种在情感上被抛弃的感受。

无论是否把焦点集中于遭受严重虐待的儿童，或者以更为微妙的形式遭受伤害的儿童，其他作者也都以类似的说法谈到了儿童坚韧的坏感。罗思坦（Rothstein，1977）在解释儿童的缺陷感时，认为这是一种"自我的态度，其来源是将母亲的自恋性贬抑的和 / 或抑郁的、冷漠的或不恰当的愤怒的面部表征内化，进入原发性'代理自我'（self-as-agent）中，……好像儿童会觉得，'……这必定是我的错。……如果我能做到完美，母亲就会爱我。如果母亲不爱我，那必定是因为我有缺陷'"。戈尔德斯坦（Grotstein，1992）认为，受虐儿童会感到罪疚和羞耻，首先是对施虐者的内摄和认同的结果——儿童会觉得，施虐者就是那个自己感受到的内在自我。戈尔德斯坦还指出，儿童会觉得自己坏，是因为她通过对施虐客体的认同，公开曝光了施虐客体，以达到羞辱、指责和惩罚他们的目的。

本波拉德（Bemporad，1994）观察到，作为成年人，她们"迫切需要抓住一种错觉，即父母是好的（或虐待孩子是正当的），尽管有越来越多的证据不支持这一点"。在一名患者身上，"极其残忍的对待被当成了一种关爱行为……"。孩子接受这样的认知，是因为"强大的父母呈现出一种世界观，否认除了她们自己之外的任何支持性的存在。孩子实际上生活在心理隔离的环境中，她们唯一的心理存活方式就是去相信父母所信奉的所谓的好，而把父母所造成的痛苦当成因自己的坏所导致的罪有应得"。本波拉德批评说，费尔贝恩的道德性防御概念过分强调了内部心理因素，忽视了父母在促成孩子的坏感方面的"积极"作用。

在我之前对这个话题的讨论中（Frankel，2002b），我质疑过费伦齐的假设和费尔贝恩的解释。费伦齐的假设暗含在他的术语"成年人罪疚感的内摄"中（1933），即父母对于虐待孩子总是会感到愧疚——实际上，父母并不总是这样。而与费伦齐的假设不同，费尔贝恩的解释并不需要也不知道坏感是否只是或甚至主要是罪疚感。例如，费伦齐认为情感上的抛弃是创伤的核心，[5]而琼斯（1995）认为，情感上的抛弃与羞耻感密切相关："羞耻感的终极威胁就是被放逐。因此，罪疚感有受到惩罚的威胁，甚至可能是死亡的威胁，但不会有被排除于群体之外的威胁；羞耻感则有导致关系结束的威胁（Jones，1995）。"

我支持费尔贝恩强调孩子承接父母的坏，从而为父母的坏开脱罪名的说法，孩子最大的需要是有一个好的父（母），这样孩子才能感到安全和良好，孩子的好的感觉更多地来自她对父母的认同，而不是对自己行为的评价。

我还提出了一种可能性，即"受害者认同攻击者的行为，同时保持自己的价值观。在这种情况下，她会为对方所做的事情感到羞愧，就好像她自己做了这些事情一样"（2002b）。我还认为，受虐的孩子可能会认同对这种关系的感受——好的或坏的——并提出疑问，"羞耻感是不是个体在遭受侵害甚至蒙受苦难时内在固有的感受。也许无助自然会让人觉得像一种过错，而权力则更像一种美德"（2002b）。

我提出一个"与费伦齐自己关于内摄攻击者罪疚感的假设相比，更为简单的假说，攻击者可能会像儿童/受害者真的有罪一样来对待儿童，儿童可能只是出于害怕攻击者而认同并顺从这种归因"（2002b）。

还有，"不仅仅是表现出罪疚，而且是感受到罪疚，会让孩子的罪疚更有说服力。这样，感到罪疚或羞耻成了认同和服从的一部分，而这种认同和服从是由恐惧所推动的"（2002b）。此外，"罪疚的表现可能会暗示对方不要伤害自己……这是一种对自己的先发制人的打击，目的是消除来自对方的威胁"，我引用了琼斯的观点，"羞耻作为一种 '绥靖仪式'（appeasement ritual）（Jones，1995），是一种服从的信号，目的是避免遭受更强大的人物的攻击"。

"感到有罪，"我认为，"可能比恐惧更可取，因为与恐惧不同的是，罪疚只代表一种内在的和虚幻的危险，这种危险在某种程度上是处于个体控制之下的。通过这种方式，当个体无能为力时，罪疚会给他一种力量感。这正是费尔贝恩（1944）所说的 '将坏客体内化' 要表达的意思（Frankel，2002b）。"而费伦齐的意思是，"通过认同，或者用我们的说法，通过内摄攻击者，攻击者作为外部现实的一部分消失了，成为心理内部的而不是心理外部的……一种梦幻般的状态。攻击作为一个残酷的外部现实不复存在，而在创伤性的恍惚状态中，儿童成功地维持了先前的温柔情境"（1933）。

临床观察

关于个体对自己的坏感的顽固性依恋问题，我现在想谈谈自己的临床观察结果——这种现象在不同程度上存在于我的许多患者中，即使不是大部分患者（我想也存在于大多数其他分析师的实践中），只是我对此更为警觉，因为我对这个概念给予了更多的关注。对于在更广泛的层面认同攻击者这一主题（Frankel，2002a），与攻击者认同在道德层面的临床表现并不局限于那些童年受过严重虐待的幸存者，这表明许多几乎无处不在的童年期经历往往都是创伤性的，并留下创伤的印迹——最重要的是，许多创伤往往都是难以察觉的，表现为情感抛弃的不断迭代。

观察的性质和人物指代的方式

在接下来的内容中，我将提炼出与攻击者认同在道德维度上的一些要素，这是我多年来在许多成年患者身上反复观察到并在不同的时期系统地记录下来的。

我的描述基于患者对他们的童年期的记忆和对他们的成年生活的记录，这些记录以多种方式反映了患者在童年时建立起来的心理内部的和人际关系的模式。这些记录已经被详细探究过，经常在移情-反移情的互动中得到证实，并且在不同的患者身上以类似的形式反复出现。我对下面描述的内容都做了特别的调整，患者故事的细节和连贯性，以及他们表现出来的感受和信念的深度，也让我对此深信不疑。

我经常会提到"孩子"，类似的称呼很可能会一直持续并同样被用在这些已经长大成人的"孩子"身上。我在大多数情况下会概括性地称呼"父母"和"孩子"，并使用女性代词，但实际上我将描述的现象在男性或女性病人身上都有所表现，我将描述的父母既包括患者的父亲，也包括患者的母亲。

现象描述

坏感可能是强烈的，也可能是温和的，可能是普遍存在的，也可能只有在人际冲突和焦虑加剧时才会出现。坏感主要有两个方面，在每个人内心所占的比例各不相同：责任感和罪疚感，以及对缺陷的羞耻感。

一个人可能会觉得自己甚至对自己认为无法控制的事情负有责任——往往还伴随着罪疚感。她坚持在事情出了问题的任何时候——不管事实如何——甚至在事情没有出问题的情况下承担责任。一旦孩子在某一情境下出现了认为别人坏的认知而预感到自己也是坏人时，这种认为别人坏的认知就会被迅速分裂并被加以贬抑。当某种坏的事情发生在她身上时，她想知道自己做错了什么，并可能会道歉。她觉得自己的愤怒会伤害别人，并且会在感到愤怒时去道歉。

她可能会觉得, 自己在生活中的成功是不应得的, 其他人要比自己更应该得到奖赏, 而且自己的成功反而是对他人的一种抛弃或伤害。此外, 她可能会担心这会引来别人的愤怒和报复。

罪疚感破坏了她有权做自己想做的事情的感受, 使得她连很普通的自我需要都感觉太过苛求了。

她羞耻地觉得自己是有缺陷的。具体情况因年龄、性别、文化和其他因素而异, 但通常她会感觉自己与别人不同并且不如别人: 包括身体上或道德上的丑陋、令人厌恶、太高或太矮、没有女人味或没有男子汉气概、不够漂亮、不够强壮或不够健美、不够聪明、不完整、无能、不合格、不重要、缺乏内涵、空虚、内心什么都没有或只有坏。她可能会觉得自己没有一丝丝拿得出手的真正价值。她的自我怀疑可能涵盖了所有的领域: 身体、认知、情感和道德。而且她不太可能被反对的证据说服。她可能会认为正是她想象中的心理和道德上的缺陷, 才使她没有资格去判断、批评甚至不同意他人。

她觉得自己最终总是会让他人失望, 并且觉得自己不可爱, 或者在真实的情境中只有作为某人的替身时才是可爱的。她可能会试图隐藏大部分的自己。当他人对她满意时, 她会去寻找对她不利的解释, 或者觉得他人根本没有看到真实的她。事实上, 她对自己的"坏"体验往往与别人对她的看法截然相反。

但是, 她有一种对自我的分裂性认知, 对自己的坏感和缺陷感与对自己的价值、能力和积极性的贡献, 以及对自己被爱和被尊重的觉察并存——被爱和被尊重往往来自那些她所爱和尊重的人。

她可能也会觉得自己不值得拥有自己渴望和需要的东西——她作为一个有自主权利和情感的人的价值是不被尊重或肯定的; 她是不被关注的, 特别是当她的父母正在经历内心的痛苦和贫瘠时 (往往是这样, 我下面就会描述); 她是得不到抚慰的, 虽然她非常渴望得到。[6] 她可能会觉得她的家庭或这个世界并没有给她留有位置——至少是真实的她——甚至她应得的只是孤身一人（这表明，她的创伤性被抛弃感会强迫性地重复出现，正如我将要描述的那样）。她不应享有权利，这种病理性感受可能源于她认为自己是一个有缺陷的人这一信念。

毫不奇怪的是，坏感有时但并不总是伴随着抑郁的心境。或者，有些人可能会感到焦虑——担心他们的坏会被发现或被惩罚。其他人——绝不是所有人——至少会在某些时候与自己的坏感和不应享有权利的感受进行抗争，例如，通过愤怒、补偿性的自恋式权利要求来抗争。

家庭动力学机制：父母的压制性情感抛弃与孩子的认同

在本节和下一节，我将从费伦齐的观察开始，然后增加我自己的观察。费伦齐认为，一个典型的创伤性序列与父母有关，他们"把孩子的游戏误认为是性成熟的人的欲望"（1933），可能对孩子进行性虐待，也可能羞辱和惩罚孩子。例如，父亲会否认自己的冲动和罪疚感——往往隐含地通过费伦齐称为"伪善"（hypocritical）的沉默（1932）——并将这些感受投射到孩子身上。在费伦齐看来，母亲可能会与父亲的否认形成共谋，对父亲的责任视而不见，并指责女儿，以完成对孩子的情感抛弃——在费伦齐看来[7]，这是创伤中最具杀伤力的因素。母亲甚至可能会视女儿为一个对手，进而惩罚她（1932）。

成年人的否认会在孩子身上造成费伦齐所说的"创伤性困惑"（traumatic confusion）（1932），并迫使孩子接受并内化成年人将性欲和罪疚感"植入"（implantation）（1932）孩子内心的举动（1932）。

费伦齐暗示，孩子身上还有其他心理因素可能会迫使她认同虐待她的成年人，并承接情境中的坏。例如，他指出，给别人造成痛苦可以抚慰一个发怒的人——通过植入"毒药"，一个人可以让自己摆脱痛苦（1932）。也许——至少在某些情境下——认同并照顾攻击者（参见下文关于孩子的照料性回应的讨论）需要孩子体验痛苦，包括让人感到罪疚和羞耻的"道德"上的痛苦谴责。

费伦齐还指出，惩罚会产生罪疚感和固着，阻碍孩子与父母的分离（1932）。认同过程进一步阻碍了孩子的分离："因为我认同自己（去理解一切＝去原谅一切），所以我不能去恨（Ferenczi，1932）。"

与费伦齐的观察不同的是，我自己的观察（包括对大多数儿时并没有遭受过严重家庭虐待的病人的观察）呈现出的是一套典型的家庭动力学机制，其中的病人在与坏感做抗争。最常见的是，自恋受损的父母，在抑郁、焦虑或自尊问题上苦苦挣扎，以一种工具性的、压迫性的方式来利用她的孩子——这往往超出了父母的全部觉察范围。父母迫切需要感觉更好，这使得她对孩子的需求难以承受——孩子需要拥有她所期待的个人界限和分离感，需要无条件地被爱，需要在她自己发展个性的许多方面被认可，这种对认可的需要是为了她自己，而不是因为她的兴趣、天赋或敏感性让父母满意。

海迪·费姆伯格（Haydee Faimberg，2005）——他的观察和我一样，主要集中于自恋受损但又非公然虐待的父母的成年子女——描述了父母对孩子的自恋性利用，包括父母将部分心智侵入孩子的内心，并将孩子的部分心智侵吞占用。艾丽丝·米勒（Alice Miller，1997）观察到，这类内心贫瘠的父母为了满足自己的需要而不是孩子的需要而将亲子关系进行反转，并描述了这种反转对这些孩子造成的后果：脆弱的自尊，以及当别人不理解他们时，他们更愿意责怪自己。

当身体虐待或性虐待呈现出来时——也许是被隐藏的和被否认的——创伤的核心似乎往往是父母的情感遗弃和剥削。一个常见的另类情形是，父母将她们的生活全部集中在孩子身上。她们到处宣扬，她们多么需要孩子持续不断的、强烈的情感参与，她们为孩子设定了某种理想化的角色——例如，赞美孩子的伟大成就、非凡的智慧、无与伦比的美貌，或者无私的奉献精神（针对父母）；父母可能需要孩子亲密的和持续的情感陪伴，或者让孩子在本质上成为一名浪漫的伴侣。

　　一个被父母的赞美诱惑的孩子可能会接受这个任务，但也可能会觉得父母（和她自己）只能接受完美，并最终觉得自己无法胜任这个任务，令人失望，是一个骗子。如果父母认同自己理想化孩子的目的是保护自己不会出现不如他人的嫉妒心和自卑感，那么，孩子的自我意象可能会等同于父母的自我鄙视意象，或者等同于父母对她所嫉妒的、理想化的孩子的无意识憎恨。如果父母需要孩子扮演一个性欲化的角色，孩子可能就会利用性本身（也许以某种性强度更低的形式），把性更普遍地当成人际关系中的通用货币。一个被理想化的孩子往往会被练就成一个照护者——一个非常具有破坏性的角色，我会在下面详细阐述。

　　此类父（母）的成年配偶可能会心照不宣地与占有子女的配偶形成共谋，通过使自己在很多重要方面无法被孩子获得而强化她送给配偶的"礼物"。这些都加剧了被遗弃的创伤，强化了内心贫瘠的父母对现实世界的定义，即认为孩子的需求相对地不那么重要。

　　当父母将自己的全部生活都集中在孩子身上时，父母的剥削可能是非常明显的，但她们似乎在情感上很难放弃孩子。然而，她们的过度卷入掩盖了这样一个事实，即她们主要是在照顾自己的需求，而让孩子的需求得不到认可和满足。

　　在一个明显相反的情境中，情感抛弃可能是显而易见的，剥削却很难被看到。例如，父母可能会让孩子成为替罪羊，或者以其他方式将孩子排除在家庭归属感之外，或者贬低孩子作为一个人的价值，又或者贬低孩子在父母眼中的宝贵价值。这些形式的情感抛弃可能会让人感觉像严重的虐待一样。父母情感生活中的很多因素当然会推动此类对待方式——父母出现抑郁、对孩子的兄弟姐妹更为偏爱、把孩子认同为难以对付的形象，或者孩子是一个不受欢迎的"意外"，导致父母被锁在不幸福的婚姻中。这样的孩子可能会觉得她的存在本身就是具有破坏性的，扰乱了她所爱之人的生活。

虽然这些父母可能表现得退缩或拒绝，她们对孩子的利用和剥削却毫不少于过度投入的父母——他们只是把一个坏客体而不是一个好客体投射到孩子身上。明显的过度投入和明显的退缩都涉及情感抛弃和剥削。一些家庭的父母双方可能扮演着同样的角色；在另一些情形下，各个角色是分裂的。或者父母一方可能会交替扮演两个角色。

无论父母表现得退缩还是过度投入，孩子都很有可能会觉得，要对自己的需要和失败负责，并认同隐含的信息，即在她的家庭中，真正的那个自己是没有位置的，也无权满足自己的需要。孩子可能会得出这样一个结论，她自己出了问题——这一结论通过父母对孩子的愤怒得到了支持，孩子需要的磨炼或矫正被加以合理化。对于这些强制儿童认同和服从的模式，其结果可用一个涵盖性术语来概括，即"强制性情感抛弃"（coercive emotional abandonment）。

在许多这样的观察结果中，正如费伦齐（1931，1932，1933）和巴林特（1969）都强调的那样（见本章的注释 5 和注释 7），还有一个因素促成了父母对孩子的遗弃。父母是强制性情感抛弃的罪魁祸首，她们也许无法面对自己的（也许是无意识的）罪疚感，有时在得到配偶的支持时，她们可能会推卸自己对孩子所做的伤害性事件的责任——对自己、自己的孩子和其他人都否认这些事，或者弱化她们的行为的重要性及其造成的影响。例如，用令人失望的、伤害性的、令人不安的或挑衅的方式来对待孩子的父母，可能会将自己的行为描述为合理的，将孩子的反应描述为过度反应，认为孩子过度敏感。此类责任推卸构成了强制性情感抛弃的更多面向。

在父母明确的或含蓄的责任推卸下——辅以我所描述的各种形式的情感勒索——孩子可能会轻信这个故事，压抑自己的愤怒，觉得自己的感受和需要出了错，认为自己不是个好孩子，觉得自己忘恩负义。但孩子仍然意识到有些事情不对劲（也许只是模糊的感觉），自己的需要没有得到满足。正如费伦齐（1933）所指出的，孩子压抑的愤怒和被侵犯的正义感可能会以被动或公开的逆反形式找到一个宣泄出口——孩子在服从于父母所推动的故事中，可能会认为这是不合情理的，为此她可能会满怀罪疚感地惩罚自己。[8]

痛苦折磨的恐怖主义与永不结束的分离-罪疚循环

除了性虐待和暴力——"激情之爱和激情惩罚"[9]（Ferenczi，1933）——以外，费伦齐还提出了第三个原初性创伤事件："痛苦折磨的恐怖主义"（1933）。

费伦齐的《言语的迷惑》（1933）中有一句话："儿童有一种强迫倾向，想要把家里所有的混乱状态恢复原状并承担责任，也可以说，他们想用自己那柔弱的肩膀去承担其他所有人的负荷……一个抱怨自己一直苦不堪言的母亲可能会把她的孩子塑造成一个终身的护士，即一个真正母亲的替代者，并忽视孩子的真正利益。"[10]费伦齐在《临床日记》（1932）中更直白地写道："孩子变成了精神科医生，他以理解的态度对待疯子，并告诉他，他是对的（这样他就不会那么危险了）（1932）。"孩子"理解"攻击者，以使他冷静下来，也许是希望得到攻击者的理解作为回报（1932）。

我自己的观察表明，痛苦折磨的恐怖主义成为一种具有破坏性的强制性感情抛弃的过程是这样的——父母极其有效地控制了孩子，通过在她身上唤起难以忍受的创伤性同情来阻止她分离。孩子觉得，她奉献自己来照顾父母，牺牲自己的需要和意志，这一切都能让脆弱的父母振作起来而不至于崩溃。[11]

父母通过无法表现得像父母这一点来体现其脆弱性，即她们无法面对或共情孩子的情感痛苦——至少是无法取悦或支持父母的痛苦。例如，当孩子的痛苦可以归咎于父母一方，而父母双方正处于交战状态时，父母另一方可能会觉得自己是好的那个。或者，父母可能会通过给孩子倾倒自己的痛苦和对孩子的痛苦遭遇的焦虑来拦劫孩子的痛苦表达。父母甚至可能会变得愤怒，通过指责遭受痛苦的孩子来让孩子感到不安——为了能安抚父母，孩子可能会非常急切地接受这种罪疚感的负担。

接受指责可能是孩子面对失控的父母时的一种应对策略。费伦齐写道："孩子甚至会故意犯错，来证明和满足成年人的攻击性需要"（1932）。接受指责也让孩子看不到父母可怕的问题，让孩子持续地认为她们是好父母，而自己没有被抛弃。在内心冲突层面，孩子可能会责怪自己，为的是抢先赦免否认的父母，让她们接收不到孩子对她们的指控。孩子可以依稀感受到一点儿愤怒的情绪，并去验证以下事实——正如父母可能已经强加给她的那样——是孩子自己的坏，才"导致了这一切"。

然而，当作为照料者的孩子出现自然的分离冲动，想要坚持她自己时，父母会害怕失去她内心需要的孩子，并很可能以一种具有攻击性的痛苦表现来予以回击。获胜的孩子只有两种选择，但都是糟糕的选择：一种是屈从和感到羞耻，另一种是在罪疚感的重压下坚持自我。

1. 自我放弃、失败、虚伪和羞愧。孩子通过恢复自己的照料者模式，来保护自己免受父母痛苦的攻击：服从、讨好、理解、抚慰、确认和共情。但对孩子来说，这种稳定父母的情绪和自尊的行为，不仅是一份全职工作——更是一种可怕的丧失。一个孩子如此专注于别人的需要，几乎失去了对自己的感受、想法和真实身份的所有感觉。[12]

此外，父母的持续性内心痛苦——显然，这样的父母甚至不可能感觉到哪怕极其短暂的好的感受，自然也不会回应孩子的照顾——使得孩子在"存在"（existing）这个重要目标上感觉自己像一个无助的失败者，并且给孩子注入一种更具弥散性的失败感和无意义感。孩子可能会得出这样的结论：她无法让父母高兴、有活力或平静下来，因为她的自我内部存在一些根深蒂固的不足或缺陷，这样的"事实"让孩子深感羞耻，破坏了孩子对自己有资格在更广阔的世界里坚持自己作为一个独立个体的信心。羞耻感阻止了她与父母的分离。

　　孩子也许还模模糊糊地感觉到，她从自己是父母的照料者这一角色中，获得了很特别的感受，这种感受是建立在共谋性全能幻想之上的，而这种幻想是她自己一手编织的。这加剧了她自己是一个骗子的感受，也助长了她对能否在现实世界中独立生存的怀疑。她还怀疑自己是否有能力具有真正的共情或真正的爱——因为这些感受已经被她所认可的不真实的幻想场景改写，并要求她压抑许多相反的和更真实的愿望——或者真正地被爱。

2. **被挫败的自我主张、怨恨和罪疚。** 被剥夺的孩子自然渴望得到她从未得到过的照顾，渴望有机会作为一个人得以成长和发展。但她觉得，事实上，她自己的需要对于脆弱且痛苦的父母来说是沉重的负担和伤害，必须被扼杀掉——当然，扼杀自己的需要是不可能完成的任务。然而，为了保护父母，保护自己免受可怕的罪疚感的折磨，她必须表现得顺从、服从、关心、无私、"善良"。

　　最重要的是，她必须阻止任何希望分离的迹象，或者对可能使她脱离融合和照顾角色的人或事物感兴趣的迹象——当孩子所在的更广阔的世界里有人认识到她的能力时，这种兴趣很可能会被激发出来。任何分离的迹象都可能引发父母的焦虑，然后父母可能会将孩子孤立起来，贬低那个孩子可能要依恋的人，并巩固痛苦折磨的恐怖主义的统治。

　　孩子还可能因父母强迫她压抑自我表达、扭曲她的内心生活、放弃自主权、让自己受到剥削并丧失真实且诚实的生活，而无意识地憎恨父母——也就是说，与自己的"部分死亡"形成共谋（Bonomi，2002）。所有仇恨和反抗的冲动都必须被隐藏起来，也许是被隐藏在悲伤、焦虑、沉思或开朗的面具之下。但有时，孩子的不开心也被父母认为是一种负担、一种不忠的表现，也是一种对失败的指责——在无意识层面，可能是——这也必须被隐藏起来。

但没有一个孩子能够完全扼杀自己的需要和感受。孩子可能会因这种"失败"而产生难以忍受的罪疚感，并通过重新服从、顺从和与受苦受难的父母融合来逃离这种罪疚感，相伴而来的失败感、缺陷感和羞耻感也破坏了她与父母分离的冲动。但分离的冲动不会被压制或沉寂，反而会把她再次推向外部世界。这种不稳定的情绪摆荡——在隐藏的分离冲动与罪疚感消退之间不断循环——永不停歇。

照料者-孩子的罪疚感的另一个来源是父母把孩子当作武器，要求孩子成为她们对抗某人（父母另一方、孩子的兄弟姐妹或直系亲属之外的人）的盟友，或者通过比较，用她们对孩子的理想化来贬低其他人。孩子迫于压力而默许，以免父母感到被背叛和被抛弃，并使自己成为被攻击的目标。但孩子觉得自己是同谋。她觉得自己应该反抗，出于一种正义感，她可能会用罪疚感来惩罚自己。

为了保持真实感和分离感而让自己感觉"坏"和表现得"坏"

对一些孩子来说，拥抱内心的坏感——尽管很痛苦——好像是保持某种真实性和做自己的唯一途径，并且可以让自己从来自父母的压迫和非真实的理想化期待中分离出来。孩子觉得，自己坏的那部分是唯一没有被父母霸占和挪用的真实部分，他们甚至可能需要向他人展示这部分坏，来制造一种屏障保护自己的真实感，并与可能侵犯他们的人相分离。对罪疚或羞耻的无动于衷的表现，往往最终会将别人推开，也会表现为伤人的、不听话的或其他"坏"的行为（这也可能体现了一种抗议，一种针对强加于自己的不公正保持无声共谋的拒绝，但是其中的抱怨者被隐藏了起来）。展示自己的无能或缺陷也类似于隔离，为抵制父母的要求提供了一个幌子——不是孩子不想照顾或取悦她的父母，而是她没能力这样做。

这些观察结果补充了费伦齐和费尔贝恩所强调的观点，即罪疚感作为孩子与父母之间的纽带，也是一种自我的丧失，它明确地阐明了孩子如何利用感觉和行为上的"坏"来与父母分离，并保护自己真实的自体感。

与攻击者认同在道德维度和其他维度上的协同作用

与攻击者认同是通过适应性调节方式，从弱势地位处理攻击者威胁的一种方式（Frankel，2002a）。在家庭内部，最让孩子害怕的是，父母会以某种方式抛弃她，包括情感上的抛弃。与攻击者认同在不同的维度上协同作用，以防止孩子被父母抛弃。

孩子的缺陷感、羞耻感和罪疚感——道德层面的适应性调节——对孩子来说就像她与父母联结的基础一样，也依赖于某些心理层面的适应性调节。孩子必须排除对父母的批判性认知、想法和愤怒情绪，同时摈除对自身价值观、个人需要和良好品质的关注。而且她必须对父母的感受产生更高的敏感性和同理心。这些举动使孩子把注意焦点从自己的需要和父母无法满足这些需要上移开，保留了孩子心中的好父母意象和有问题的孩子的意象。相反，道德层面的适应性调节使孩子更容易无视自己被父母禁止的认知、想法和情绪，并把这些想法和情绪误认为是一种错误的思想或道德缺陷的产物。而孩子在行为上对攻击者的服从要想令人信服，就必须以在精神和道德层面表现得完全服从作为前提。

治疗性问题

一种持续的坏感可能会被注入治疗过程，对此我提出了一些简要的、概括性的看法。病人对分析设置中自然流露的自由联想的关注，有可能会把认知、想法和情感从解离状态中解放出来——这些体验可能会对她的非理性坏感形成挑战。焦虑和罪疚感可能会随之而来，因为病人害怕的是，她的坏感是她的全部，是用来锚定她的最重要的人际关系和自体感的东西，并且她也害怕更大的自信可能会对她所爱的人造成不可挽回的伤害。病人可能会在理想化治疗师的移情中找到临时避难所——对害怕看到自己力量的病人来说，这是一个安全感的支持性来源。但病人可能会呈现出一种被撕裂感，体现在与父母实现心理上的分离和开放地表达自己这两个方面，她对治疗师和父母这两个理想化人物的奉献把她拉向了两个相反的方向。

治疗师内心也可能会被激发出一种坏感。病人的自我折磨可能会引起治疗师的同情，而这种同情是难以承受的，因为治疗师在自己的童年里也曾因父母的痛苦折磨的恐怖主义而受到伤害——根据我自己的印象，这种现象在治疗师个人的历史中并不罕见。在这种情形下，治疗师的反应可能并不是对病人做出更富有创见的和更为真实的富有同情心的反应，而是按照自己的方式做出强制性服从并提供照顾（Racker，1968）——例如，提供过度的保证、过度的迁就性适应，或者被动地接受过多的攻击。这样的反应镜映出了病人的父母对自身而不是对病人的焦虑的反应模式。当这种情形发生时，治疗师承认自己的共情失败可能会将自己与病人的父母区分开来，并有助于重建医患间的信任（Ferenczi，1933），虽然此时治疗师可能也会被自己的焦虑掌控，而将自己的承认变成忏悔（Balint，1968）。

（本章由温贤涛翻译。）

· 注 释 ·

1. 费伦齐的概念与安娜·弗洛伊德（1936）后来使用的术语——即通过变成攻击者来应对自己遭受的攻击——有所不同但有所关联。

2. 对此，弗洛伊德和其他人的观点——罪疚感产生于普遍的俄狄浦斯冲突和严苛的超我——更多地被理解为一种内在固有幻想的反映这一想法被忽略了。费伦齐（1933）认为，俄狄浦斯情结只有在这样一种情形下才是具有致病性的，即混乱的父母对孩子的嬉戏姿态的回应是试图做诱惑孩子的行为，或者是以一种激情或病理性的方式来做出回应，严苛的超我主要是一个有内心困扰的父母的"植入物"，而不是心理冲突的结果（1932）——本质上，构成俄狄浦斯幻想情境的性、竞争、攻击性的感受和对报复的恐惧，如果没有来自父母的致病性回应，基本上就是良性无害的。与费伦齐的想法形成鲜明对比的是，克莱茵提出"抑郁位"这一内在心理概念，将其作为罪疚感的一个来源（见本章注释 10）。我不会直接讨论幸存者的罪疚感，它被定义为一种创伤性反应，显然与"痛苦折磨的恐怖主义"及其后果有关，我将详细阐述这些后果。

3. 费伦齐将接受和模仿的倾向与他观察到的自我牺牲和利他主义准则相关联，并将此（而非自私准则）作为首要准则（1930—1932）。

4. 虽然博诺米（2002）详尽且准确地阐述了费伦齐关于内摄攻击者的罪疚感的观点，但他阐述的焦点是真实的破坏过程——费伦齐所称的"部分死亡"——这是由"他人作为一个寄生的异物的恶性侵入"导致的结果，并不涉及本章的主题（孩子的坏感）。

5. "费伦齐（1932，1933）认为，创伤性情境最具伤害性的一面是，父母另一方（非虐待的父母）并不理会孩子，忽视了孩子经历的可怕现实，然后让孩子感到极其严重且难以忍受的孤单。创伤会导致一个人感到被人类社会抛弃，从这个意义上讲，其做出的反应可能是一种更为底层的坏感：羞耻感而不是罪疚感"（Frankel，2002b）。另见本章注释 7。

6. 参见莫德尔（Modell，1965）的"论拥有生活的权利"。

7. 参见费伦齐（1929，1930，1931，1932，1933）关于什么是创伤的扩展性观点，他从关于不被父母需要或爱的讨论开始，认为爱对生命来说（1929）是非常必要的——后来斯皮茨（1945）对有良好的身体上的照顾，但没有母性的照护和爱的收养机构对在其中长大的婴儿的影响进行了系统的研究，证实了这一假设。

　　费伦齐明确地提到攻击者的"撤回爱的威胁"（1932），并且认为情感抛弃的威胁是攻击性中最令人恐惧的面向，是攻击者所有操纵行为背后的强权性因素，也是通过实施强制性认同和解离，对孩子的道德、心理和行为方面的功能造成最大损害的创伤面向。关于虐待行为，费伦齐认为，家庭中虐待孩子最具破坏性的因素是，在虐待行为发生之后，父母通过否认在情感上抛弃孩子。"应对这种情况最糟糕的方式可能就是否认它们的存在，父母断言什么都没有发生，没有任何东西伤害到孩子……这些都是使创伤产生致病性的处理方式。我们认为，如果在母亲及时的理解、柔情，以及（非常罕见的）完全真诚的陪伴下，儿童能克服由此产生的严重冲击，而不会出现遗忘或神经质的后果"（1931，1932，1933）。

8. 推测：默认自责可能体现了一种补偿性思维的天生倾向，在这一自责倾向中，往往会有一个主动实施者和一个被动承受者（Benjamin，1990）；如果父母在遭受痛苦，那么孩子必定是那个始作俑者。

9. 费伦齐还纳入了他们更微妙的和不可明言的其他变体形式（Ferenczi，1930，1931，1933）。

10. 参考梅兰妮·克莱茵（1935）关于抑郁位的观点，即孩子担心自己是（本质上天生的）虐待狂，会伤害她所爱的客体，导致她丧失这个客体——或者已经产生伤害性的后果——这导致孩子关注并试图修复这个客体。克莱茵在讨论罪疚感和修复行为时特别强调了孩子的内在心理机制，而费伦齐的观点有所不同，他聚焦于孩子的罪疚感和照顾行为是对创伤性因素的回应，这些创伤性因素包括父母痛苦折磨的恐怖主义等。

11. 正如我一直在讨论的，有经验性支持显示，一些非常接近导致感觉自己坏的原因的相关因素——强制性情感抛弃和痛苦折磨的恐怖主义——导致了强制性照料。

　　鲍尔比（1980）在他关于依恋的里程碑式的研究的第三卷和最后一卷中回顾了当时已有的关于强制性照料的文献——包括临床描述和个案研究，因为当时还"没有系统性的研究"——并得出结论，有两个因素会导致儿童成为强制性照料者。第一个因素与情感抛弃有关，鲍尔比写道，即"在儿童成长早期的不连续的和不充足的母爱"，"有些个体对丧失或丧失威胁所做的回应是，强烈关注自己，并过度利他"。最近，相关的依恋研究支持了这些观点，即强制性照料既与不安全依恋有关，也与对人和人之间的关联性的过度专注有关（Bartholomew and Horowitz，1991；Blatt and Levy，2003；Holmes，2000；Kunce and Shaver，1994；Levy and Blatt，1999），也就是说，个体会对与他人的情感联系感到焦虑。

　　鲍尔比认为的第二个因素（与痛苦折磨的恐怖主义有很大的重叠）会出现在"孩子承受着被要求照顾生病的、焦虑的或忧郁的父母的压力。在此类情况下，孩子会感到自己对父母的病负有责任，因此有义务充当照料者。在另一些情况下，虽然孩子并不对这种疾病负责，但他仍然感到自己有责任照顾父母"。

　　鲍尔比还发现，"如果这种（强制性照料）模式在童年期或青春期逐渐形成，正如我们所知道的那样……那么，这个人一生都很容易在这种模式中建立情感关系。因此，他倾向于首先选择那些有残疾或陷入某种困难的人，然后把自己完全投入到照料那个人的角色中。如果这样的人成为父母，他或她就有可能会变得过度占有和保护孩子，特别是随着孩子年龄的增长，这种关系也有可能会发生反转"——角色的反转导致某种强制性照料的代际传递。他指出，强制性照料的模式会导致个体容易陷入慢性哀伤状态。

12. 从我的观察来看，在没出现有意识的自我惩罚性罪疚感伴随的情形下，这种承担责任的自我牺牲感也偶尔会存在。

第 13 章
论爱与欲望的治疗作用[1]

史蒂文·库查克

爱，甜蜜的爱

叔叔去世后不久，他的遗孀就来看望我们了。那时婶婶才 50 多岁，我记得，对于 5 岁的我来说，她显得老态龙钟，似乎有些伤感，但精力充沛，非常有活力。当她带着我在我们居住的大花园公寓的院子里散步时，她唱了一首歌，这首歌从那时起就一直萦绕在我心头："世界现在需要什么，是爱，甜蜜的爱。"伤感和渴望的声音弥漫开来，铭刻在我的灵魂深处，从未散去。回过头来看，我确信我在那次散步中学到了一些东西，不仅仅是关于婶婶的思念和丧失的经历；现在我也有了一段音乐，它清晰地表达并留住了我的一段熟悉的人生经历。

虽然也许不应该，但有时它会促使我去考虑一种可能性，那就是我们中的许多人可能会被吸引到这个领域去追寻爱。如果我们赞同爱丽丝·米勒（1981）等人提出的观点，即吸引我们工作的因素在很大程度上是拯救和治愈我们的父母，那么，下面这一观点就顺理成章了，即激励我们努力的是希望我们能慢慢地给自己灌输或重新恢复滋养和爱的能力，而这一切往往源自或通向我们自己的爱的感受。当然，如果我们说的是父母和孩子之间的爱，那么我们也必须谈到俄狄浦斯动力学和弗洛伊德（1900）所提到的父母对自己的儿子和女儿的性偏爱、费伦齐（1925）努力探索的分析师与病人之间的全方位的爱，以及最近斯蒂芬·米切尔（2003）、乔迪·戴维斯（Jodie Davies，2003）等人指出的，无论是父母还是孩子，都会坠入爱河。不管对爱的追求到底是不是驱使一些人成为分析师的部分原因，我们可能都会同意，我们的工作往往是亲密的，其核心是二元关系的，并且是充满爱意的，尽管并不总是或完全是这样。我可以补充一点，在一天的工作中，我们有时会坠入爱河，这并不奇怪。

　　本章是对爱（以及伴随的成分——性欲望）及其疗愈本质的一种探索，特别是在男同性恋分析师与男异性恋病人之间的二元分析关系中。我将根据我的实践提出理论和一个案例来阐述这一思路。虽然在探索爱和吸引的治疗作用方面，我提供了一个新的范式，但实际上其中的根源可以追溯到费伦齐关于爱和治疗行为的观点（1925，1932；Rachman，1993，and this volume），以及他对反移情使用的重视，特别是米切尔及其追随者进一步发展起来的观点。我认识到，在费伦齐或任何分析师对爱的治疗使用与沃尔斯坦（Wolstein，1993）提到的克拉拉·汤普森的"关于费伦齐对被爱的非理性依赖的疑问"之间，有时会有细微的差别。

初始阶段

　　几乎从精神分析时代开始，人们就写了很多关于（通常是）女性病人容易爱上她的（通常是）男性分析师的文章（Freud，1958/1915）。早期的文章和稍晚些时候的文献也谈到了分析师的情欲化反移情，尽管在当代这些内容主要是作为警示性的故事呈现的（Blum，1973；Jacobs，1986；Kernberg，1994；Gabbard，1989）。弗洛伊德至少在书中清楚地认识到，作为在治疗中产生的情欲，如果付诸行动则有其固有的危险性（Crews，1998）。

即使是在非治疗情境下，费伦齐也警告我们要避免卷入充满（性欲）激情的语言和怀满柔情的语言之间的迷惑中，以及避免以其他方式再次给病人造成重复性的创伤——尽管我们知道费伦齐自己也违反了这一原则（Ferenczi，1932，1933；Rachman，1993）。我们工作的一个重要部分，就是强调想法与行为之间的差异；正如前面提到的，费伦齐坚定地认为，分析师必须允许自己承认所有的反移情感受（1932），这是这种差异性的一个重要组成部分。不过，由爱或情欲导致的性行为所产生的危险而严重的后果，在大多数情况下并不允许人们自由探索性欲和浪漫行为，而 1959 年哈罗德·塞勒斯（Harold Searles）发表的一篇勇敢且具有革命性的论文，是一个例外。今天，我们看到有很多关于人际和关系方面的论文全方位地探索了分析师的情感和幻想生活，其中也包括情欲方面，另外还有一篇文献是基于诊断性和主体间材料来对分析师的内心进行的相对较新的前沿研究。

引用弗洛伊德的话，精神分析是"通过爱来治愈病人的"（F/JU，6.12.1906）。虽然弗洛伊德指的是移情之爱，但似乎费伦齐是第一个真正探索分析师的爱之本质的人，他理解了（或至少运用了）弗洛伊德的教导，即分析师要对病人呈现一种爱的情感和态度。"只有同情才能治愈，"费伦齐宣称，"但是一个人可以爱所有人吗（1932/1995）？"在早期的一篇论文中，他写道："一个满怀着对爱的渴望的孩子……其实住在每个人心中（1916）。"众所周知，费伦齐希望得到来自弗洛伊德更直接地表达的关心，作为弗洛伊德的病人和朋友，他也渴望向弗洛伊德提供同样的关心。但他深感失望和愤怒，因为弗洛伊德放弃了他早期的使命，不再为病人提供温暖和照顾，转而进行科学的解析、观察和诠释。在他的临床日记及其他论文中，他指出，病人需要的不是禁欲——他认为禁欲本身实际上可能会导致再次创伤——而是分析师开放的、有爱心的态度和行为（满怀柔情的语言），这在病人内化的小孩儿面前是非常重要的（1932）。费伦齐也是第一个认识到在实施治疗时承认和使用分析师的全部人格（不仅仅是上述反移情回应）的必要性的人。也许本书的每一位作者都已经指出，每一位重视和整合这些思考和实践方式的分析师都是费伦齐工作的继承者。

斯蒂芬·米切尔就是这样一位继承者，尽管他肯定不仅仅是一位继承者而已。他的关系精神分析的思想（1988）是通过英国客体关系理论和人际精神分析理论的整合演变而来的。因为迈克尔·巴林特和克拉拉·汤普森这些早期传统的主要贡献者，都是桑德尔·费伦齐的病人、学生、亲密的同事和热情的支持者，所以米切尔的大部分开创性工作可以在费伦齐的著作中找到源头，也就不足为奇了（参见本书第 14 章）。正如米切尔等人指出的，理论是在当时的知识和文化环境的背景下发展起来的，而后现代思想家米切尔挑战等级化、分类化和实证主义的概念的方式与费伦齐一样——穷其一生才开始想象和规划蓝图（1932）。不过，在米切尔关于相互性、自我暴露、双人心理学、对移情和反移情的聚焦，以及承认分析师对病人和治疗的"真实"（非移情性）影响的观点中，人们肯定听到了费伦齐那清晰的回声。当米切尔（1988）说技术不应与分析师的特定行为相关联，而只能作为一种语境性的和共同建构的东西来理解时，我们可能会想起费伦齐的倡议，即放弃包打天下的"一刀切"（one-size-fits-all）的治疗方法，避免断言有些病人是无法被分析的（Ferenczi，1932）。他们两位都写了关于爱的论文，都认为这个话题很少被提及或很少被充分讨论：对费伦齐来说，是关于分析之爱，对米切尔（2003）来说，是关于浪漫之爱。两个人都认为，决定治疗结果的是每位分析师在工作中所应用的灵活的和有创造性的方法，而不是一套统一且恒定不变的理论，他们都认为治疗关系是促进改变发生的主要手段。

早期萌动阶段

乔迪·戴维斯（2003）在桑德尔·费伦齐、斯蒂芬·米切尔等人的遗产的基础上，称赞了瑟尔斯（Searles，1959）的开创性工作，瑟尔斯讨论了很少被详尽阐述的俄狄浦斯期相互间情欲体验的主题，并且把经历情欲化反移情的分析师比作在激情和幻想的阵痛中挣扎的俄狄浦斯父母，分析师在大多数情况下都需要克制对这些感受的暴露，尽管在瑟尔斯分享的一个有争议的案例中，她自己并非如此。费伦齐、米切尔等人都为这项工作奠定了基础。但戴维斯是最早承认情欲化反移情姿态的治疗益处的人之一。与欧文·赫希（Irwin Hirsch，2010）和安德烈亚·切伦扎（Andrea Celenza，2010）一样，戴维斯也提到了俄狄浦斯的疗愈效果或临床中对病人的情欲化爱意的治疗作用，这样的病人可能从来没有机会被爱慕，并成为父母理想化的浪漫兴趣的对象。就像爱着孩子的父母一样，分析师不仅对病人有强烈的爱意，而且对病人有深深的吸引力，分析师可以利用这种主观状态，给病人带来希望、掌控和满足的体验，尤其是当这些爱意和吸引力是分析师内心隐含着的而不是明确表达出来的时，这种状态或许更为重要。事实上，在暴露这些情感方面，赫希要比我更具开放性，就像费伦齐在其著作中多次提到相互分析的益处那样："任何一个秘密……都会让病人产生怀疑；他会从你微妙的手势中察觉到是否存在情感，但无法确定情感的数量或意义；坦率地暴露这些情感使病人能够更有把握地对抗这些情感或诉诸应对之策（1932）。"与此同时，他也提到了"相互分析的局限性"，这种局限性导致他在晚年放弃了这一实验。他在同一篇日记的开头继续指出，弄清楚病人容忍和充分利用分析师自我暴露的能力一直是费伦齐关注的问题，但至少在他放弃相互分析之前的一段时间内，他似乎更喜欢自我暴露而不是隐瞒。我相信，在所有问题以外，泛滥和失范的问题——用费伦齐自己的话来说（1933），这是一种言语的迷惑——很容易在公然的情欲化自我暴露中产生。

　　所有这些作者也都注意到了幻想和白日梦与错失的信息（这些信息是当我们接近病人或我们自己的情欲时所产生的）之间具有重要的联想价值。事实上，我们需要考虑在拒绝接近病人或分析师的自我状态时必然会带来的临床危险，正如米切尔和他的追随者所讨论的，或者费伦齐所说的，分析师需要通过持续的自我质询和训练分析来更充分地了解自己（他是第一个强调要对分析师进行必要的专业化和资质认证培训），并对"真实的反移情"（Hayanl，1993 and this volume）和"无意识对话"（Ferenczi，1932）持开放态度。

性别与情欲

文献中很少会提到男性（或女性）之间的同性反移情。在下一节，我将展示在与同性恋病人和／或同性恋分析师的工作中，这种情况会有什么细微的差异，尽管差异不是很大。这方面的文献的缺乏很可能与这样一个事实有关，即任何类型的情欲化移情-反移情往往都会被隔离，一些研究表明，尤其是被男性隔离（Person，1985；Thomas，2003），因此病人或分析师常常无法识别。赫希（1994）是一名异性恋分析师，他觉察到并公开暴露了自己对男性病人的情欲化反移情，他认为，只是因为他自己的焦虑感和主动压抑才没有达到性唤起的程度。赫希等人认为，不能对这种反移情内容持开放态度的男性分析师会剥夺男性病人体验同性爱的机会，这种体验正是杰西卡·本杰明所说的个体发展所必需的"与父亲之间的同性爱"（1995）。分析师的恐惧和对这些感觉的认知不足，可能会镜映或诱发病人内心呈现相同的反应，这是一个明显的信号，不可接受的欲望正被阻挡在治疗之外。

性取向与情欲

正如我们不能将性别与我们所讨论的情欲化反移情话题分开一样，我们也不能忽视性取向的问题。在此之前，我的重点主要是异性恋分析师。

但男同性恋分析师会怎样呢？如果绕过那些过时的假设病理学报告，我们会发现在 20 世纪 80 年代或 90 年代之前，几乎没有任何关于男同性恋分析师的相关文献，只有零星的关于情欲化反移情的报道或探索。米切尔可能是第一个全力支持同性恋去病理化的分析师——我相当肯定他是第一个这样做的异性恋分析师，而那时，《精神障碍诊断与统计手册》（*Diagnostic and Statistical Manual*，DSM）及精神分析文章和研究机构都断言，同性恋是个体发展阻滞和精神疾病的一种表现（Mitchell，1978，1981）。费伦齐工作的时代早于米切尔半个多世纪，当时同性恋更被视为一种绝对病理性的问题——一种退化性疾病——他试图让自己摆脱这种偏见，不加评判且感同身受地去理解他的"女同性恋异装癖"患者罗莎·K（Rosa K）（Rachman，1993）。关于罗莎·K 这个病人，海纳尔（2002）认为，费伦齐对我们现在所说的男女同性恋者、双性恋者和跨性别者群体（LGBTQ）表现出很大的敏感性和激进性，指出"他要维护同性恋者的权益"，并认为精神科医生应该在这场反对社会压迫的斗争中扮演重要角色。

男同性恋分析师对男异性恋病人的临床工作在过去 10 年之前被提及得更少，几乎没有关于处理男同性恋分析师对男异性恋病人的情欲化反移情的文章，而埃里克·谢尔曼（Eric Sherman，2005）的贡献是一个例外。谢尔曼讨论了他对一个特别的异性恋病人产生的性唤起，就像对原本死气沉沉的临床经历的一剂解药。他认为，他对这些性欲感受的恐惧和羞耻感使他的情欲化反移情变得不易接近和不可利用，如果他遇到的是同性恋病人，谢尔曼就不会那么害怕被发现，也不会对处境尴尬和被拒绝感到那么脆弱。

事实上，羞耻感、害怕被发现和被拒绝、脆弱感，以及童年期、青春期和成年初期的一系列其他痛苦的残余经历，都是男同性恋分析师所熟悉的感受。对自己和他人进行隐藏，通常是常态。直到最近，在大多数精神分析培训项目中，不公开性取向仍是必要的，尽管米切尔和其他关系取向的作者和活动家的工作，已经让情况有所改变。因此，这些担忧很可能是导致与男同性恋分析师的情欲化反移情相关的公开资料还不多的原因。由于担心所谓的病理性暴露和遭受的指控，这种脆弱心理所产生的羞耻感和担忧，使得女异性恋者、男异性恋者和女同性恋分析师也很难在这一领域发表言论，尽管他们的不良感受的程度会轻得多。

就像大多数写作的情形一样，虽然本章可以被理解为对回答理论问题和临床问题的一次努力，但是本章其实源于更深的思考。当然，这也是一种为了升华和补偿与羞耻感、身份认同、成长、培训相关的创伤和隐藏的需求等早期体验所做的努力——出于历史 / 发展性原因、出于培训和转介的原因，在接受经典方式的首次培训的负担下，所有分析师候选人和成员都被教导要隐藏自己的主体性特征（Kuchuck，2008）。

男同性恋分析师的情欲化体验的治疗作用

虽然在我的病人中有相当多的女同性恋者和男同性恋者，但在我的临床实践中有很大一部分人，有时甚至是大多数人，都是男异性恋者。因此，我的反移情中有很大一部分（虽并不是大多数）包含了一种情欲性的元素，我相信这促进了我与许多男性的治疗工作。正是这种现象——男同性恋分析师对男异性恋病人的情欲化反移情的治疗作用——将成为本章剩余部分的讨论焦点。以下许多内容也适用于所有不同的性别和性取向的二元结构。然而，因为其他人已经写过这些组合——虽然不多——并且由于存在特定于这类特殊的分析师-病人群体的动力学机制，上述二元结构是我目前讨论的焦点。

当讨论父母的俄狄浦斯感受和 / 或我后期所称的分析师的情欲化反移情回应时，一些作者对情欲、准情欲、爱和浪漫进行了区分（Hirsch，2010；Lichtenberg，personal communication，10.13.2011）。虽然我相信在某些情况下，我们可以在一定程度上做出这些区分，但我也认为，在俄狄浦斯爱欲的双方之间，以及在最浓烈的情爱或浪漫的成人关系中都存在着情欲性的元素。因此，我使用"情欲化移情 / 反移情"或"情欲化体验"这样的术语，来意指分析师和 / 或病人在情感、身体或性欲方面的情欲的、准情欲的、浪漫的、充满深深激情的和情爱性的感受。在对这一主题的罕见而重要的考量中，作为精神分析师和费伦齐研究学者的朱迪思·维达写道，"安德烈·E. 海纳尔（1993）认为，分析是从'相互诱惑的那一刻'（a moment of mutural seduction）开始的。那些曾经培训过我的人在私底下将此称为'坠入爱河'。如果没有希望和爱的可能性，我甚至不可能在每一个临床工作日的早晨心甘情愿地走进我的办公室（Vida，2002）。"

当我反思个人历史和人格的其他面向时（这些面向在治疗工作中被这些男性所激发，并促进了我与他们工作的进程），许多因素浮现在我的脑海中，包括赫尔佐格（Herzog）提出的"父亲饥饿（father hunger）"的概念，以及这种饥饿如何以各种形式和强度撕扯着我，推动我前进，并在寻找、渴望与男性接触时寻求获得满足。在我的工作中，我常常意识到一种想要接触和喂养饥饿男孩的需求和倾向——他们与我共同居住在坐在我面前的这位男人的身体里。正如切伦扎（2010）所说，我们爱的是作为小男孩和小女孩的自己。去爱这些男人甚至坠入情网并不是一件困难的事情。费伦齐在他还是一个 15 岁的男孩时，就失去了他心爱的父亲，我们在他与弗洛伊德（1/17/30 letter，in The Clinical Diary，1932/1995；Aron and Harris，1993）、果代克（参见本书第 5 章），以及其他男性人物的关系中，可以看到他很可能在一定程度上经历了这种动力的涌现。也许这种父亲饥饿及随之产生的想要去解救创伤病人的愿望，他由于本人的丧失对这些创伤病人的认同，他遭受到的来自一个苛刻的、无法得到的和可能呈现抑郁的母亲的严厉对待，以及他更早年被性骚扰的经历，都以类似于我在本章中概述的方式推动着他的工作（Ferenczi，1932；Aron and Harris，1993）。

如果我们此刻能再回到我婶婶的故事中，以及那个她和我至少"在当下共同需要"的世界中，那么我会在某种程度上确信这是一种爱和被爱的需要，这种需要使得我能够非常适应病人类似的需要，特别是对于那些有男性性别认同问题的病人，因为他们的核心问题是父亲的缺失和遭受父亲的虐待，这与我的早期经历能产生共鸣。对许多男同性恋者来说，伴随着他们的异性身份认同来自强大的女性，它滋养着内化的客体，进一步产生投射、承认和强烈的想要照顾和治愈这些受伤的孩子状态的愿望；这是情欲的疗愈性力量的重要组成部分。

临床实例

马克第一次来看我是在近 15 年前，当时他 30 多岁，被抑郁、亲密关系和社交焦虑等问题困扰。马克的父亲是一位努力奋斗的画家，他在马克 3 岁时离开了马克的母亲和哥哥姐姐，消失了多年，只有零星几次的联系——通常仅仅是每年一个生日电话，这种这种少量的、断断续续的、令人失望的接触方式一直持续到马克 20 岁出头。马克的母亲非常怀念前夫，她在疏离、忽视与过度依赖之间摇摆，这让马克感到被暴露、脆弱，以及要负起母亲的身心健康的责任。在马克的父母分开后不到 1 年，他的母亲就在暴怒中把他所爱的几个哥哥赶出家门，把他们送到了那个马克几乎不认识的父亲那里。除此之外，马克还有其他童年期创伤，包括与附近一名十几岁的男孩发生不恰当的过度性刺激和嬉戏的情况，以及被一个男人侵犯，他的母亲几乎不认识这个男人，他是在父亲离开后不久的一个晚上被母亲请过来照看孩子的。在会谈中，他害怕我会在身体、性和其他方面勾引和侵犯他。

在早期的分析中，我尽量维持最低限度的诠释，在大多数情况下我都觉察到了他的脆弱性，这让我觉得有必要给予他温暖的照护，在这个过程中，我经常会感受到被激发出的情欲和浪漫，同时我也会感受到非同寻常的掠夺性，而这种感受经常会出现在遭受性虐待的幸存者的分析工作中。

这种恐惧让位于同时产生的或替代的性欲望，也点燃了我的性欲。我的理解是，这一欲望不仅是性虐待的残存物，也是强烈的父亲饥饿的一个必然的产物，尽管这在某种程度上也是前俄狄浦斯期和俄狄浦斯期的儿童的正常欲望，但类似马克的欲望似乎更为有意识地进行了性欲化防御。对于这一欲望，我与他真实的父亲不同，我想要告诉他这是我自己的欲望，就像他渴望成为我的儿子和浪漫伴侣的欲望一样，那是他与母亲和施虐者之间被施加的情欲关系的一个缓冲器和替代物。在最初的几年里，马克会因此而感到恐惧，他质疑自己的性认同、性偏好、周围的安全感，以及对男人的渴望；但近年来，令人兴奋和更让人开心的是，他开始变得更为安心地承认他的异性性欲、表现欲、创造力、情欲和其他冲动——他带着一些反讽的语气将之称作"勇敢出柜"。

虽然我并没有明确地表达我的情欲和浪漫的幻想，但我确信，在前意识或潜意识的层面，就像俄狄浦斯期的孩子一样，马克清楚自己是以一种类似准性欲的方式被热烈地爱着的（或没被爱着的），他能够利用我的吸引力和转瞬即逝的浪漫性幻想，随着时间的推移，他也能够相信他自身的浪漫的爱与被爱的能力，并开始重新审视过往的成功和失败的内化过程。我也相信，与情欲化反移情的情境几乎总是在那儿一样，我可以保持从不困倦或从不麻木的状态，这意味着我能更持久且更全然地与他在一起，并有意地去调整和提升我自己的状态。在这样的时刻，镜像神经元可能会发挥作用，由于我的在场而与他产生关联，使得我对自己的身体产生的觉察可以引领他对自己的身体产生觉察，从而为我们在治疗中创造空间，来探索过往他的身体和身体自我周围环绕的被解离和被压抑的羞耻感。

移情-反移情的内涵

最常见的情形是，分析师的情欲化反移情体验报告，往往是作为对病人的浪漫感受和性吸引力的一种回应来呈现的。然而，关于移情-反移情的关系性精神分析观点认为，我们不可能总是知道这一感受最初的源头。虽然我的直觉告诉我，分析师往往是首先体验到这些感受的人（不管是有意识地还是无意识地），当然情况并不总是如此。无论这种感受开始于哪里，我们需要重点关注的事情都是，分析师的情欲状态会通过我前面讨论的方式变成治疗行为的一部分，这种觉察经常能为病人的类似状态镜映或创造空间。

即使有的病人没有像马克那样遭受过性和其他方面的剥削，分析师也很难在不感到明显的焦虑、罪疚和羞愧的情形下容忍情欲性的感受，特别是当病人的性取向与分析师的性取向完全不同时。然而，在某种程度上，当这些感受出现时，我能够接纳甚至享受这些感受——米切尔所称的"在感受上不负责但在行为上负责"这一说法出现在我的脑海中——我的感觉是，我能够帮助马克学会接纳和享受他自己那最初令人恐惧的情欲性的感受，包括性兴奋欲望，并允许自己对女性产生性兴奋，而不会感到自己的性欲望会失控和具有破坏性。

当一个人并未经历过虐待时，权力仍然经常会被赋予性欲化色彩。由于心理治疗中固有的权力差异，情欲可能同样会成为分析师和病人之间的核心动力。斯托勒（Stoller，1979）认为，敌意是大多数性兴奋的一个组成部分，它在连续体的另一端与情感并存，起着"试图消除那些威胁到个体的男性阳刚气质或女性阴柔气质发展的童年期创伤"的作用。而费伦齐倡导治疗中的相互性和爱的态度，并以此作为治疗受虐待儿童的家庭的不对称性和伪善的一剂解药（Hidas，2012；Szekacs-Weisz and Keve，2012），治疗环境中的这些元素可能会重现或导致性欲和 / 或浪漫的感受。此外，米切尔认为，理想化也会助长浪漫的感受，这也是我与马克和其他许多病人的治疗工作中的很大一部分。事实上，我与病人在浪漫、权力、性欲和敌意的各种演示中存活下来，这其中还包括以各种方式在我们二人之间激发的与攻击者认同（Ferenczi，1933；Rachman，1989，1997）。性欲望（包括他想要让我对他有所欲望)、爱和攻击性出现在维护所有权的幻想中(Atlas and Kuchuck,2012);他把我当成妓女一样来购得我。关于不得不与其他病人分享我这一问题,他反复思忖:"你怎么能拥有这么多情人呢?我怎么会对这样开放的关系感觉良好呢?"当我并不觉得被攻击的时候,我感到受宠若惊,有时会被这种关注唤起性兴奋感,那时的我就是他所渴望的光彩夺目的父亲式情人。

讨论

在这一个案及我写过的其他个案中(Kuchuck,2012,2013),最迫切地需要(以及因此而变得兴奋)男性分析师做出未明确表达的性欲化回应的男性病人,往往已经经历过某种形式的父亲的忽视、拒绝或身体虐待,并可能遭受过费伦齐所描述的某些形式的心理创伤(1932),虽然这并不是情欲化反移情具有治疗价值的必要条件。

正是由于缺乏来自父亲或其他男性对自己身体的欣赏、吸引、抱持,以及 / 或者存在来自他们的暴力的身体接触,才创造出了这种需求,在某些情境下,也在治疗中诱导产生了这种镜映性调整及一系列身体上的和崇拜式的回应。正如我们已经讨论过的,病人心中往往会产生一套相应的情欲性的感受,这会诱发分析师的情欲和性兴奋,或者与分析师的情欲和性兴奋平行出现并彼此助长,按照米切尔所说的,性兴奋是由不可知的事物推动的;这种"他者性"(otherness)为关系添光溢彩。

在与马克的反移情中,我强烈地觉察到自己变成了一个充满性吸引力的、温柔的而不是实施身体虐待的父亲,而我从未有过这样的施虐父亲,有时我又变成了一个两情依依的兄弟,而我在生命中一直享受着这样的兄弟角色;我去抱持和热爱,如同我希望被抱持和被热爱一样,并与我在马克身上感知到的对这些元素的相应需求相协调。我还体验到了一种对早期理想化的异性恋式的自我-他者状态的吸引力，这种状态在我的病人身上得以体现和投射。

结论

尽管男异性恋分析师（和女性分析师，虽然二者会有不同的动力学机制和治疗性获益）也可以体验到对男性病人的这些情欲化反应，但由于原发性情欲吸引的性质不同，男同性恋分析师更有可能在没有解离的情况下体验到情欲化反应。因此，如果男同性恋分析师对这些感受并不感到害怕或羞耻，他很可能会身临其境，有意识地去感受并治疗性地利用这些感受。当然，有时男同性恋分析师对异性恋病人或女同性恋病人，当然也包括男同性恋病人，也会出现类似的情欲化体验，但是这些组合及由此产生的动力学机制并不是本章讨论的焦点。虽然我认为，没有经历过情欲、情感和／或身体反应的分析师仍然可以提供所需的镜映、共情性调整和欣赏，这也是费伦齐（1928）、米切尔等人所提到的这类病人的需要，但是，在某些情境下，不经历上述反应的分析师可能还不足以很好地处理和满足我在此讨论的各种缺陷。

对于那些发现自己处于情欲化反移情（如同病人的情欲化移情一样）中的分析师而言，我们也必须想到病人或分析师的麻木不仁、攻击性或仇恨正在通过性欲化或浪漫体验的方式来进行防御。因此，我们必须考虑到这样一种可能性，即在某些情境下，这些反应可能会作为一种防御，防止我们在情感上更亲密和在性欲上有更少表现的方式来理解病人或与病人建立连接，并可能在无意间使分析师对病人或分析师自己的非情欲性欲望的自我和身体状态视而不见，而这些非情欲性欲望的自我和身体状态也需要获准进入咨询室。同样，当情欲似乎无处可寻时，我们也需要审视这种相反情形的可能性。

（本章由温贤涛翻译。）

·注 释·

1. 本章的部分内容更早出现于《请你（别）要我：男性性欲望在治疗男异性恋病人中的治疗作用》[*Please (Don't) Want Me:The Therapeutic Action of Male Sexual Desire in the Treatment of Heterosexual Men*，2012]，发表于《当代精神分析》（*Contemporary Psychoanalysis*），并获得版权许可在此引用。

第 14 章
当代关系性精神分析中的
无意识对话、相互分析和自我的运用[1]

安东尼·巴斯

"如果它不属于我的分析，那它在我的分析中起了什么作用？"

——本杰明·沃尔斯坦在他的分析中对克拉拉·汤普森如是说，

摘自他与安东尼·巴斯的私人通信

"我们分析师必须承认，我们应该非常感激病人对我们的尖锐批评，尤其是在我们促进其发展的时候。"

"几乎可以这样说，分析师的弱点越多（这会导致或多或少的过失和错误，但只要在随后的相互分析过程中发现和处理这些错误），分析就越有可能建立在深刻和现实的基础上。"

——摘自费伦齐的《临床日记》

费伦齐的临床遗产与精神分析的关系转向

本章的目的是探讨费伦齐对精神分析的理解及其在相互分析方面的实

验，与随后的当代关系性精神分析的理论和技术的发展之间的联系，费伦齐将精神分析看成一次分析双方艰难的相互努力，其中病人和分析师之间的无意识沟通保持着双向流动。自从费伦齐的《临床日记》（1932）在他去世后以英文出版（1988）以来，人们越来越认识到费伦齐的临床研究对当代精神分析思想产生的深远影响（Aron and Harris，1993）。特别是关系性精神分析理论技术的发展，带有费伦齐对精神分析关系的本质性理解的印记，这是通过他对分析过程内核中的相互性的深入理解，以及从他在治疗性实验中呈现的自我修正和告诫而逐渐形成的，他实施这些治疗性实验的努力是为了测试在治疗技术层面运用相互性的可能性和局限性。

正如费伦齐在 1933 年和 1949 年发表的论文《成人与儿童之间的言语的迷惑》，以及在 1932 年和 1988 年出版的《临床日记》中呈现的那样，他的晚期著作提出了与经典传统所提倡的精神分析技术完全不同的方法。他的工作已经成为临床精神分析方法的一个出发点，扩展了分析师如何有效地参照他们的反移情来利用他们自己的技术框架。植根于费伦齐临床研究的当代关系取向方法强调主体间性，并承认相互性和互惠性是治疗关系的核心，对技术有着广泛而多样的影响。虽然人们已经注意到这些创新反映了当代美国的民主、女权主义和后现代价值观（Mitchell and Harris，2004），但本杰明·沃尔斯坦（1993）指出，在费伦齐去世半个多世纪之后，对费伦齐著作的发现将我们当代对分析治疗和治疗关系的理解深深植根于精神分析本身的历史长河中。

费伦齐在分析技术方面的激进实验拓展了咨访双方共同且直接地实施移情/反移情探索的可能性，也指明了治疗师与病人之间可以开诚布公地表达这一复杂的进程，并以此利用在治疗过程中出现的各种各样的感受和想法。传统的精神分析认为，内在精神内容的内源性展现会被投射到空白的屏幕上，并由训练有素的分析师向病人解释其无意识意义，而费伦齐将移情重新表述为与传统精神分析观点完全不同的含义。病人对分析师这个个体及其精神活动，以及对其技术的回应，是由多种因素决定的，具有高度选择性，但又并非完全扭曲的回应，这要求分析师本人参与到精神分析中。这一新的形式承认病人对分析师的看法可能是准确的，也可能是扭曲的，但无论如何都是以病人为出发点来进行工作的。这种感知经常会触及治疗师觉察之外的领域，可能会激发分析师对此内容的强烈防御。当病人的这些感知触及治疗师内心生活中的无意识或解离的领域时，治疗师要如何建设性地、治疗性地处理病人对他的看法？

在过去的 30 年里，当代关系性精神分析技术的大部分发展都已通过接受挑战而得以进步，这些挑战类似于 20 世纪 20 年代和 30 年代早期费伦齐遭遇的挑战，当时费伦齐意识到，每一次精神分析旅程实际上都是两个人的旅程，需要对呈现互补状态的个人心理障碍进行联合修通，具有深化自我意识的能力，并为修通参与者双方提供心理体验的新领域。虽然精神分析工作在一定程度上源自治疗师想要帮助病人成长和改变的意愿，但它也是一个咨访双方共同努力完成相互转化的过程。

费伦齐在直接的表达性反移情运用方面的实验，开启了精神分析探索新的领域的大门，拓展了深化和激活分析工作的可能性。为了达成分析师在病人面前认真而严谨地关注自己的反思和情感状态，除了通过分析自己的个人分析（以及持续的自我分析）的深度投入以外，费伦齐还认识到，此类基本的投入必须辅以病人对分析师看法的仔细的和接纳性的关注。他认识到，病人的感知并不仅仅是进入无意识移情的窗口，时刻准备指明病人无意识世界的含义，也是经由分析师对自己的无意识世界的反移情来引导分析师的信号。

在本章，我将集中讨论两个主题，这两个主题是费伦齐关于分析性关系和治疗性改变的本质的观点的核心：无意识对话与相互分析。这两个主题代表了费伦齐的《临床日记》中相互关联的两个焦点，它们照亮了费伦齐首创的治疗探索和临床技术的转变的道路，并在今天随着关系性精神分析的继续发展而被进一步推进。

费伦齐、弗洛伊德，以及分析师与病人之间的无意识对话

对于将病人与分析师之间的关系理解为"无意识对话"的含义方面，费伦齐致力于深入探索，并早在 1910 年就发现了对人类关系、发展、沟通和症状形成等方面至关重要的无意识对话内容。随着时间的推移，他逐渐明白无意识对话与精神分析情境本身有着特殊的关联，在此情境下对无意识领域的关注、澄清和诠释是驱动治疗行为引擎的重要组成部分。

在一篇 1915 年的论文中，费伦齐描述了他在 1910 年治疗的一个个案，这个年轻人的症状形成过程包括阳痿、狂妄自大，以及出现一种"特殊的声音症状"（他有两种不同的声音：一个非常明显的女高音和一个相当正常的男中音）。费伦齐在分析过程中逐渐明白，这些症状是这个年轻人与他的母亲之间一系列沟通的结果，而他们两个人都丝毫没有觉察到这一点。费伦齐敏锐地洞察到，病人的症状来源可以从他母亲的无意识中找到！"在我看来，"费伦齐指出，"我习惯称之为'无意识对话'的众多例子中的一例，我们必须认识到，两个人的无意识完全理解了他们自己和彼此，而他们在意识层面对此没有一丁点儿概念。"

随着岁月的流逝，费伦齐持续不断地追踪着一个无意识对另一个无意识的秘密回应，他在理解治疗关系和治疗行为时，越来越重视对心理学和心因性症状的共同产生机制的理解。费伦齐根据对治疗师与病人之间在无意识层面的双向和互惠性沟通方面的理解所形成的治疗性体验，使得他与弗洛伊德的观点之间出现了严重的分歧，其中包括治疗过程、精神分析技术，以及分析师与被分析者之间关系的本质等方面的分歧。于是，在精神分析丛林中，他们已经分道扬镳了。

对这两位先驱来说，分析师对病人的无意识体验的关注和掌握这种体验的能力是他们治疗方法的基础，但在他们对病人的无意识与分析师的无意识之间的关系本质的理解上，出现了一个重大的差异。从弗洛伊德思想

的一开始，治疗师与病人的无意识思维就一直在精神分析学科的核心，涉及两个心灵在意识和无意识体验层面的相互参与和卷入。弗洛伊德的开创性发现揭示了人类心智在体验形成过程中的无意识维度，这对精神分析工作的进程至关重要，是其方法和治疗行为的关键。弗洛伊德写道，"这是一件非常了不起的事情"（1915 年，费伦齐首次阐明了他对无意识对话的理解），并谈到了精神分析工作所采用的这种对话方式中具有精神分析性代表意义的内容，"一个人的无意识可以对另一个人的无意识做出反应，而无需通过意识层面的心智来达成"。

弗洛伊德（1912）指出，作为一项基本原则，分析师处于自由悬浮注意的心理状态与病人处于自由联想状态相对应，同时自由悬浮注意也是分析师的分析性倾听的一个必要条件。他教导道，分析师的无意识必定是最主要的工具。"分析师必须像一个能传输病人无意识的接受器官一样，弯曲他自己的无意识来进行工作。他必须调整自己来适应病人，就像调整电话听筒来适应麦克风一样。电话听筒会将声波产生的电子振荡再次回传为声波，与此类似的是，医生的无意识也能够重新构建病人的无意识，而这已经决定了他的自由联想的内容"。

对弗洛伊德来说，分析师的角色就是要破译病人的无意识，同时病人仍然对分析师内心的分析结果一无所知。分析师一直努力保持专业上的隐蔽性，成为一个匿名的空白屏幕，这被认为是他的技术的基石，旨在维持一个洁白无暇的空间，在这个空间中，病人的心理材料可能会从内部浮现出来，而不受分析师这个真实的人的污染。当分析关系涉及内心的无意识运作时，它就不能以对话的方式被感知到。相反，这个过程被认为是病人自由联想的独白，并需要分析师加以破译，其中分析师应作为一个观察者而不是参与者，一个诠释者而不是共同创造者。分析师通过其独自提供的诠释向病人展示自己对病人无意识的理解。弗洛伊德相信他可以从一种盲法的观察视角来看到病人的无意识，而他自己的无意识却可以安全地隐藏在视线之外。在将近一个世纪以前，他就已经在他的电话隐喻中预见了电话静音键！

费伦齐认为，病人与分析师之间在无意识层面的沟通，是在一条双向车道上进行的，并最终将二者（以及精神分析本身）置于精神分析理解的不同路径上。费伦齐意识到，在听到自己的无意识声音方面，参与者双方都不具有特权，而在捕捉和理解对方的无意识方面，双方各有优势。这种洞察颠覆了分析师的匿名性和中立性的根本支柱，并带来了一系列新的问题和机遇，与以前设想的大不相同，这些问题和机遇来自认识到病人与分析师之间的边界具有可渗透性和半透明性。

正如费伦齐在日记中所写的那样（Dupont，1988）："当两个人首次相遇时，沟通就发生了，不仅是意识层面的沟通，也是无意识层面的沟通。我们只有通过分析才能确定，为什么在他们都还不了解对方的时候，同情或厌恶的感受就已经在他们之间出现了。"其实费伦齐最终要表达的意思是，当两个人在交谈时，双方不仅在进行有意识的对话，也在进行无意识的对话。换句话说，两个人在专注于交谈或与交谈并行之时，也在追寻另一个更为放松的对话。费伦齐意识到，弗洛伊德努力尝试将自己对治疗情境的无意识贡献隐藏起来，但这种尝试也只能到此为止，一场无意识与无意识之间的"放松的"对话将不可避免地发生，并不受有意识意图的约束，不管分析师喜欢或知道与否。

费伦齐指出，随着塑造了精神分析体验领域的"无意识对话"的运行，在探索这一错综复杂而精美的对话的编排设计时，病人对于分析师的敏感性和脆弱性方面的睿智经常会被掩盖掉，因为病人会转而去保护治疗师不要洞察到病人的内心，即病人有理由认为治疗师并没有想听到的意愿。

费伦齐观察到，治疗师和病人经常会在一个令人困惑的迷宫里不断打转，他们共谋性地相互回避着对方，而本来用于澄清困惑所采用的精神分析技术恰恰加剧了这种迷惑感：费伦齐得出结论，"自然且真诚的行为构建了分析情境中最适当且最有益的氛围：病人很快就会认识到，我们在绝望地固守着某种理论和方法，病人不会告诉我们（甚至他们自己也不会承认），他们会认同我们技术的特征性表现，或者说是'单向片面性'，来引导我们进入某种荒谬状态中"。

采用平等互惠的方式来相互读懂对方，是"无意识对话"所要描述的一个特点。费伦齐意在创造一个富有弹性的技术和精神分析框架，来适应这一发现并帮助病人和治疗师通过他们错综复杂的无意识贡献来塑造治疗（或反治疗）的进程，他的这种努力也是促使他实施相互分析实验的动力。

相互分析与无意识对话

治疗进程中处于核心地位的咨访双方的相互性感受，可以被视为达成分析深度转变的必要条件，同时也是指导费伦齐对精神分析技术进行实验的一个基本原则，这一切都源于他对精神分析中"无意识对话"理解。费伦齐认识到他对自己的反移情面向的觉察存在阻抗，而病人已经抓住了这一点，并且一直坚持不懈地努力促使他去做相互分析的探寻。他在鼓励病人提供对他最真诚的评价方面，采取了许多不同形式的尝试。在 RN 的个案中，相互分析意味着从一次会谈到另一次会谈，双方切换病人和分析师这两种不同的角色。在与其他病人的分析中，相互分析进程更加天衣无缝地被整合到治疗性会谈那来来回回的过程中，而这种方式更充分地体现在，将每次的移情和反移情作为治疗关系中一个不可或缺的部分来进行相互探索，而在这一治疗关系中，分析师与病人之间的角色不对称性得到了坚定的维护。

费伦齐的尝试源于他对分析的认知，他承认自我觉察具有不可避免的局限性，这意味着他需要以全新的方式去倾听病人："事实上，这正是最近一次修正的源由。（正在被分析的分析师）逆转这个进程的目的是，觉察到分析师情绪方面的阻抗，或者更准确地说是觉察到分析师自身的愚钝（Dupont，1988）。"我们不能想当然地排除下面这种可能性，即分析师总是习惯性地把分析中遇到的任何障碍都认定为病人的阻抗，这一习惯可能会以一种类似偏执或妄想的方式被加以滥用，其实这只是分析师自己情结的投射或否认，而他的病人是第一个识别出这一现象的人。

费伦齐逐渐认识到，过去一些被认为是病人出现的移情内容，实际上是病人对分析过程本身和传统的分析技术所产生的一种医源性反应，因为传统的分析技术要求分析师成为一个中立的观察者，而不是一个对整个分析进程负有主体性和无意识贡献责任的参与者，其导致的结果可能就是，病人会受到某种心理操纵效应（即煤气灯效应，gas lighting effect）的影响。"我们所称的移情情境这部分内容，实际上并不是病人感受上的自发性表现，而是由分析情境创造的，这一分析情境又是由分析技术创造的。退一万步讲，把每一个细节都解释为病人在向分析师表达个人情感（或许兰克和我将此现象说得有点夸大其辞），很可能会产生一种偏执的氛围，一个客观的观察者可能会把这种氛围描述为分析师的一种自恋的、特殊的情欲狂式妄想。分析师可能太倾向于假定病人要么爱上我们，要么恨我们（Dupont，1988）。"

费伦齐在相互分析方面的探索，涉及他通过努力探索发现的精神分析技术的内涵，即精神分析情境中的无意识沟通是处于双向通路上的，这与其他形式的亲密人际关系非常类似。这种洞察使得我们有可能理解，我们的病人注意到并发展了关于我们自身存在的和与他人的关联方式的假设，包括逃避我们的主观意识的那些假设，这就像我们也在致力于关注病人未在他们的内心生活中觉察到的那些面向一样。正是费伦齐渐渐意识到病人对自己的精神生活的某些面向很敏感，而病人很少或根本没有机会触及这些面向，才导致他去探索采用相互分析的形式来帮助病人的可能性。

当他的病人 RN 第一次分享她对费伦齐的内在精神生活的洞察时，他否认了这些洞察与自己的关联性，并以通常的方式将这些洞察解释为移情。但当她坚持她对分析师盲点的诠释时，费伦齐开始倾听并发现他的"反向分析几乎一字不差地证实了被分析者的断言"（Dupont，1988）。当费伦齐在

RN 持续的"帮助"下，更深入地探索自己的精神生活时，他开始认识到，她所看到的及直到现在他才明白的，可以被理解为她的移情和投射的省映，而这实际上准确地反映了他未能看到的他自己的全貌的各个面向。病人把对他的看法告诉了他，无论这些省映的内容是什么，病人都对他进行了相当准确的描绘。

　　在精神分析的二元结构中，对这种相互关系形式的认识包括对每个人在无意识影响下的自我觉察限度的理解，以及由此对他人的心理产生的洞察的潜力。《临床日记》中有一个真实描绘的段落，在那里费伦齐展示了他对 RN 做的分析，这并不是一个分析，而是两个同时进行的分析，这是最早的关于病人与分析师之间的分析是如何融为一体的范例之一。如果没有另一个分析，任何一次分析都不可能发生。"病人认为这个梦的片段是分析师与被分析者的无意识心理内容的复合体。分析师第一次将情绪与上述原始事件（分析师自己的记忆）联系起来，从而赋予这一事件以真实体验的感觉。与此同时，病人成功地获得了洞察力，比以前更深入地了解了这些在心智水平上不断重复发生的事件的真相……就好像两半合二为一形成了一个完整的灵魂。分析师的情绪与被分析者的想法结合在一起，分析师的想法（表征性意象）与被分析者的情绪结合在一起：以这种方式，原来毫无生气的意象变成了事件，空洞的情感躁动获得了一种理智的内容"（Dupont，1988）。

　　分析使病人与分析师的想法和感受都得以更充分地整合，并使分析工作变得活跃起来，这是费伦齐在他的遗作《临床日记》的开篇提到的现象。费伦齐在 1933 年去世前不久以"相互关系是必要条件"为标题撰文，并提出以下问题："每个个案都必须是相互分析的吗，要达到什么程度？"他的回答是："当你试图进行单方面的分析时，情绪性内容就消失了，分析变得索然无味，关系也变得疏远。一旦尝试进行相互分析，单向、片面的分析就不再需要，也不会有什么效果了（Dupont，1988）。"现在的问题是：每个个案都必须是相互分析的吗，要达到什么程度？

这些最后的遗言（"一旦尝试进行相互分析，单向、片面的分析就不再需要"）总结了他在临床工作的最后一段时光里的研究发现，构成了他留给精神分析后继者的最后的遗愿和嘱托。

这是精神分析史上的一次重大事件，费伦齐关于精神分析推断的最后遗言（1932年），作为他留给我们的不断回荡在耳边的问题，最终随着1988年他的《临床日记》的出版，从他的精神分析坟墓中跃然现世，同年，斯蒂芬·米切尔所著的《精神分析中的关系性概念》（*Relational Concepts in Psychoanalysis*）（第一本明确的关系性精神分析专著）出版了，纽约大学关系取向学院（New York University Relational Track）也应运而生，米切尔在美国的一个重要的精神分析培训项目中确立了关系性视角的地位，至此，关系性精神分析成为精神分析中的一个积极而活跃的流派。随着《临床日记》的出版，第一代关系性精神分析师发现了一位先辈，他的工作大约在60年前就为他们提供了灵感、肯定和一座临床资料的宝库，并照亮了他们现在正在进行的旅程。

从我们目前的角度来看，费伦齐提出的问题（和回应）作为一个追随他的标志，为我们指明了精神分析未来前进的道路，如同他预见的那样，这是一个我们现在赖以生存的未来。他毕生致力于精神分析研究，并在他临终那一年达到了巅峰，持续不断地致力于相互分析研究的他一直在与时间赛跑，永不回头。

今天的无意识对话与相互分析

当精神分析采用一种完全协作性的互动过程来实施时，精神分析变得最具活力和富于转化力，这也是费伦齐对精神分析的发现，它已经成为当代许多分析师的一个核心操作原则。当费伦齐用孤独的声音在1932年提出精神分析实践的方式应该进行修正主义式重构时，他应该没想到他的愿景已经在当代得到了充分的实现，如今，他可以欣慰地看到当今精神分析文化的变化。病人与分析师在自我觉察和成长方面的提升整体上是相互关联的，这种认识在当今的关系取向治疗师看来是理所当然的，他们吸收并融合了费伦齐这一深刻的见解，费伦齐相信，当病人被授权来给分析师做他需要的分析，以便能够让他分析她（病人）时，他的思想和信念就在一次孤独的飞跃中找到了前进的方向。他发现，为了尽可能深入地理解病人，他自己的精神生活中的互补领域不可避免地要参与其中，就像一个连接双方无意识的音叉一样产生共鸣。他再也无法维持中立、冷静、客观的观察者的幻觉了。相反，他开始意识到，不管他想不想做这样的自我暴露，他自身的重要面向都会暴露在病人面前，而且远不只是一点儿反移情碎屑而已，因为这种沟通本身在分析过程中就发挥了重要作用。

本杰明·沃尔斯坦（1993）通过《临床日记》发现了费伦齐，并通过自己的分析师（克拉拉·汤普森，《临床日记》中的 DM）认识了自己的精神分析祖师爷，他记录下了这一过程，并在与我的分析过程中，向我讲述了他的个人分析中的一段轶事。在提到汤普森给他做分析期间曾经说过或做过的一些事情的时候，他曾询问汤普森，她认为的反移情的基础是什么。汤普森回答道，她会在她的自我分析中去考量他的问题：她断言，反移情问题并不属于病友的分析。沃尔斯坦所做的回应抓住了费伦齐和他自己的精神——认识到移情和反移情呈现相互渗透的方式。因为反移情是针对病人的一种被诱发的反应，所以反移情的存在为咨访双方共同探索、理解彼此提供了可能，这与探索移情是一样的。沃尔斯坦告诉我，当时他回应道："好吧，如果反移情并不属于我的分析，那它在这里起什么作用？"沃尔斯坦与我分享了他的个人分析片段，并鼓励我尽可能地对他的反移情进行分析，一直到我们双方都能够进行分析。这表达了一种分析性价值观（1975，1977，1983，1992，1997），不但成为他自己的临床和理论工作的一个重要维度，而且毫无疑问的是，这种分析性价值观在我的临床工作中也扮演了重要角色。

相互性是许多形式的人类关系中固有的特点，这些相互关联形式具有促进成长和疗愈的功能。对许多当代关系取向的分析师来说，精神分析关系中相互性和互惠性的缺失与其说是一个技术偏好的问题，不如说是分析陷入硬化状态的一个症状。精神分析双方出现关联性缺失可能是一个警示信号，是困扰着病人或治疗师的一个征兆，或者说是双方人格在独特的交汇过程中，在引发好奇心方面，以及在对其中的内容进行共同探索方面，出现的某些差错。这种在治疗双方内部进行的有关个人障碍的共同探索，往往是开启朝向新的可能性和新的体验的进程的关键，同时对于理解在体验维度发生的沟通，以及识别病人或治疗师在分析中的解离和压抑过程而言，都是至关重要的（Bass，2003）。

当下分析中的咨访双方：当代关系取向治疗中的相互分析的各种形式

如同乔尼·米切尔（Joni Mitchell）在一首歌中针对生活和爱情所唱的那样［译者注：《当下双方》（*Both sides Now*）］，分析师要从当下咨访双方两个角度来看待治疗：也就是说，分析师要参照他们作为病人和治疗师各自的经历和体验来进行分析。这让我们注意到，分析过程在传统意义上的理解的核心存在一个悖论：一方面，我们自己对无意识所产生的自我觉察是有局限的；另一方面，我们又拥有理解他人的内心无意识材料的能力，于是我们就会发现，我们的局限和所谓的能力并没有按照我们在任一给定的治疗性境遇中所指定的角色来进行合理分配。所以我们要问：在我们作为病人度过的一周时间里，我们在分析期间所仰仗的观察能力是否会离我们远去？同时，病人对他人（包括他的精神分析师在内）的无意识心理体验的感知能力，是否会因为承担了社会赋予他的病人角色而关闭？

事实并非如此，费伦齐颠覆性的发现仍在当代许多关系取向治疗师心中引起强烈的共鸣：尽管有移情存在，但是病人有时仍会对正在困扰分析师的问题有最深刻的洞察，分析师可能会第一次遇到自己的某些面向及障碍，因为这些问题是由病人激发和识别出来的。费伦齐与病人 RN 就有过类似的体验，RN 看到了连费伦齐自己都不熟悉的多个面向。事实上，他与弗洛伊德的分析并没有引发他对自己身上某些方面的关注，而这些方面只有在卷入他与病人的工作中才得以浮现。费伦齐将他与弗洛伊德的相互分析的失败，归因于当时训练分析时间的不足。他指出，很多时候，接受他分析的病人的被分析次数要远超于他自己的，这种不对称情形给许多分析造成了严重的限制。他倡导分析师要接受更多的强化培训分析，并将其作为一种必要的矫正措施坚持"到底"。然而，今天作为当代分析师的我们发现，尽管我们让自己接受了大量的分析，而且经常是接受多个人的分析，但在与病人工作的过程中，我们仍然会经常遭遇自己不熟悉的和充满焦虑的某些面向。我不同意因为有这样的观察结果就说分析师接受的分析是不够的，尽管面对的窘境经常会促使分析师决定去寻求深入分析或接受督导；相反，我认识到，任何分析都不可能是"彻底的"，因为要想达到心理平衡总会面临新的挑战，要想加深自我觉察总会出现新的机遇，这一切总是不可避免地会出现在深度分析工作的熔炉中。

我们注意到，无论是坐在躺椅后面，还是坐在或躺在躺椅上，当分析工作停滞不前或陷入僵局时，分析师的焦虑、压抑和个人禁忌总是与病人的多重困扰同样显著。在我们感到足够好和足够安全的时候，我们会实施自我分析并接受督导，而在我们有能力并且有兴趣的时候，我们会跟病人一起工作，去探究是哪些因素限制了我们的思维方式和反应能力。那些我们认为最具挑战性的"难缠的"病人，通常会让我们遭遇我们不熟悉和不舒服的部分，但是我们可能无法做到承认这些部分。这要求分析师的个人工作能跟得上这些病人的步伐，使自己能陪伴他们进入尚未涉猎的经验领域，而这一工作的大部分都发生在分析本身。

我最近分析了一位病人，他在完成培训所要求的最终临床分析论文以后跟我说，如果我读了他的论文，我可能会认为他是在写关于他自己的东西，这正是他所面临的某些问题，也是病人内心感到困扰的问题。由此我发现，分析师在接受培训期间和之后，常常会被他们最近在自己的分析中遇到的问题所震撼，因为这些问题也开始在他们与病人的工作中经常出现，反之亦然。分析师经常会这样说：我的病人和我一样。我也有进食障碍（或者性方面的问题、婚姻问题、经济问题），我和我的病人没什么不同。我的一位病人最近说："我的病人要求我减少她的费用，因为她不想从她丈夫那里拿钱来接受治疗。但即便如此，她的钱还是比我多。实际上，她比我挣得多，而且她的丈夫很有钱。我发现自己在以一种尴尬的方式处理这件事，违背我的意志而答应她的要求，因为我发现自己由于太过焦虑而无法直面她。我很难搞清楚如何跟她讨论她对金钱的担忧，因为我对金钱的担忧这个问题也没有得到解决。"

我的另一位病人在谈到她的一位病人正在考虑结束治疗时指出，她被这样的想法激起了强烈的焦虑。"当她提出要结束治疗的问题时，我发现自己非常焦虑。我的转介病人数量最近有所减少，我很担心自己的财务状况。但我不确定这是不是最主要的问题。我认为当一个病人谈论结束治疗时，这给我提出了一个问题，即我到底是不是一个好的分析师。这使我们很难以一种真正好奇的方式去探讨她关于结束治疗的想法，去了解这对她来说意味着什么，而更容易去探索我个人关心的事情。所以我倾向于要么试图说服她不要这样结束治疗，要么对此保持完全中立，因为我不想让她觉得我需要她留下来。"在这类个案及更多的个案中，病人与治疗师的工作都是相互渗透的，因为他们共同修通了冲突、焦虑和羞耻等互补性领域。我们可以说，他们是一起修通问题的。分析工作可以被看作触及治疗师和分析师的类似问题的一个相互修通的过程，咨访双方都能够获益。

这并不意味着，病人和治疗师一起工作时要效仿费伦齐和他的病人 RN 那样，在不同的会谈间相互转换角色。他怎么会冒着边界模糊和角色否定的自我暴露风险去做分析呢？事后看来，从我们在费伦齐等人身上学到的东西，以及过去 30 年间关系取向技术得到的发展中，我们可以看到，费伦齐一直在不断努力地寻找一种方式，针对他的反移情来与病人一起工作。虽然他在相互分析方面的实验有时令人非常痛苦，但这也促成了他最初的创造性尝试（事实证明这是他最终的创造性尝试），其目的是利用在病人和他自己最深层、最脆弱的部分的刀刃处相遇的时刻来进行治疗。费伦齐冒险将这种脆弱性暴露给他几乎没有理由信任的病人，其动机来自他对精神分析情境的巨大潜能的惊人洞察力。他意识到他的病人需要对他进行精神分析，他也需要为病人提供她需要的精神分析。病人的精神分析和他的精神分析交织在一起，进入一个单一进程中而变得难以区分。病人把分析师的注意力吸引到他自己的无意识生活的各个面向，因为这些面向也正在病人自己的生活中显现。

当代关系性精神分析著作中出现的一个理解是，匿名且中立的分析师形象是虚构的（Singer，1977）。费伦齐可能是第一个观察到这个问题的人，分析师虽然坐在躺在躺椅上的病人后面，但他其实是无处可藏的。"握手时细微的、难以辨别的差异，说话声音缺乏活力或兴趣，我们在跟随和回应病人提出的问题时的警觉性和惰性程度等，所有这些及一百种其他迹象，都会使病人产生有关我们的情绪和感受的大量猜测（Dupont，1988）。"作为经典分析技术理论的基本要素，即分析师努力避免个人透明和自我表露，反而会引起病人的注意，向病人表明一种保守秘密的气氛，这对分析工作展开的方式和治疗关系的质量必定会产生影响。"任何形式的保密，无论是正面的还是负面的，都会使病人产生不信任感；他会通过细微的手势——如问候、握手、语调、动作幅度等——觉察到情感的存在，但又无法判断其数量或重要意义；分析师对这些情感的坦诚表露能使病人化解这些情感，或者有更大的把握采取相应的对策（Dupont，1988）。"

费伦齐尝试实施了多种相互分析实验，并针对病人的再次创伤及其他医源性病情加重问题，探索出了相应的"应对之策"。虽然当代关系取向治疗师在技术问题上表现出很大的差异，但许多当代治疗师会运用某种形式的相互分析，包括在参与双方的主体间维度、协商卷入，以及更为普遍的在移情-反移情领域内努力拓展双方的觉察性方面。病人会对分析师在治疗过程中的投入有所检视，对于此类检视内容的兴趣和好奇心是许多治疗师工作方式的核心。认识到治疗性对话构成了一个意识层面和无意识层面的双向对话，从根本方式上为治疗选择提供了参照，这些方式已经被融入我们日常的技术方法中。

一个普通的相互分析个案

我的一位病人最近注意到我在一次治疗中打哈欠，并询问我是不是睡眠不足，是不是屋里太热，或者是不是他"让我"昏昏欲睡。这是一次真诚的询问，不带有任何语气或修辞倾向性。他对于自己对他人的影响很在意，并且认为自己有时很无聊，我们也习惯于利用治疗中我们的体验作为出发点，来探索他的内心生活和人际交往情况。我打了个哈欠，却没有注意到这个动作可能代表的深层的心理状态。我没有先询问他对打哈欠的"幻想"可能意味着什么，而是思索了他的问题，并告诉他，可能就像他所说的那样，我没睡好，屋里太热，至少就我当时所知是这样。

与此同时，我承认我所"知道"的不可能是故事的全貌，如果可能的话，我会有兴趣了解更多。我不知道他是否对我的情况有其他的假设。他是否注意到一种情绪、一种想法、一种躯体感觉，或者任何可能与他观察到的由哈欠所反映的与躯体或精神状态有关的东西？他是否注意到了他自己或我身上有什么东西，可能会揭示昏昏欲睡的症状对我、对他，或者对我们代表着什么？我的兴趣并不是对移情进行试探性摸索。在他注意到和思考我的哈欠的时候，他也许已经触及一个我未觉察的领域，某种在我自己或他的体验中遗漏的东西。我并不认为在治疗中偶尔打哈欠对我来说是不寻常的，因为我知道我经常睡眠不足，所以我想知道的是，是否可能有什么特别的东西引起了当时他对这个现象的注意。他是否在治疗中捕捉到了什么东西，使得他针对我的反应提出了一个问题，也许是他把这个发现与哈欠联系在了一起，而这又暗示着什么呢？无论是什么东西吸引了他的注意，我都完全没有意识到，因为它是以打哈欠这种自发的方式呈现出来的。

　　他的问题激起了我的好奇心，我想知道在我的某种躯体或情感状态中是否有什么东西与会谈中发生的事情相关联。我注意到，在我的好奇心的驱使下，我的头脑变得清晰起来，我突然觉得好像睡了一个特别好的觉。我心里也明白，对这件事的任何更深的洞察都可能来自他的联想和内省，就像我自己正在做的一样。在我们经过了一分钟的平静反思后，他说，在我打哈欠之前，他已经注意到对我有了一些想法，但他并没有贸然地提出来。他似乎意识到我已经注意到了他有所隐瞒，而我可能下意识地将这种隐瞒体验成一种昏昏欲睡的感觉。由于我们一起思考着这个问题，因此他能够直指曾经让我们逃避的想法，让我们可以进一步深入地思考是什么让我们遗漏了这些想法。这次谈话让他产生了进一步的思考，包括他是如何在告诉我之前就忘了自己正在想什么（这感觉不像一个有意识的选择），以及他敏锐地意识到为什么他忘记了自己的想法可能会产生"让我迷糊"的效果。他对我所回应的本质，以及这一回应与他对我的感觉之间的关联性的洞察非常精准。他对当时情形的推断，包括对我无意识地回应被隐藏信息的方式进行的观察和推测，引导我对自己过往的源头有了新的洞察。我们似乎都没有必要再继续追寻下去。正如费伦齐认识到的那样，病人对分析师的分析"只需要达到病人需要的程度"就够了（Dupont，1988）。我们对起源于我们双方的哈欠所进行的讨论，以及我们现在回顾的治疗中新出现的与其他时刻的关联，都会对我们双方有所帮助，并引导我们对自己、彼此，以及我们的关系产生更深入的觉察。

结论

对我来说，精神分析相互性的核心地位体现在，有了相互性才能使关系性精神分析称得上是关系取向的，并且有别于倾听和参与技术而称得上是一种独特的方法。我们看到了无意识对话以各种方式塑造了治疗工作，其中一些是在病人与治疗师之间直接实施的，另一些则是在更隐含的层面进行的。我的一位被分析者，她本人也是一位治疗师，她发现当她在自己的治疗中开始出现新想法时，她的病人也正在开始进入新的、平行的领域。正如比昂（1959）所描述的那样，与"对连接的攻击"（attack on linking）相反，在一种相互关联的过程中，治疗师内心的自由空间的释放似乎也会为病人产生新的连接提供可能性。我的被分析者会意识到，她的病人不能冒险去思考自己体验的某些面向，直到她（我的被分析者）能够在自己的内心找到一块栖居地，在那里她能接受这些想法并与病人一起思考它们。她相信她的病人感觉到她在她们二人都曾痛苦挣扎过的地方得到了更大的安慰，这使得病人开始继续前行。在我的被分析者看来，她的病人似乎一直在等待，直到她准备好迈出下一步。在随后的探索中，她的病人能够对她说，她（病人）已经感觉到治疗师的转变，而她自己的转变是随后发生的。

认识到分析的双人性、双向性和相互转化性是关系取向的核心。一个特殊的分析专业技能诞生于我们在追寻自己和病人内心生活的道路上所获得的体验，因为这些体验在治疗工作中相互交叉和相互渗透。治疗工作是一个联合自我发现的过程，在这个过程中，双方都能找到独特的方式来尽其所能地拓展下列情形的可能性，包括达成深度体验并产生转变，看到自身的局限，以及发现超越它们的方式等内容。

在精神分析相互性的讨论中，精神分析情境的不对称性经常被强调。对保护治疗工作的角色和边界的关注，是为了最大限度地减少权力的威胁和滥用。分析规则对分析师和病人的要求并不相同。如果我们不将各自的角色和职责放在心上，我们就不可能以最优方式来发挥病人或分析师的作用。这些职责分配主要涉及在分析框架的结构内所呈现的有意识的认同、承诺和意图，无论其多么灵活和有弹性。当涉及我们自己的无意识过程时，这些不对称性就会退回并消失在背景中。本杰明·沃尔斯坦曾经说过（在私人通信中），我们得到了我们需要的病人。我发现，移情-反移情分析领域是一个特别适合通过相互建构来实现修通过程的领域。也就是说，精神分析师和病人必须以一种对他们以前依赖的心理模型进行挑战、激发和拓展的方式参与到分析中。从这个意义上讲，精神分析包含了一种在心理体验和处理过程水平上的对称性，这种对称性促进了改变并超越了定义工作职责的日常分配的更多意识层面的专业不对称性。

如果分析师的行为准则要求在内心牢记治疗工作中的不对称元素，那么分析师的艺术则包含一个更为柔和的焦点，要为双方无意识体验的浮现、识别和详细阐述创造一个令人舒适的氛围。

正如罗耶瓦尔德（1975）所说的，病人与分析师各自以自己的方式成为艺术家和灵媒。"对于作为艺术家的分析师来说，他的灵媒是他心灵生活中的病人；对于作为艺术家的病人来说，分析师就是他的灵媒。但是作为活生生的人类灵媒，他们有自己的创作能力，因此他们自己也是创造者"。

我们逐渐认识到，我们都在同一个心灵水域里游泳，这是关系性精神分析的关键要素，也是针对精神分析技术中各种技巧的新的理解方式。每个治疗师都找到了自己的方式来维持这种弹性，即允许有一个足够严格而又灵活的框架（来支持工作所需要的不对称性），以及一种倾听的姿态，这种姿态是在柔和的、聚焦的意图下被训练的，并使得我们在理解病人的过程中始终保持我们对自己的了解的开放性。我们在对病人的分析中发现的东西，指导我们去理解病人，同时理解我们自己。这就是每一个分析最终都会成为相互分析的原因。分析师和病人共同发现了以前没有遇到过的自我面向。通过我们的相互探索，我们所面临的挑战在我们称为精神分析的关系中，为我们的病人和我们自己提供了获得进入新的体验领域的机会。

（本章由成云翻译。）

·注释·

1. 本章内容的早期版本发表在《精神分析对话》（2015，Vol. 25. No. 1）上。当前的改编版本是由出版人提供的。

第 15 章

费伦齐与拉康：错过的相遇[1]

刘易斯·A. 科什娜

拉康是熟悉费伦齐的工作的，但是他来到这个舞台上的时间太晚了，无法与费伦齐有私人接触。拉康确实曾在他的研讨会和著作中多次提到费伦齐，费伦齐工作的多个方面也明显对他产生了积极的或消极的影响。费伦齐独立于教条主义方法之外，并自由地实施分析技术实验，这使他也成为拉康的象征性先驱。尽管如此，费伦齐作为先驱创新者，与拉康作为随后的持异议者之间可能存在的谱系继承关系并没有显现出来，最终，正如以前的作者所评论的那样，拉康的语气显得不屑一顾。在本章，我总结了拉康的著作中对费伦齐的重要参考，以及读者在他们二人之间发现的一些相通之处。我将采用费伦齐的《临床日记》（1988）中的 G. 这一个案作为材料来阐明这些相同点和不同点，这些相同点和不同点可以被视为二人相互补充或相互矫正的立场的体现。[2]

总体上，对拉康与费伦齐之间的关系最好的描述是，这似乎是一场错过的智者的相遇。费伦齐的思想也许在处理分析关系中存在的固有问题及运用弗洛伊德式技术来治疗创伤性病人方面最为突出。他对痛苦遭遇的敏感性使他强调一种积极的参与和开放的态度，这一点与拉康截然不同。费伦齐对节制和保守这种经典立场所持的批评态度，与拉康所倡导的超脱个人情感的立场形成了鲜明对比，而这种立场是当时大多数法国精神分析学家所共有的。另外，费伦齐对分析师不可避免的反移情的影响的关注，也宣告了拉康关于移情中高度抽象的概念"他者的位置"（the place of the Other）的局限性。在这方面，费伦齐对分析情境中的权力失衡及再次创伤的可能性的觉察，可能至少已经向拉康提出了关于在精神分析关系中摆脱主人位置的困难这一问题。

相反，拉康在他的著作中提出了其他方面的思想，包括想象的概念、对主体地位的反思、对创伤真实性的观点，以及对病人口语的关注，并对许多后费伦齐式思想，包括关于分析师与病人之间的"真实关系"的作用及他们之间的主体间互动的性质等，提出了批评。也就是说，拉康最擅长描绘分析关系的各个组成部分，而这些组成部分在两人模型的二元关系中往往被忽略。拉康教导道，对二元关系的关注可以促进双方的镜映和相互认同过程——他称之为"想象性移情"（imaginary transference）——并呈现不断重复的倾向，而不会使双方为了改变而打开二元关系中起决定作用的无意识结构。同样，尽管费伦齐对语言很感兴趣，但他更倾向于构建解释性场景来解释他所听到的内容，而不是利用语言的模糊性来获得无意识的含义。也许正是部分出于这些原因，当代拉康派的分析师花了很多年的时间才对重新思考费伦齐的遗产[3]，产生越来越浓厚的兴趣。

拉康（1953）在其重要的演讲《罗马辞说》（*Rome Discourse*）中确实提到了费伦齐，他在演讲中阐述了自己关于语言在精神分析中处于核心地位的观点，而当时他在巴黎学会的分裂中扮演了重要角色，这件事引起了国际精神分析协会对他作为一名精神分析学家应有的真诚和善意的担忧。在这次演讲中，他评论了"费伦齐在阐释儿童和成人之间的关系法则时所使用的言语的迷惑"（1953）——这是针对"精神分析的执行母亲"（officiating mother of psychoanalysis）的一种讥讽，他认为"精神分析的执行母亲"正在用客体关系心理学的观点替换处于母婴关系核心位置的符号象征化过程（当然，梅兰妮·克莱茵是客体关系理论的核心人物）。在拉康眼中，客体关系理论是令人讨厌的，它是一种想象域的片面扩张，将精神分析引向了错误的方向。除了这一评论之外，他并没有在这篇讲稿和其他论文中说明费伦齐对语言的兴趣。然而，同一年，拉康写了一封信给迈克尔·巴林特，他在信中表达了对费伦齐的钦佩（Lugrin，2013）。[4] 费伦齐著名的论文《言语的迷惑》（1932）直到几年后才得以以法语公开发表，而费伦齐在法国所受的待遇与在其他地方一样，主要是作为一名麻烦缠身但才华横溢的持异议者而闻名。拉康同时代的竞争对手格兰诺夫（Granoff）确实认真阅读了费伦齐，并引用了他的著作（Granoff，2001），这可能进一步拉开了他与拉康之间的距离。

在 1953—1954 年拉康的就职研讨会上，他承认巴林特是费伦齐思想的传承者，这一思想的核心是"强调被分析者与分析师之间的关系，并认为这是一种人际间的情境，并且……暗示着某种互惠性"（Lacan，1953-1954）。拉康一贯认为当代临床工作中的这种思想是对精神分析工作的严重误解。反对巴林特的立场，将这一立场称为"一个激进的主体间性观点"，他在别处曾将之理论化，认为这是对两个人之间的复杂互动场域的一种折射。必须加以考虑的是，人类关系的镜像面向和拉康术语中的"能指交换"（the exchange of signifier），必定会创造出一种模糊化的立场，尽管拉康似乎相信分析师可以通过有效的自我分析来解决或至少将这个反移情问题降至最小。在 1953—1954 年同一届研讨会的闭幕式上，他赞扬了费伦齐"以一种权威的方式"认识到对成年人的内部小孩的表现进行分析的重要意义。[5]

后来，拉康（1958）在罗亚蒙特关于"治疗的方向"（The Direction of the Treatment）的演讲中引用了费伦齐的观点，提出了"关于分析师的'存在'（being）这一问题……这在分析史上几乎已有 50 年之久"。也许是受到海德格尔的著作的启发，存在这一问题反复出现在拉康的研讨会上。然而，他并没有像费伦齐那样，从分析师的反移情的影响的角度或其权威本身的影响的角度来探索和研究这个问题。在谈到费伦齐的题为《内摄与移情》（1909）的文章时，他称费伦齐为"备受分析行为问题折磨的分析师"。拉康认为，这篇文章"提前很久就预见了将来会出现的此类主题的所有内容"（1958）。拉康的这些评论片段表明，在对公认的分析性智慧进行怀疑，以及对实验探索持开放态度这两方面，他认识到了费伦齐的地位——这两方面在拉康的实践中也都占有突出地位。他坚定地评论道，费伦齐重新评估了他自己对技术的改进，而这一必要的步骤在拉康的著作中是很少见的。

简而言之，费伦齐关于分析技术的"弹性"（elasticity）和分析师的"能动性"（activity）的观点，可能使他成为拉康系列实验中的一位值得敬仰的前辈（拉康的实验包括可变的会谈时间长度，以及在治疗过程中付诸行动）；然而，他们之间这种心灵上的紧密联系却没有得到承认。与此同时，对费伦齐观点的引用逐渐从研讨会上消失了。然而，在鲁迪内斯科（Roudinesco）关于拉康的传记中，她也顺便提到过，1973 年拉康前往布达佩斯与伊姆雷·赫尔曼就费伦齐进行了对话（Roudinesco，1997）。人们想知道在那次对话中发生了什么！

回到拉康那次重要的就职研讨会，那次研讨会回顾并挑战了许多后弗洛伊德式分析技术和治疗行为的概念，我们发现费伦齐在 1913 年关于现实感的一篇论文遭到了不可思议的严厉谴责。拉康认为，这篇论文通过推广"发展阶段"（developmental stage）的观点（Lacan，1953–1954），产生了一种决定性的负面影响，他把这个观点称为"真正的愚蠢"、一种虚无和一剂"毒药"。尽管拉康在其他地方猛烈抨击了"发展途径"（developmental approach）这一观点的愚昧（他采用竖立稻草人靶子的方式，来暗示心理是以自然和谐的方式成长的这一信念），但是，他选择费伦齐作为靶子似乎是错误的。费伦齐对人类发展的看法远非如此简单。然而，对费伦齐的带有倾向性的解读在精神分析领域远不止这一个，例如，琼斯就在他的《弗洛伊德传》（*Biography of Freud*，1957）第三卷中曾经如此对待过费伦齐，而拉康似乎在处心积虑地让自己远离任何可能的继承关系。毫无疑问，在评估拉康的攻击言论时，我们应该结合拉康在国际精神分析协会和巴黎学会内部表现出的模棱两可的立场，因为其中有许多隐蔽的议事内容，但我们可能也想知道，费伦齐体现出来的独创性是否对他产生了具有威胁性的影响。

　　在拉康的涉及创伤内容的晚年著作中，他对费伦齐观点的引用完全消失了，这可能反映了他对一位卓越前辈的类似的回避。拉康将创伤视为一系列未经符号化的真实躯体体验的呈现，从表面上看，这似乎就是费伦齐关于心理内部未经处理的异物这一概念的另一个版本（Garon，2012）。此外，拉康在他的第七次研讨会上对梅兰妮·克莱茵提出了批评，反对克莱茵对真实创伤所致幻想的强调，这样的批评几乎是在要求大家讨论费伦齐的观点。有关创伤经历的幻想或由童年期幻想记忆引发的罪疚感，并不能否定原始事件的重要性和创伤经历的真实性，而这些事件可能在精神生活和有意识记忆中仍然没有被表征化。用弗洛伊德的术语来说，这些事件留下了某种痕迹，但无法用符号来加以思考或交流。显然，他们对创伤现实的关注属于不同种类的理论，拉康和费伦齐倡导的途径是将分析师重新引向真实事件的影响，从而偏离他们那个时代强调的幻想重于真实的传统分析路径。

　　他们之间的一个明显的区别是，拉康对创伤和"真实界"（the real）的影响作用的兴趣是元心理学模型的一部分，而不是像费伦齐在《临床日记》中所做的那样，试图解决一个紧迫的临床问题。尽管如此，拉康关于不可同化的"真实界"的概念不能被包含在（言语的）"象征界"（the symbolic）中，这表明被植入心理内部的"他者性"会产生影响，与费伦齐提出的"异物"有类似之处。这是创伤理论中一个古老的观点，最初来自弗洛伊德和布洛伊尔（Breuer，1893）的原著。[6]《言语的迷惑》一文更具体地论述了儿童无力翻译来自成年人的性信息，这与弗洛伊德最初提出的"后验"（nachtraglichkeit）概念及受拉康影响的拉普兰奇在关于人类幼年时期的"基本人类学情境"的创新理论中强调的观点大同小异。尽管他们在一些重要的方面有所不同，但他们都处理了儿童在面对成年人的体验中出现的一些问题，这些体验并不能在儿童的语言上直接获得心理表征，却以某种方式在心理领域得以保持并产生影响。在《临床日记》记录的 G. 个案中，费伦齐（1988）这样描述他的病人："这种情形当然并不罕见——在他身上……乱伦的固着并不是个体发展的自然产物，而是被从外部植入个体心理内部的结果。"

G. 个案

G. 是在布达佩斯接受费伦齐治疗的一名病人。据称，她遭受过目睹"原始场景"（primal scene）的打击，费伦齐认为这是创伤性的。她的父母似乎一直忍受着一段糟糕的关系（母亲习惯性出轨），后来父亲转而向女儿寻求情感抚慰。母亲被描述为一个冷酷无情的、不可亲近的人，她在 G. 十岁的时候离开了 G. 的父亲，此后 G. 被赋予了一个新的象征性的角色，即这个家庭的女主人。G. 似乎认为这次"晋升"强加给她的"与父亲之间关系的情欲化"是她痛苦的根源，尽管她并没有描述父女之间有明显的性接触。俄狄浦斯情境因此而"被强加在她身上"。费伦齐写道，成年人的诱惑，让原本是童年发展中的一个嬉戏面向变成了致病性内容（他引用弗洛伊德的理论作为支持）。真实的历史在这里似乎变得模糊起来，这也许是因为费伦齐仍保留了弗洛伊德的观点，即认为一厢情愿的幻想是造成后来的创伤性影响的一个易感因素。

G. 女士真正的问题是什么，它与创伤的分析性治疗有什么关联？对费伦齐来说，分析的过程并不能清晰地将她在家庭中的困境与分析师自身的主观现实及其对治疗的影响区分开。费伦齐的这一认识让他做了无数次尝试，通过各种不同的策略来调整实际产生的移情，这些策略旨在创造一种更平等或更少压迫的关系，并暗示着要提供一种修复性的体验。正如拉康所提出的，这些临床试验确实表明，精神分析有时可以被简化为一种伴侣之间的"人际关系"。费伦齐非常清楚地觉察到，他自己的无意识会如何影响病人，并成为再次创伤的一部分，正如他的日记中记录的不断的自我分析所表明的那样。他的许多技术性实验都是为了避免这种结果，这也成为当代分析师关注的一个焦点。尽管如此，诸如"有一个能与之分享并交流喜悦和悲伤（爱和理解）的人，可以治愈创伤［像'黏合剂'（glue）］"这样的陈述，呈现出了一种对治愈的巨大热情［也是"相互宽恕"（mutual forgiveness）的自我疗愈］，这一观点让他受到了批评和责难。费伦齐可能过于相信一种纯粹的反移情爱意的疗愈可能性，并且理所当然地推断一个完整的主体是可以接收到这一信息的（Kirshner，1993）。当然，分析师一直都在争论主体间关系的本质及它是如何影响治疗的。

不管是激进的观点还是温和的观点，关于主体间性的激烈争论的核心主题都是，如何在两个独立个体之间的互动过程中构想出个体的主体形象。拉康的著作与这场辩论密切相关，因为这些著作在不断地探索和重新阐释关于主体间性本质的传统哲学和精神分析思想。如前所述，费伦齐的著作显示出与拉康学派关于主体间性本质的不同观点。也许最值得注意的是，他特别珍视此时此地的移情-反移情交互作用的真实而鲜活的体验，而非可能决定移情-反移情的动力学原因和无意识欲望。换句话说，他可能把精神分析关系看作彼此能够直接对话的完整主体之间的一次真实的相遇。相比之下，拉康认为这个主体会随着言说中的语言内容而不断衰减，其脆弱的身份认同感会被不受意识控制的话语和意象削弱。此外，分析师的话语只能在移情的即刻背景下被听到，而不能带来任何相遇的真实性。

在费伦齐对 G. 的简短的治疗报告中，他对分析经验的描述（并不像一个客观的个案研究）是在一种关系中建构起来的，在这种关系中产生的新的实体，被许多当代分析师称为"分析性第三方"。这个"第三方"可以代表一个随着时间的推移而建构起来的共享框架。在费伦齐与 G. 共同建构的图景中，我们发现了一个神话般的故事，一个母亲抛弃了她的家庭，留下了一个害怕失去与女儿之间仅存的爱意的丈夫，以及一个对自己的欲望一无所知却认同他人欲望的女儿。G. 对原始场景的更早期的体验是建构在她的这种自我抛弃之上的，按照费伦齐的构想，这是一种严重的创伤，她将自己的情感的和欲望的自我，与一个超然的和理智的观察自我分裂开来。从此以后，她的生存将取决于她对母亲欲望的无意识认同。G. 将原始场景的体验描述为在她的重要关系中遭到背叛和失去信心，这让她独自一人采用激烈的手段来处理创伤性的情境。也许独自一人本身就是一种创伤性的情境。

回顾当时，费伦齐对 G. 的欲望的思考，似乎采取了一种相当贫乏的诠释方式，这种诠释以许多隐含的方式来定义病人的俄狄浦斯情境和无意识欲望。他宣称，病人描述的家庭状况包括一个被抛弃的、占有欲很强的父亲和一个奉献的女儿，这代表了"一段幸福的婚姻"。G. 在听到费伦齐这样的诠释后，认为这是一个隐喻，意味着她有想要取代母亲成为父亲伴侣的强烈愿望，这让她对费伦齐产生了一种被背叛和愤怒的毁灭性反应。这似乎意味着，作为一种幻想与现实之间的迷惑与混淆，创伤被再次重复并进入了分析过程中。随后，她梦到费伦齐和她一起躺在躺椅上，然后又梦到分析师 A. 布里尔（A. Brill）亲吻她，从而唤起了她的性高潮！费伦齐立即意识到这是 G. 对他自身欲望的无意识解读，通过"一段幸福的婚姻"这个能指来加以传达。他强调道，她无法达到性高潮这一点与她在原始场景中对母亲采用的一种防御性的或一厢情愿式的认同，有着某种模糊的关联。也许他暗指 G. 在远离自己的欲望。很显然，这是对 G. 的潜意识愿望的一种误读，或者顶多是一个片面的诠释。临床记录更多地提示了父亲的占有欲对她的成长的破坏性影响，以及母亲的缺失所导致的阴影笼罩的历史。性梦-幻想可以通过许多方式来理解，但这里提示了分析师在话语上的权力是如何在移情中产生影响的（正如费伦齐教导我们的那样）。

费伦齐对自己的失误或反移情卷入所做的回应是，以一种道德和良知上的净化态度来坦率地承认错误，承认自己把成年人的性欲望归咎于儿童（但也许更准确地说，他正在将幼稚的性欲望归罪于成年病人）——这是言语的迷惑的一个示例。然而，他的坦承似乎显得有些伪善，正如《临床日记》中的 8 月 24 日那篇日记后的一个记录中所显示的那样。后来费伦齐

（1949）写道，"儿童的幻想在母亲离开后突然实现了"，这表明他一直坚持 G. 有经典的恋母情结的诠释。费伦齐还认为，G. 的父亲警告 G. 不要像她的母亲那样，迫使她把乱伦幻想当作真实的——这是一种巧妙的但充其量是极不准确的诠释。从最明显的和最肤浅的层面来看，父亲的声明可能是在告诉 G. 不要成为一个像母亲一样的有性欲的女人，为了另一个男人离开他，而是要继续做他忠诚的女儿。当然，在贸然地接受费伦齐可能倾向于使用的此类诠释之前，我们应该先听听病人的联想。拉康提醒道，分析师基于他们自己对病人的心理学观点，会出现盲目确信和假定知识的错误风险。"当涉及我们的病人时，请更多地关注文本内容本身而不是作者的心理学知识——这是我教学的全部方向（Seminar II）。"这是拉康的格言警句。

当代学术界对这种聚焦于主体间关系情境的理解是，G. 的无意识已经在"他者"（the Other）的领域被象征性地重新塑造或建构，也就是说，在一个分析师与病人的对话内容之内，充满了来自强权分析师关于病人位置的大量信息。费伦齐在《言语的迷惑》一文中提出的理论模型，从一开始就暗示了他者在创伤性体验方面的作用，在他看来，他者问题要比过量刺激的问题更为严重。他在给弗洛伊德的信中写道："精神分析过于片面地涉及强迫性神经症和人格分析——即自我心理学……高估了幻想的作用，而低估了创伤性现实的影响。"在他看来，从本质上讲，创伤性现实包含了被他者背叛这个问题。因为 G. 是一个年轻人，她试图在一个家庭结构中找到自己的存在方式，而她要面对的是家庭中非常强大的父母，所以对于她所处的情境，拉康提出的更具广泛意义上的"大他者"（big Other）这一概念要比某些特定的人物（如她的父母）更有意义。

费伦齐与拉康：互补性理解

在关系学派和主体间学派中，许多受费伦齐临床经验影响的当代分析师可能也同意拉康的精辟构想，即无意识是他者的声音。这意味着个人无意识是暴露于语言和文化象征性秩序（他者）的一个结果。主体性起源于它最初与父母 / 他者之间的交流，母亲和父亲对孩子不同的回应会给孩子提供其主体性体验的基本结构。正如费伦齐所写的，婴儿没有自我。它缺乏"一种保护性的皮肤，这使得婴儿能够在更为宽广的表面上与环境进行交流"（《临床日记》，6 月 30 日）。这种说法表明婴儿具有易受到他者塑造的巨大脆弱性。

为了进一步发展父母 / 他者的影响这一主题，拉康强调了"镜像"（mirroring）这一概念作为孩子自我基础的重要意义，拉康的这一概念也与费伦齐的临床思想有关。在拉康所认为的镜像阶段，孩子将自己视为母亲意象中的一个凝聚性客体，将自我的组织确定为一种想象（意象）的产物。温尼科特对这一阶段的不同解读强调，婴儿是在母亲的情感性回应中看到自己的（这肯定就是一种镜像）。他对镜像阶段更具互动性的描述似乎更符合后续对婴儿的研究发现，但它也描述了被母亲的意象捕获的状态（带有其神秘的情感信息）。这种镜像影响形式并不局限于早年的生活。例如，自恋现象可以被部分地理解为试图以镜像来向理想化意象进行认同，以此来展现自我。"镜像认同"（mirroring identification）是减少自体向一个具体而持久的实体流动的一种尝试。费伦齐强调，遭受过创伤的病人具有极高的敏感性，他们会在费伦齐的个人感受和判断中被镜像，就仿佛这些感受和判断可以被他们定义一样。因此，他尝试进行相互分析，以便在他自己与脆弱的病人之间建立公平的游戏场境。

拉康反复强调了在分析师的意象中重塑病人的危险性（例如，通过鼓励病人向分析师认同，他认为这是自我心理学的临床目标）。他更为关注的是，分析师会跨过病人的主观幻想及成为病人镜像的风险，这也支持了他要求分析师保持经典的节制姿态的倡导。此外，他认为言语行为传达的是对某种东西的需求——首先是对爱的需求。他教导道，精神分析师说得越多，病人显露出的匮乏及从匮乏中冒出的欲望就越多，这对病人相当于一种诱惑。因为分析的目标是让病人获得自由并追随她自己的欲望，所以分析师作为一个人不想从病人那里得到任何东西，这一点非常重要。费伦齐可能会提醒拉康，沉默并不能保护病人免受分析师的伤害，甚至有可能再次重复因权力失衡所引起的创伤性情境（更不用说情感沟通的其他方式了）。

与拉康的观点相佐的是，婴儿研究证实了婴儿的姿势和哭声与母亲的话语和情感之间产生积极互动的重要意义，这也许是因为只有母亲才能掌控话语权。从这个意义上讲，它从一开始就是一个关于婴儿与母亲沟通的问题，而不是一个经由自我调整的本我展现的内部过程，也不是一个对既定结构的非个人化的同化过程，对母亲来说，她的全部意义和价值就是传递或体现婴儿的他者角色。主体性（至少是省映型或继发型的主体性）作为普遍存在的个体发展序列，涉及一个被介导的呈现过程进入象征界序列，如果原初关系并不"足够好"，这一过程就会有出错的危险。这个关于个体成长和发展的基本观点，在费伦齐对童年期早期的实际环境和事件的关注中可以被隐约看到（包括那些没有被说出来或被否认的事件）。在这个意义上，他确实倡导了拉康所指责的个体成长和发展的途径，强调要在"事后"（après-coup）对精神生活进行持续的心理再加工，并对先前的意义进行不断的修正。

同时，费伦齐著作中的观点，与拉康关于创伤和分析师在治疗中处于分裂角色的观点是一致的，在治疗中分析师既代表了移情中的特殊他者（分析师这个人），也代表了广义他者的象征性位置。作为他者，分析师在病人的话语中产生了一种无意识运动，这是他首先成为一个主体这一过程的复活。因此，分析过程为体验的符号象征化过程提供了更多的机会，而这种体验一直被排除在思考之外（布洛伊尔和弗洛伊德在 1893 年首次提到的异物）。费伦齐与拉康的一个共同点可能就在于此，他们将创伤定义为象征化过程的失败，即无法捕捉或意指具身化的和充满情感的体验的失败。当代拉康派学者保罗·沃黑赫（Paul Verhaeghe，2004）认为，寻找体验表征的过程有赖于与他者建立一种联系，这在拉康学派与客体关系学派之间架起了一座沟通的桥梁。

从这个角度来看，创伤的本质可以被重新定义为，他者未能提供一种基于联合（主体间）体验的被整合的情感-言语表征。这可能是一个已遭遗弃的、深陷痛苦之中的孩子被其照料者完全忽视的产物——处于"崩溃的恐惧"（fear of breakdown）中——或者是一个未被承认或否认的残酷虐待行为所造成的直接影响。在最理想的情况下，在童年早期暴露于"他者的能指性回应"（Other's signifying response）之下，能使孩子沿着联想符号学通路来精细加工自己的体验。然而，他者象征性角色的失败，可能导致某一生命体验片段的碎裂——出现一种像异物一样的躯体记忆驻居于儿童的主体性意识无法触及的内心。这个未被表征的外来元素可能会在将来以症状的形式返回，或者如拉康所说的，"处于真实界中"。

在 G. 女士的个案中，随着她在不断展现出来的移情-反移情关系中感受到的当下体验，她的创伤性记忆变得活跃起来，其中费伦齐起到了相当明显的作用，这一切都重复了过去的过度刺激或诱惑（正如他意识到的那样）。拉康后来将这种情况描述为一种客体关系（二人间关系）方法的危险，这种危险制造了一个共享式幻想的二元温室环境。费伦齐在 G. 个案中的行为似乎就是这种陷阱的一个典型例子，在此陷阱中他们之间的界限变得模糊或消失了，因为他们缺乏一个框架或代码来提供象征性意义。拉康坚持认为，分析性关系根本不能撤销或正确无误地重演那个原初的体验。在分析中再现的东西必然会脱离创伤性体验的真实性，因为其缺乏一个原初的象征性铭文。剩下的只是些残留的痕迹，这些残留的痕迹可以通过一个扩展的对话场境达成新的形态。也许费伦齐热衷于治愈原初的创伤，却不清楚分析工作的这种局限性。对拉康来说，创伤分析的重要特征并不是复活，而是用语言的创造潜力来建立新的能指链以呈现真实界。围绕这个主题，在采用某一治疗方法时，内心牢记拉康与费伦齐之间的对立立场，可能是最有用的。

即使分析师不采取拉康所嘲讽的那种拯救式治疗方法去天真地承担病人已丧失的原初客体的替代者的角色，分析师仍然能给病人提供一种象征性的照料功能。在这里，费伦齐立场与拉康立场的友好和解成为可能。也就是说，分析师能够提供许多早期关系中缺失的象征性功能，例如，承认孩子是一个独立的个体，在这个世界上拥有受到负责任的父母的尊重的权利。分析师通过保持一种尊重病人的他者性分析态度，承认自己参与了移情的展现（就像父母会监督自己的行为一样），并对病人的回应保持关注，以寻找可能已经被无意识传达的迹象，来支持一种类似于孩子与母亲之间的原初对话的主体间形式。虽然拉康并没有明确地说分析师扮演了这种积极的象征性角色，但是他认为婴儿通过与母亲的相互对等的交流来达成主体化过程这一观点，与他通常的观点似乎是一致的。

另外，正如拉康所倡导的节制姿态可能会导致与预期相反的结果一样，分析师想要扭转早期创伤性伤害的热情可能也会导致一个矛盾的结果。分析师试图成为一个"真实的客体"（real object）来修复过去的伤口这一举动，可能会复活充满不平等的权力、侵入性的影响和缺乏界限的二元关系。通过这种方式，分析师在成为好的他者方面的过多投入，最终可能会以一种新的形式重新制造出一种旧有的虐待性互动关系。出于这个原因，费伦齐希望采用他个人的真诚和开放，作为一种直接抵消父母的创伤性失败的方式，通过引入一个第三方立场，即一个三角关系，来进行有效的修正，在这个三角关系中分析师的疗愈愿望可以在他者的场境内被情境化。也就是说，分析师对病人有自己的个人愿望和反移情感受——爱或不爱——但是在分析设置中，分析师也接受了作为一个象征性他者的角色。在这样的位置上，分析师被迫变成"一个分裂的人"（a divided human being），他既不是自己话语的主人，也不是他所传递的信息的主人，他只能支持病人，但又不能有意地恢复或修复病人的主体性。

如上所述，在治疗技术领域，费伦齐和拉康二人的观点似乎最不相容。虽然拉康谈到了无意识的超个人性（因此在他激进的主体间模型中，两个主体在某种程度上是共享这种超个人性的无意识的），并且对在所有真实的分析中必然出现的强烈反移情做出了评论，但他并没有把分析师看作一个真正的互动伙伴。毫无疑问，他发现当前的关系取向分析师和主体间取向分析师在这条治疗道路上走得太远了。对他来说，病人的移情（大部分是无意识的）指定了关系的某种形式，而这根本不是一种普通意义上的关系。拉康没有把"小他者"（small other）——分析师这个人——放置在分析性体验的中央。相反，他认为病人的话语是由一种对大他者的移情推动的，大他者代表了关于病人无意识的潜在知识来源，以及病人主体性的前因后果和来龙去脉。另外，这种关于分析情境的观点可能是对过于夸大关系成分（与将病人自己的主体性作为治疗焦点的观点相对立）的一个有益矫正。当然，治疗性干预总是来自一个特定的分析师及其反移情，拉康也承认这一点，他谈到过分析师的干预同时来自大他者和小他者的记录（Lacan，1955）；然而，鉴于分析关系间的不对称性，对大他者和小他者之间的区分可能只是一个口头强调多于实质内容的问题。拉康称分析师为小他者，因为他需要克服自己的阻抗，而与此同时，作为大他者的分析师大多要保持沉默，就像桥牌游戏中的明手一样（Lacan，1955）。这种学说将分析推向了一个无关联性的极端，正如费伦齐所看到的，这也可能会重现某种形式的创伤。

拉康似乎是正确的，他坚持认为分析师给病人呈现的东西，是超出那个坐在躺椅后面的真实的分析师范围的，实际上双方对话的方向会受到分析师的反移情，以及分析师的态度和兴趣的影响。分析师的个人角色与他者角色的不可分割的结合赋予了分析师权力和权威性，这种权力和权威性可能会被有意或无意地滥用。拉康学派有时会谈到的分析师立场的"摆荡"（oscillation），它指的是不断地来回倾听和回应病人，在这种情况下，每次回应的信息都在传达对病人所述内容的一种诠释。在这方面，费伦齐给我们提出了一个强有力的概念，即分析师作为一个专注的和参与性的倾听者，持续不断地接受病人的解读，而这个倾听者经常会犯错。也就是说，临床对话的流动来自两个主体之间的错综复杂的关系，但这可能更多地与塑造移情的表达有关，而不与那个共同创造的"第三方"有关。

当然，费伦齐的临床工作预示了当代精神分析向关系取向的转变，即认为精神分析是一个相互建构的修复过程，以此来重新修订创伤性的历史。但是这个模型的细节仍然是有争议的，并且可能会受益于拉康学派对无意识及病人在向一个象征性他者表达时所使用的特定语言（能指）的关注。关于分析师角色的这些不同概念可能要在临床实践中被辩证性地维持下去。也就是说，分析师并不是简单地将人与人联系起来，而是尽力地帮助病人复原某些在清醒意识下未被认同或未被表达的东西。

费伦齐可能过于相信一种纯粹的反移情爱意的疗愈可能性，并且理所当然地推断一个完整的主体是可以接收到这一信息的（Kirshner，1993）。关于这一点，在阅读《临床日记》的过程中，我认为，对被分析者来说，费伦齐对他们的戏剧化真情告白是一种牵强而又不完全令人信服的声音。然而，尽管存在缺陷，《临床日记》中提出的治疗模型在确认分析师的参与方式以矫正拉康学派的立场上仍具有相当大的意义。结合他们的观点，我得出结论，我们与受创伤的病人工作的本质在于，积极地重建他们与他者之间的错过或丧失的关联性，因为这可能是创伤的最终根源（Kirshner，1994；Verhaeghe，2004）。

（本章由成云翻译。）

· 注 释 ·

1. 本章的早期版本刊登在《加拿大精神分析学报》[*Canadian Journal of Psychoanalysis*，Volume 23：1（Spring），2015] 上，并获得版权许可在此处引用。

2. 2004 年，在里约热内卢举办的国际精神分析协会两年一届的大会进行了关于这一主题的小组讨论，并介绍了 G. 个案。

3. 资料来源：Barzilai，1997；Gorog et al.，2010；Lugrin，2013；and Solers，1985.

4. "然而，我从针对神经症进行的精神分析中可以看出，被压制或压抑的精神材料可以通过阻断内心与某一"异物"的关联性而产生影响。这一'异物'的内容并不会呈现自发性的生长和发展，这些'复合体'（complexes）内容也不会参与个体其他部分的发展和构建（Ferenczi，1952）。"

5. 文本内容并不完全清晰，这句话可能是拉康的反讽。

6. 在不详细介绍拉康理论的情况下，我们只需要了解，这里的"大他者"是一个结构性的概念，它包含了组成人类主体性的文化和语言场域。特定的个体被称为一个"小他者"，和"他者"一样。

第 16 章

第二种言语的迷惑：
费伦齐、拉普兰奇与社会生活

埃亚尔·罗兹马林

　　我的朋友马洛今年 4 岁。我们经常在一起玩。有时我们会像两个男孩一样玩耍，在房子里互相追逐打闹。马洛喜欢制服我，而我必须反击，否则他不会觉得自己真的赢了。但最终他必须赢，否则他会感到沮丧。一个星期天的下午，和往常一样，我们在休战后休息了一下。我气喘吁吁地躺在他的床上。他站在我旁边，笑容灿烂。突然，他滑倒了，从床上滚落下去。看上去就像慢动作一般。我跳起来，向他伸出手。起初我很担心，但随后他似乎在下落的过程中很好地控制了自己的身体，所以应该没什么事。就在这时，他的背撞到了床边的梳妆台。我知道他应该被碰疼了。"你没事吧，马洛？"我凑过去问他。他脸上的表情很奇怪，看上去更像受了惊吓而不是受了伤。

　　还没等我反应过来，他就离开了我，跑到了另一个房间，蹲在最远的角落里。我跟着他。他边哭边喊："你打我了！你打我了！"我说："宝贝儿，我没有打你，是你自己摔倒的！"我觉得很奇怪。在所有要说或要做的事情中，这件事是最紧急的，我要解释"实际"发生了什么。回想起来，我的本能是要向他保证，我并不是有意伤害他的，这样他就会让我靠近，看看他伤得有多重。但我也觉察到，他的父母就在隔壁，可能已经注意到了这场闹剧，所以我知道我不仅是在对他说这些话，也是在对他的父母说。

让我感到震惊的是，他看起来很害怕，好像他真的认为我是故意这么做的。现在回想起来，我可以推断，他对自己站在我身边的那一刻的感知是不同的，在他的脑海里，那一刻与之前和之后的那一刻是连在一起的。也许对他来说，打闹游戏还没有结束。也许他滑倒时正在计划下一步行动，而我当时似乎打断了他。此时此刻，他蜷缩在角落里哭泣，没有任何理由。我想拥抱并安慰他，但是我正面临着一个令人害怕的指控。这种情况也让我感到不安。

然后，情况变得更糟了。他从角落里冲出来，好像在躲避一个可怕的怪物，他跑到另一个房间，抱住他母亲的大腿。"拉维打我，拉维打我。"他痛苦地哭着。（他叫我拉维，这是我在他家的昵称。）我跟着他进了隔壁的房间，然后我再一次说道："我没有打你，马洛，是你自己摔倒的。"然后马洛的母亲说："拉维没有打你，马洛，拉维永远都不会打你，拉维爱你。你说这样的话不好。"她也发现有必要查明事件的真相。毫无疑问，她和我一样，想要排除我故意伤害马洛的想法，从而让他感觉好一些。但是，孩子仍然处于痛苦、哭泣、恐惧之中，成年人却试图通过确定事实和建立社交规范来加以回应。就好像让马洛认识到自己想法的错误——包括直接的和间接的两方面，即我伤害了他，以及我可能想要伤害他——是本着"床底下没有怪物"的精神来解决他的危机的办法。

然而，显而易见的是：他不仅受到了伤害和惊吓，而且首先被我，然后被他的母亲强迫去处理一个令人困惑且无效的争执：你的想法是错的，你对它的感觉也是错的。我能在他的小脸上看到一种饱含痛苦的迷茫。无论他此时此刻想要什么，他都得不到。他所得到的只会让他感觉更糟。

过了很久，他似乎平静下来了。也许他开始被说服了。遭受他信赖的人的攻击所造成的失调状态正在加强，恐惧的成分在不断消退。尽管我们一直在用话语抚慰他，但他可能已经不再理睬这些话了。在这种令人厌烦的交流过程中，他的母亲一直在抚摸他受伤的后背。他需要多花一点时间才能再次对我热情起来。他同意继续玩另一个游戏，但还是用怀疑的眼光看着我。我可以看出，他正在努力处理这种失调的信息，来跨越和协调他自己的体验与他听到的内容之间的鸿沟。

我从我与马洛及其家人一起经历的这个故事开始讲述，目的是打开思路来思考一个孩子在生命中经历的此类瞬间，以及其中揭露的东西。我想说的是，作为日常发生的和对成长有重大影响的过程，这样的时刻是困难的，有时也是创伤性的，而这些时刻的困难或创伤，以复杂而深远的方式标记着我们成年后的生活。

如果我们采用弗洛伊德（1933）的理论框架，我们可能会说这些时刻正是超我及其不可避免的不满在此被确立的时刻。孩子的冲动，无论是欲望、攻击性还是恐惧，都会受社会规范和理性的混杂物的影响。"你不应该感受你所感受到的"是这一信息的精髓。在事实和道德意义上，"你错了"是一个人在这种情境下应该感受和思考的方式。这样的信息一点一点地被内化，形成一个社会协调的、具有道德色彩的自我部分。幻想被驱散，情感被疏导，对与错、内疚与羞耻，形成了一种共识，即社会规则感。体验是按照被打了折扣的许可和禁令确立的，但这些许可和禁令也确立了文明认知的安全性；孩子知道什么可以想，什么可以做，什么可以说。后来，弗洛伊德确实也强调了各种信息的内化过程，而非与父母（父亲）的认同过程是超我形成的根源。"因此，儿童的超我实际上不是基于其父母的模型建立的，而是基于其父母的超我的模型建立的；其被填充的内容是相同的，成为某种传统和价值判断的载体，并以这种方式一代又一代地传递下去，不随时间的推移而发生衰减（Freud，1933）。"

虽然超我的概念有助于我们遵照其最终假设的心理结构来对这一内化过程进行诠释，它也确实为我们提供了一种定位和理解社会规范性在主体中的影响的方式，但是这一内化过程必定是渐进的、非常深入而亲密的，而超我概念在解释这一过程所涉及的体验和困难方面，就不那么成功了。

在这些形成性的时刻里，究竟发生了什么？它们如何显现？它们与萌芽中的自我的叙事相结合的无意识的和有意识的意义是什么？在我看来，要想更好地理解这些时刻给孩子带来的挣扎和迷失，以及这些时刻继续构建我们成年人的经验的方式，我们需要在精神分析的其他领域寻找答案。为此，我想提出另外两个不同但相关的概念：费伦齐（1949）提出的开创性的概念"言语的迷惑"，以及拉普兰奇（1995）提出的概念"神秘信息"。

在接下来的讨论中，我将把这两个概念放在一起，并将它们放在一个谱系中来讨论。我认为，既然他们都关注成年人与儿童之间神秘而又潜在的创伤差异，那么这两个概念更适合解释在儿童向成年人学习的那个时刻到底发生了什么。我将进一步指出，如果费伦齐明确地提到了"其中一种言语的迷惑"，那么他的著作也暗示了存在两种迷惑，而且第二种迷惑或许更为普遍和深奥。我会在费伦齐对超我的批判及他的另一个伟大的贡献——与攻击者认同——中找到支持这一观点的证据。在这里，我还要谈谈所谓的死本能。我认为，与根深蒂固的破坏性力量相去甚远的，是对存活意义的创伤性丧失，它才是让人们宁愿去死的原因。

这里我需要简短提示一下，1949 年发表的《言语的迷惑》中提到了满怀柔情的语言和充满激情的语言之间的迷惑和混乱。这与成年人如何将儿童的情感需求误解为性欲的挑逗，并用成年人的性言语来做出回应有关。在极端的情况下，言语的迷惑会表现为对儿童的性虐待或侵犯——成年人诱惑或强迫儿童与其发生性行为。性虐待之后通常是另一种虐待——矢口否认。"冒犯者几乎总是表现得好像什么事情都没发生过……在这类事件发生后，诱惑者往往会变得过于道貌岸然或遵守宗教规范，并试图变本加厉地拯救儿童的灵魂"。

由于这种双重虐待，孩子遭受了严重的创伤。"对不受约束的、近乎疯狂的成年人的恐惧彻底改变了孩子……"，导致孩子人格的碎片化和原子化，导致孩子的心智"只由本我和超我组成，因此缺乏维持自身稳定的能力……"。爱、恨和恐惧构成了一场持续的情绪风暴，孩子只有通过弥漫的解离和分裂机制才能经受住这场风暴。好像他注定要生活在一个持续存在的、无法象征化的原始场景中。简而言之，费伦齐所说的言语的迷惑是一场巨大的灾难。

拉普兰奇（1995）探讨了成年人与儿童的关系中更为模棱两可而又细致微妙的领域。他为了说明成年人的性行为对儿童的影响，提出了"神秘信息"这一概念。这一概念指的是，父母的性欲本身给孩子的内心带来的压倒性的和超负荷的强烈困惑。在拉普兰奇探索的背景中，这种性欲是含蓄的，而不是强迫性的，但它无处不在且十分强大。孩子认为这是一种神秘的语言，既令人恐惧又令人兴奋。这也是一种超负荷的语言，因为它超出了孩子对其复杂的有意识信息和无意识信息的处理能力。但与费伦齐不同的是，拉普兰奇认为，它是令人回味的而不是具有破坏性的。这是因为在拉普兰奇讨论的情景中，孩子并没有受到攻击，没有经历真实的原始场景。成年人的语言飘忽不定。孩子被允许在自己的时间里私下处理它，当然这在很大程度上是无意识的。此外，正如很多证据所提示的那样，这种交流对幻想和现实有着同等的衡量作用。因此，孩子能够将它转化为自己那不断发展的意义世界，也能够激发自己的好奇心和创造力。

拉普兰奇认为，成年人性欲的超负荷是无意识形成的驱动力，也是他者性的基本属性。当我们挣扎着去摄入超出我们能力范围的东西时，我们就变成了多层次的存在体。当我们与他人的神秘欲望联系在一起时，我们会发展出一种神秘的和被他者化的体验。

拉普兰奇也提到了另外一种言语的迷惑，这种迷惑就像费伦齐所提出的言语的迷惑一样，与成年人性欲的超负荷和他者性有关，会对儿童产生影响。但是拉普兰奇所探讨的迷惑是人类发展固有的现象。它并不涉及极端的暴力和否认。因此，它是神秘的而不是糟糕的、造成困境的，也不是具有破坏性的。

费伦齐和拉普兰奇对儿童发展的看法与弗洛伊德的后诱惑理论完全相反，正是因为他们有这样的共同点，我们才把他们放在同一背景下来讨论。

他们并不把孩子看作产生令人不安的冲动的始作俑者，这些冲动也并不需要成年人的干预来使它们变得有序，他们把孩子看作外来欲望的投射对象，而孩子必须挣扎着去适应。在费伦齐和拉普兰奇看来，孩子是成年人的交织在一起的权力和欲望的投射对象。出现在地平线上的并不是孩子的欲望，而是成年人的欲望；此外，这种欲望是在儿童与成年人之间存在权力不平衡的情况下被强加的。在这个不公平的权力领域内，儿童在自己和他人的欲望之间进行谈判和协商，这标志着他们的发展。成年人带来的混乱和秩序总是同样多。

但是拉普兰奇与费伦齐所探讨的迷惑也有很大的不同。因此，我们可以把它们看作一个光谱上的两个锚定点。在拉普兰奇捕捉到的这种迷惑中，成年人的言语是超负荷的，但在大多数情况下是仁慈且含蓄的，足以让人回味美好的记忆。而在费伦齐揭露的这种迷惑中，成年人的言语是粗俗的，而且通常是恶毒的，因此是灾难性的。

现在让我试着通过这个框架来理解我前面描述的那一时刻。马洛经历了一个复杂且糟糕的体验，其中包括撞击、疼痛、对事件的恐惧、信任危机，以及很大程度的无助感。他在经历这一切的过程中，既将它看作一个神秘的内部事件，又将它与周围的成年人联系起来。他因恐惧和怀疑而远离我，他向他的母亲寻求抚慰和安全感。我和他的母亲都希望帮助他解决麻烦。他的母亲抱着他。如果他同意的话，我也会抱着他。但与此同时，我们在与他的感知觉进行争辩，与他的感受进行抗争。"我没有打你。"我说。"拉维没有打你，拉维永远都不会打你。"他的母亲也这样安慰他。本能告诉我们，如果他相信我们所说的，他就会感觉好一些。这听起来合情合理。比起不良意图和有预谋的暴力，意外事故并没有那么可怕；它们不涉及可怕的恶意预期。

但我想说的是，从另外一个角度来看，成年人所做的也许是出于好意，但也是在强加给马洛一种外来的语言。这种语言不仅不能满足他当时的需要，而且会将他置于不公平的对待中。他需要适应我们理解事物的方式，这样我们才不会被他的烦恼淹没，陷入羞耻之中。他需要根据我们提供给他的前提来承受和转变他的体验。这使他感到羞耻。此外，他需要接受一定程度的否认，这是我们所有人都需要的，以便在这些令人难堪的情境中感觉良好。

是的，那一刻我没有打他，我也从来没有打过他。我允许他在我身上跳来跳去，随心所欲地对我拳打脚踢。我的反应仅限于避开和包容。但是，在整场比赛中，马洛确实服从于我优越的身体力量和精神力量。整个过程充满乐趣和激情。但是是否也有那么一个时刻，我们超出了游戏本身，进入了真实的恐惧和疼痛的不祥情境中？我们应该假装真的在打架，假装是我在负责维持这一局面。但我是不是在某个时刻失去了理智？我是不是太粗暴了，我是不是真的很吓人？是不是有那么一个时刻，边界消失了，他不再感到安全，变得不知所措？

我和他的母亲都没有考虑到我们可能玩得太过火了，我也没有尽到我的责任。我们都不愿意想象我可能会把他置于真正的危险中。所以我们要求他忘记可能发生过的事情，忘记他可能已经遭受过太多的攻击。我们要求他否认出现违规的可能性。我们把他逼上了一个两难境地——要么接受我们的逻辑，要么保持孤立。他抗议了一阵子，但最终还是接受了。

类似的情境会造成意义层面和认知层面的严重鸿沟——当成年人难以处理孩子的某些特定体验时，就会给孩子一些通用的解释，通过否认这件事情的前提来缓解关于它的普遍叙事，于是，它们之间的这一鸿沟就会扩大。你认为正在发生的事情并没有真的发生，发生的事情完全是另外一回事，如果你听我的话，你就会明白这到底是怎么一回事。"独特性语言"（the language of singularity），即孩子在当前时刻被认可的需求，要被呈现自己的语言和需要相信自己的语言，作为理性和客观性来满足。从另一个角度来看，这是社会规范性语言和规定的意义建构模型。但这也是全能的和自恋的语言。我会告诉你什么是对的，我会告诉你什么是正常的，我会让你相信我需要你相信的东西，这样你才会自我感觉良好。孩子表达的独特需要是很难被理解的。这超出了成年人的常识，违背了他们的知晓感，挑战了他们对情境控制的需要。它要求孩子承认那些让他感到羞愧和内疚的想法和行为。因此，孩子主张与所有成年人共享权力，以确定真相，接受或拒绝意义和感受，并否认他自身权力的潜在破坏性，以及他的过失所带来的严重后果。

这样的时刻也涉及一种认同的两难境地。成年人可能很难认同一个受伤且无助的孩子，而更容易认同一个已经普遍内化的解释，通过将伤害和无助置于背景下来淡化它们，同时免除自己的责任。而紧随其后的是"灌输教导"（indoctrination），或者如阿尔都塞（Althusser，1970）所说的"质询"（interpellation）。孩子被要求与成年人及影响他的自我意识和身份认同的叙事保持一致。如果他想被照顾，他就必须遵照这些叙事方式。另一种选择是保持隔离，没有任何言语或感受。对我们大多数人来说，这样的隔离是不可能存在的。所以孩子接受了这门外来的语言，并把它变成了自己的语言。他学会了用同样的叙事方式来认同和被认同，摒弃了这些叙事方式不承认的经验领域。独特性与客观-规范性之间的鸿沟被内化和形式化，成为其主体性的基本结构。

这个过程就是我们所称的社会化的一个常见方面，然而自弗洛伊德以来，甚至自拉康以来，我们已经看到它包含了非常复杂的妥协和折中过程。它向我们灌输了一种观念，即自我意识意味着自我疏离。这导致了文明生活的根本冲突，自我在这个世界上从来没有感受到过回家的感觉。然而，在我看来，如果我们在"方程式"中加入费伦齐阐述的敏感性，我们也许能够进一步研究这个过程的本质及其糟糕的后果。其中一个后果是，我们的经验中出现了弗洛伊德无法解释的东西，于是他超越了快乐原则，提出了死本能这一概念——这是我们存在的另一面向，即从意义和生命中撤离或毁灭（Freud，1920）。从另一个角度来看，费伦齐在没有被整合的两种观点之间留下了含糊其词的东西。一开始他称之为"与攻击者认同"，后来正如他在《对精神分析的贡献》（*Contributions to Psychoanalysis*，1939）[1] 中所写的那样，他表达了明确的观点，"要想达成真正的人格分析，就必须舍弃或至少暂时舍弃超我的所有想法，包括分析师自己的想法"。[2]

费伦齐（1949）在言语的迷惑的即刻背景下谈到了与攻击者认同。与攻击者认同是儿童想要解决迷惑及其后果所引起的焦虑感："……儿童在生理上和道德上感到无助，他们的人格没有得到充分的巩固，思想也不坚定，无法进行抗议。来自成年人的武力和威权让他们哑口无言，并剥夺了他们的感受。"类似的焦虑感"如果达到某一最大限度，就会迫使他们屈从于……攻击者的意志，……与攻击者认同"。

费伦齐在此描绘了关于他自己的超我发展的设想。这样的超我更多呈现的是二元关系，而不是三元关系，它是在融合过程中形成的，而不是欲望和惩罚的对立面。这样的超我构建的前提是否认而不是禁止。它的基本结构是解离而不是压抑。成年人说：它并没有发生，也不可能发生过，如果它发生了，也不是你想的那样。孩子没有能力抵抗，于是接受了这个信息。他们认同了成年人的攻击和否认。换句话说，他们内化了一个明显的悖论。这个悖论变成了他们自己对威权和知识的代理人，一个碎片化的、内心是超价观念的、充满困扰的超我。这是一个与弗洛伊德的观点截然不同的超我概念。费伦齐的超我概念并不强调拉康（1966）所称的"父权法则"（the law of the father），后者是一整套建立在连贯的、也是疏离的符号秩序之上的意义和训令。相反，费伦齐的超我概念强调一种基于意义的失连和体验的否定的法则，是一种有关分裂和拒斥的障碍。这样的超我内部所固有的超载性和他者性正在湮灭。

当费伦齐（1939）提出在分析中我们需要清除内心所有超我的想法时，他的内心一定秉持着他自己关于超我的这一设想。与攻击者认同的超我并不是一个幻想的监察机构。它不是一个这样的心理结构，其更严苛的作用并不需要被识别和缓和。这样的超我并不是建构在与（性别化的）禁止相类似的体验变窄之上的，而是建立在对野蛮粗俗的暴力和明目张胆的谎言的认同之上的。这就是费伦齐认为需要在分析中停止使用它的原因。如果我们想要治愈这种认同必然会带来的体验丧失，我们必须抗议谎言、理清悖论，并揭露对维持其功能所需的联结的持续性攻击。在对实际痛苦的否认和觉察性的破坏中形成的超我应该被完全排斥，只有这样个体才会茁壮成长。正如特奥多·阿多尔诺（Theodore Adorno，1966）在对费伦齐的批评中所呈现的那样，费伦齐并没有完全坚持他对超我的排斥。也许他自己同样也对精神分析攻击者弗洛伊德产生了认同，这使得彻底的排斥变得无法实现。但是我们可能会注意到，这其中存在着一种强烈的矛盾心理。

事实上，如果你沿着我的思路，你可能已经注意到了费伦齐自己的概念框架存在一定程度的裂隙或混乱。毕竟，并不是所有的人都遭受过这种性虐待，而费伦齐恰恰是基于这种性虐待才创立了言语的迷惑这一概念的。并非所有的人都会与攻击者认同，也就不会导致超我总是矛盾的、自我否定的、极具破坏性的。然而，费伦齐似乎在暗示，精神分析应该总是涉及超我的清除，无论是病人的超我还是分析师的超我。为什么他要把这一原则从遭受严重创伤的人扩展到我们所有的人身上？

我想说，这是因为费伦齐已经详细阐述过我一直在谈论的两种迷惑。但是出于他自己的原因，他只命名了其中一种迷惑。当他谈到将成年人的充满激情的语言强加在儿童身上后通常会出现的否认时，他认为这种否认继发于这种迷惑的结果。但是在其他著作中，费伦齐（1931）谈到了儿童与成年人之间的关系中更为普遍和经常出现的困扰。他提到父母的"不真诚和伪善"，以及孩子随之而来的被遗弃感和"不被爱的感受"。例如，他写道，孩子的"顽皮无礼、狂躁发作和失控的反常行为通常是遭受周围人的不当对待的后续结果"。他报告了当病人质疑他的治疗措施时，他的反移情中出现的"权威震怒感"（feeling of outraged authority），他认为这重演了孩子早期与父母的互动过程，父母以挫败和愤怒来回应孩子的抗议。换句话说，费伦齐认识到，在满足儿童的情感需求的满怀柔情的语言与成年人在回应时使用的失调的、攻击性的和威权的语言之间，存在一种更普遍的不匹配或迷惑。他写道："当一个孩子感到自己被抛弃时，他就失去了对生命的所有渴望，或者，我们应该不得不用弗洛伊德的话来说，他把他的攻击性冲动转向了自己。"他补充道，当病人在分析中再次遭遇这样的经历时，"有时这个过程走得太远，以至于病人开始有沉没和濒死的感觉了"。

从这些描述中我们可以看出，费伦齐认为这第二种言语的迷惑（即满足儿童的情感需求的语言与冷漠而威权的成年人辞说之间的迷惑）本身就是具有毁灭性的。它导致了被抛弃和不被爱的体验。它使得儿童和成年人产生自我憎恨。它导致对生活的渴望的丧失。费伦齐发现，针对这种极其不理解人的攻击性辞说，病友对此的抗议也会在移情中出现。他并不将这种抗议仅仅视为对分析师的知识和权威的阻抗。他认为这种阻抗是情有可原的。分析中的儿童正在抗议各种各样的误认和误解：成年人权威中普遍存在着不真诚、伪善，以及笨拙和迟钝。从费伦齐的观点我们可以看出，如果超我的形成建立在对成年人的攻击或冷漠的认同的基础上，而攻击和冷漠这两种情况都会呈现意义与否认的破坏性裂隙，那么在此过程中第二种迷惑就会显得同样重要了。这也许可以解释为什么他总会怀疑超我的概念。

这就是死本能变得有意义的地方。弗洛伊德的发展理论经历过一次转变，更强调幻想中的冲突，而不重视对现实的否认，这让他无法理解为什么有些人会变得如此低沉和颓废。如果我们所有人追求的都只是快乐的话，那么为什么还有一些人只是在忍受痛苦？为什么有些人会变得如此认同攻击性，以至于想要毁灭自己和他人（这就是所谓的受虐问题）？弗洛伊德（1920）的回答是，假设有一种独立的死本能，其本质是具有破坏性的。但是，当费伦齐观察到一些感觉自己即将死去的儿童和成年人时，他并没有看到他们自我毁灭的倾向。他看到的是他们的攻击性内化过程的失效。当个体驻住在他们的主体性的碎片中，或者生活在另一种语言和自我状态中时，他们有太多的体验、需求及爱的能力都没有被看到和被承认，这时他们就会觉得自己处于濒临死亡的状态。

这一切似乎与我开始讲述的故事相去甚远。马洛面临的被误认、被误解是我们大多数人在童年时期必须反复面对的情景。我想向你保证，马洛是一个健康且有活力的孩子，他能感受到非常充裕的爱，并且他也会以极大的热情回报爱。在我看来，正如费伦齐捕捉到的柔情和性欲之间的迷惑一样，他在这样的背景下捕捉到的迷惑也是一种极端的类型。我们大多数人面对的，以及马洛在我所讲的故事中面对的那种迷惑，也许更接近于拉普兰奇在神秘信息概念中的设想。

我并没有故意打马洛。但是我们进行了一场带有攻击性的游戏，在这场游戏中，边界可能变得不稳定，他的安全感明显受到了损害。他体验到了我作为一个成年人的力量。更重要的是，他真的受伤了。他有足够的理由感到害怕。然而，在他受伤之后，我也被自己潜在的失误给吓坏了，所以我很快地做出了一个防御性否认的回应。"我没有打你，马洛，是你自己摔倒的。"他的母亲重复着与我同样的信息，这必定会使他陷入迷惑不解的失调状态中。

但是如果成年人合伙来质疑他的体验，那也是一种抚慰，我们的好意肯定是显而易见的。我们的否认是无效且令人迷惑的，但它并不是公然的挑衅或惩罚。马洛遇到麻烦时得到了相当多的回应。我们向他强调了一个他无法完全理解的逻辑。他一定感觉到了在那些时刻我们之间呈现出的复杂的情感和关系。但是他也被给予时间和空间来消化这些误解、信息超载和他者性，而这些都是我们外界自发呈现出来的一致性回应。用艾德丽安·哈里斯（1998）的话来说，环绕在他周围的声音"场"并没有达到要彻底淹没他的那种深入或猛烈的程度。这就好像他被暴露在一种持续却又难以理解的成年人语言中，这种语言与他自己的语言发生了冲突，但这种冲突相当温和。这里有伪善和迟钝的存在，但同时也有仁慈和真诚的爱的存在。意义和识别的差距并没有被否认至会造成创伤的地步。它可能被内化为一个令人不安的谜团。

如果我们进一步遵循拉普兰奇提供的理论框架，我们可能会得出这样的结论：这只是众多时刻中的一个，在这个时刻中，另一种无意识内容已经在他的内心逐渐形成。这种无意识镜像了成年人自身经历的超载、他们的焦虑和冲突，以及他们与社会规范和被要求承担的责任。这种无意识包含的是成年人的逻辑和习俗的迷团，在愧疚与责任之间、羞耻感与自我觉察之间的迷惑——这是我们所有人都要遭遇的迷惑，因为我们都是被这样的时刻塑造的。很有希望的是，在这种无意识中，这些迷惑能被保持在相对安全的状态中，并能被详细地解释，它们可以告知马洛，他自己能做出创造性的和解。

（本章由成云翻译。）

· 注 释 ·

1. 费伦齐的《对精神分析的贡献》中的所有引用都摘自《精神分析的基石》（*Baunstein zur Psychoanalyse*），这是从费伦齐写的匈牙利版本翻译成的德文版，是由将特奥多·阿多尔诺的《否定辩证法》（*Negative Dialectics*）译成英文的译者 E. B. 阿什顿（E. B. Ashton）翻译成英文的。

2. 完整的引文是："要想达成真正的人格分析，就必须舍弃或至少暂时舍弃超我的所有想法，包括分析师自己的想法。毕竟，病人必须摆脱超越理性和他自己的力比多倾向的所有情绪羁绊。只有舍弃了此类超我，才能达成彻底治愈的效果。只包含用一个超我替代另一个超我的分析的成功，仍然必定被归类为移情的成功；它们肯定不能满足治疗的最终目标，即消除移情的目标。"你会注意到，费伦齐在这里所说的"理性"是与超我对立的概念，但它要早于以福柯的视角提出的那个"理性"。

第 17 章

费伦齐关于创伤和
分析体验观点的一些预防性考量

海迪·克里斯蒂娜·卡赫图尼

每次我重读费伦齐的时候，他都会让我感到惊讶。20 多年来，我一直在学习和研究他的著作，我可以证明，他的全部工作一直给我的临床实践提供着持续的帮助。除了他那令人钦佩的、以独特的方式将理论与实践相结合的能力外——这是他多年来不断提高治疗技术的结果（因为对他来说，没有不能被分析的病人[1]）——他的著作、思想和概念化，总是引起我极大的兴趣。

费伦齐和弗洛伊德都属于精神分析的第一代人物。很不寻常的是，尽管在过去的几个世纪里，特别是在 21 世纪，临床医生的行为和价值观不断地发生着转换和变化，他的工作仍具有革命性的意义。他的治疗方法和他开发的新工具为各种各样的心理治疗方法打开了大门，特别是使治疗师对某些特定的精神病理现象的理解、治疗，甚至识别和发现难治的病人，受过创伤的病人，患有心身疾病的病人，精神病性的、"似乎是人格问题"的病人等成为可能，而这些精神病理现象在当今非常普遍。例如，他关于母婴早期关系的开创性研究，以及这种关系在人格发展中所起的重要作用，是我要强调的。此外，他最初强调外部客体是各种精神疾病的病因中的主要因素，特别是当疾病与创伤有关时，这一点在当时对弗洛伊德的挑战中引起了争议，却在今天获得了当代精神分析师的认可。

许多后来的精神分析学家在费伦齐身上找到了老师和向导的影子。梅兰妮·克莱茵、唐纳德·温尼科特、迈克尔·巴林特、玛格丽特·马勒、海因茨·科胡特、勒内·施皮茨、马苏德·汗（Masud Khan）等人都从他的著作中获益，并将其作为发展重要工作的跳板，他们不仅拓展了精神分析治疗的可能性，还开创了新的治疗方式，如儿童分析、婴儿观察、组织性心理治疗等。

基于上述原因，我决定与吉塞拉·帕兰·桑切斯（Gisela Paraná Sanches）合著一部词典[2]（这是第一部费伦齐著作词典），目的是分享我们多年来在研究费伦齐的过程中积累的知识。我们的目标是让读者对他的著作有一个更加全面的了解。与此同时，我们希望通过增添各种条目（包括他的主要概念、原创思想、新发展的和相关的理论、一些相关的传记等），为初学者及更有经验的精神分析师、心理健康专业人员和学者提供研究费伦齐著作的便利，这些条目相互补充，并作为学习费伦齐遗产的指南。在本章，基于出自该词典的更广泛的条目，我想讨论以下内容：

1. 与费伦齐的创伤理论有关的特定主题，以及他在《成人分析中的儿童分析》和《成人与儿童之间的言语的迷惑》中提出的一些技术性创新；
2. 当前精神分析实践中再次创伤的风险。

创伤

创伤在费伦齐的心理治疗理论的发展中占有重要地位。在提到弗洛伊德基于诱惑理论的第一个创伤概念时，[3]费伦齐就指出了外部客体在创伤形成中的决定性作用。对费伦齐来说，创伤实际上是由特定的事件引起的，这些事件是主体外部的，相对独立于心理现实。费伦齐治疗了许多在战争中受到创伤的病人，以及一些被他的同事称为"难治"的病人。费伦齐注意到创伤具有非常特殊的表现。例如，它源于主体的生活中发生的一系列事件。创伤是一种精神创伤，由一个或多个外源性因素引起，会导致有害且持久的心理后果。在创伤中，无论其是由战争、灾难还是虐待引起的，一些特征都会因个体差异而重复出现：症状的强度可能不同；有些症状在未损害个体的精神或身体健康的情况下，仍会妨碍个体正常的功能发挥，而有些症状可能会导致其他精神疾病，对个体的心理组织结构产生致病性的和持久的影响。

所有的创伤都有一个不可避免的后果，即对人格产生非常强烈的影响，创伤会破坏个体的心理结构，损坏自我的重要功能，如判断力、记忆力、时间和空间定向力等。这种强烈的影响导致了人格的分裂，我将在后文中讨论这个主题。遭受创伤的病人还可能出现以自我分裂为特征的其他症状，这些症状表明了心理冲击的发生，如弥漫性焦虑、抑郁、扭曲的自我形象、空虚感、无助感、厌烦感、进食障碍、批判能力缺失、心身症状、行动化等。

成人对儿童的创伤性侵犯

在费伦齐最引人注目的论文《成人与儿童之间的言语的迷惑》（1933）中，他描述了三种类型的创伤：强加的爱，无法忍受的惩罚性措施和痛苦折磨的恐怖主义。正是通过强加的爱，他解释了创伤形成的一般动力学机制。让我们来看看它是如何运作的：最初，一个孩子与一个成年人处于依赖关系中，这个成年人被认为是孩子的保护者，也是孩子信任的人。成年人会攻击孩子。孩子会服从成年人的命令。一开始孩子很兴奋。然而，成年人在未被禁止乱伦的法律限制的情况下，制造了一种言语的迷惑，用充满激情的语言去碾压处于前俄狄浦斯期的柔弱状态下的孩子。孩子虽然很兴奋，但也感到害怕，因为成年人也害怕了。然而，孩子别无选择，只能向成年人妥协，因为他越年轻，就越没有防御能力。这个孩子于是遭受到了诱惑或虐待。为了保护自己，孩子会与攻击者认同，不仅学习攻击者的作案手法，也内摄攻击者的愧疚感。后来，犯罪者会表现得好像什么都没发生过一样。这种双重束缚会导致孩子无法思考、感知或感受。

孩子可以向其他重要的成年人寻求帮助，但同样，这些成年人也经常否认侵犯行为的发生，有时还会以额外的侵犯行为作为回应，因为孩子可能会被指责要为施虐者的最初行为负责，并因此受到严厉的惩罚。然后，孩子会以自我毁灭的方式加以反应，并遭受自我分裂的痛苦。我们注意到，根据费伦齐的说法，创伤是在第一次侵犯之后产生的，而成年人否认孩子对这一残酷事件的感知将导致孩子人格的分裂。

否认与自我分裂

否认涉及两个或更多的人处于一个邪恶的痛苦关系网中。施虐者在攻击了孩子之后，会否认孩子对现实的感知，并用与真相截然相反的虚假现实来取代真相。因此，孩子在现实检验中发展出了一种有缺陷的模式，这种模式会使他们怀疑自己的感知和矛盾的痛苦感受。否认在创伤的形成过程中起着决定性的作用，因为与性虐待、心理虐待或身体虐待相比，否认更加确保了这些事件只被铭刻在自我的一个分裂出来的部分中。这使得孩子不可能相信实际发生的事实和事件，并阻碍他们对情绪和感知的验证。

让我们重温一下费伦齐关于否认机制的一些观点：

最糟糕的后果就是否认——声称什么都没发生过——当创伤性的想法或运动障碍表现出来时，孩子并没有遭受任何痛苦，甚至没有被殴打或被责骂；这就是造成病理性创伤的最主要原因（Ferenczi，1931）。

在《临床日记》中，他提到：

什么是创伤：是攻击本身还是其后果？即使是非常小的孩子，对性攻击或其他激情攻击的潜在适应性"反应"也远远超出人们的想象。造成创伤性迷惑的主要原因是，内心隐藏着罪恶感的成年人会否认这种攻击行为和孩子对它的反应，事实上，他们认为孩子应该受到惩罚（Ferecnzi，1932）。

关于"双重否认"（double denial），他还在《临床日记》中写道：

这种创伤涉及（主要涉及）括约肌道德感已经建立的阶段；女孩感觉自己被玷污了，受到了不公正的对待，她想向母亲抱怨，但是她被男人阻止了（被恐吓和否认）。孩子是无助而困惑的，她似乎应该努力战胜成年人的威权意志，表达她对母亲的怀疑，等等。当然，她不能那样做，她面临着选择——"是整个世界都不好，还是我错了"——并选择了后者（Ferenczi，1932）。

分裂的特异性

值得注意的是，费伦齐认为分裂是压抑的原初过程。这是因为分裂不同于压抑，它是一种非常原始的防御机制。从发展阶段上看，分裂出现在压抑之前，压抑需要一个更强大的和更有凝聚力的自我，以及一个发展更好的、更复杂的心理装置。这意味着，就力比多的发育而言，分裂是一种先于压抑的机制，存在于性心理发展的早期阶段，或者存在于那些由于内部环境或外部环境而自我发展受阻或发展不完全的人身上。更常见的情形是，这些因素会共同起作用，从而产生影响。虽然费伦齐偶尔会将我们所知道的分裂防御机制称为压抑的原初过程（有时使用术语"自恋性分裂"来代替），但需要特别澄清的是，在压抑和分裂机制之间存在着基本的心理结构、主题和现象学方面的差异。

分裂不会发生在不同的心理结构（本我、自我和超我）之间。例如，在神经症病例中，压抑的机制涉及所有的心理结构。然而，在分裂机制中，分裂只发生在自我和超我内部，并且仅限于这些结构。

正如我们所看到的，在分裂过程中出现的情形，与在恐怖症、强迫症和癔症性转换障碍，甚至是幻觉和妄想中出现的导致神经症性或精神病性症状的情形是完全不同的。这些症状是心理内部各方之间达成妥协的结果，心理内部各方虽然关系紧张，但仍然保持着联系，没有发生分裂。而在分裂机制中，人格的两个或多个部分会同时独立地共存，彼此之间没有任何冲突。理解这些差异及其后果，对于建立鉴别诊断，以及因此对分裂的病人提供适当的心理治疗方面，都是至关重要的。

这种区分的重要意义还在于，我们有必要根据每个病人的需要及其心理组织结构来对心理治疗方案进行调整。

技术的弹性

从 1928 年开始，费伦齐就对他的临床治疗方法进行了显著的改进。类似于唐纳德·温尼科特多年后在对儿童和退行病人的照护中采用的"母亲式"治疗方案，费伦齐的技术创新也成为治愈创伤的一系列治疗方案的一部分。

他写于 1928 年的论文《精神分析技术的弹性》非常明显地反映了他对待创伤的态度所发生的这种转变，这篇论文可以被视为一个转折点和一个里程碑，反映了他的临床态度的转变、他的精神独立性（不受弗洛伊德及其他门徒的影响），以及他开始与病人建立的关系的质量。听着病人抱怨分析师的冷漠，费伦齐意识到了主动技术所造成的创伤，于是他完全改变了对干预措施的看法，与弗洛伊德相反，他开始思考在分析过程中反移情的技术性使用。

费伦齐认识到反移情是一种工具，可以让分析师培养治愈创伤病人的基本心理素质，[4] 他意识到分析师需要审视自己的感受、客体关系模式、自恋程度、防御机制等。此外，当病人抱怨精神分析师的冷漠时，他理解了精神遭受创伤的病人的超敏性不仅与反移情动作有关，而且与精神分析师的人格特质有关。在这一点上，费伦齐与实证主义科学范式之间的分歧确实引人注目：

……最近对费伦齐的认识论著作的分析使我们认识到了其内容的重要性：费伦齐不仅仅是精神分析技术的创新者，也不仅仅是一个分析师-被分析者关系新概念的创造者，他打破了他本人得以被塑造的实证主义科学范式。

费伦齐没有活到足够长的时间来实现他所做的认识论上的飞跃，他放弃了那个时代所谓的神圣理念，即客观地区分研究者和被研究对象的可能性。他的临床工作是慢慢地消除区分分析双方中每一方的个别心理的限制，以认识到某些退行的和共生的病人暂时性地使用分析师的心理资源的必要性。费伦齐将我们引向了主体间性的概念，在这个概念中，中立的假设被抛弃了，取而代之的假设是，研究者（精神分析师）总是不可避免地卷入他们关注（或分析）的现象中。因此，重要的是，分析师不仅要意识到他们对病人的反移情心理活动，还要意识到他们自己的人格特质及他们可能犯下的技术或伦理错误，并对他们的反治疗姿态负责（Kahtuni and Sanches, 2009）。

费伦齐指出，心理创伤病人通常会察觉到精神分析师非常细微的欲望、趋向、情绪、同情和厌恶，即使精神分析师自己都完全没有意识到这些细微之处。然而，由于这些病人在童年期遭受了对其感知觉的粗暴攻击，因此他们会自动地怀疑自己。此外，由于他们通常会与施虐者产生认同，所以他们没有自我力量来保护自己并做出抗议。相反，病人可能会受到忧郁情绪的困扰，并将攻击性转向他们自己，而这种攻击性本来是针对分析师的。费伦齐接着写道：

> 因此，他（病人）"向后投射"，我们可能会说，这是一种针对我们的监督审查。事实上，指责是这样被表达的：你根本不相信我！不认真对待我正在交流的内容！我没办法相信，你坐在那里，麻木不仁、漠不关心，还能试图从我的童年中想象出什么悲惨的东西来！对此类谴责的反应（此类谴责从来都不是由病人自发表达的，必须由分析师来进行推测）不能只是采用批判的方式加以对待，并认为是他们自己的行为和他们自己的情绪的结果。这其中需要强调的是，分析师要有一种专业精神，主动承认自己会有诸如疲劳、枯燥，甚至厌烦的感觉的可能（甚至是事实）。分析师行为的自然和诚实，是在分析情境中创造最适宜的和最有益的气氛的最重要因素（Ferenczi，1932）。

对心理治疗中潜在的再次创伤的照护

费伦齐意识到了这些现象，并开始提倡分析师要有一种真诚的态度，以反对他所称的"职业性伪善"（professional hypocrisy）。此外，按照费伦齐的说法，分析师的真诚是一个强有力的工具，用来进入那些已经使病人的成长受阻的创伤性情境，而正是这种创伤性情境导致了分裂的产生。真诚本身也是一种治疗手段，因为它允许病人在移情中体验新的情感反应模式和更为整合的、成熟的行为。

分析师承认自己的错误，确认病人的感知，并使他们的感受正当化和合理化，所有这些都是治疗态度，可以帮助病人信任分析师，并相信他们自己的感知。请记住，导致创伤的是否认，分析师对病人感知的确认是实现人格分裂碎片的整合的关键。不敏感、不信任、冷漠和职业性伪善都被认为是医源性创伤的来源，对经受过创伤的病人来说，可能会造成再次创伤。

因此，我们可以建议分析师在治疗创伤性病人时，要谨慎而明智地使用节制和中立原则：

对当代精神分析（它优先考虑的是分析师-病人关系的质量而不是技术本身）来说，节制原则主要是指限制和约束分析师在任何情况下都不能满足病人的性欲望（俄狄浦斯期的需求），而这些性欲望其实是倾向于满足某些早期的和原初未被满足的需求（前俄狄浦斯期的需求）的，这些前俄狄浦斯期需求的满足对于自我的健康发展和成长是非常重要的（Kahtuni and Sanches，2009）。

在某些情境下，特别是对难治的病人而言，分析师有意放弃中立原则，选择代表病人的优先利益，站队表明自己确实支持病人，这一点是至关重要的。关于职业性伪善，费伦齐的一些观点很能说明问题：

许多被压抑的批评是关于所谓的职业性伪善这一主题的。病人到来时，我们礼貌地欢迎，请他们投入他们的自由联想，承诺认真倾听他们的意见，并怀着极大的兴趣提升他们的健康水平和投入诠释工作中。在现实中，很有可能出现的情况是，病人的某些外在或内在特质让分析师难以承受。或者，我们可以感觉到，在一个重要的职业问题或一个与个人和亲密有关的问题上，分析会谈中产生了令人不快的扰动。在这种情形下，除了觉察到我们自己的不适感并跟病人谈论它以外，我认为别无选择，主动承认它不仅仅是一种可能，更是一个事实。

让我们评论一下，丢掉迄今为止还被认为是不可避免的"职业性伪善"，不会伤害到病人，反而能提供一种非同寻常的宽慰感……分析师承认自己的错误使他获得了病人的信任（Ferenczi，1933）。

在《临床日记》中，他写道：

分析师必须是一位先意识到自己的错误的权威，但他最需要意识到的是伪善。与所谓的教学论的客观性和公正相比，儿童可以更好地面对粗暴但诚实的对待，但是所谓的教学论的客观性和公正却掩盖了不耐烦和仇恨。这就是受虐狂的病因之一；一个人宁愿挨打，也不愿去感受伪装的平静和客观。另一个必须被识别、承认和改变的错误是情绪的喜怒无常（Ferenczi，1932）。

考虑到发生在分析师与病人之间的这些事件极有可能造成有害的后果，我认为有必要指出，设法解决这些动力学问题是分析师的职责，而不是病人的责任。这就是费伦齐警告我们要对精神分析师进行全面分析的原因，以便分析师能直面自己，以及自身的自恋性伤害、否认和令人不快的性格特征；当未完成上述任务时，精神分析师将不可避免地受到病人所感知到的自身人格中极其阴暗的部分的负面影响。对费伦齐来说，极度压抑或解离的病人所提出的批评，会与精神分析师持续不断地否认的内容相关。

成人分析中的儿童分析

到目前为止，读者可能已经发现，费伦齐在对儿童和成年人的分析上，有很多相似之处。

那么，让我们来讨论一下他在 1931 年所著的《成人分析中的儿童分析》中提出的一些重要观点。尽管费伦齐自己没有做过儿童分析师，但他指出，许多因素让他觉得儿童分析与成人分析之间的差异很小。由于思维的自由联想仍不足以促进更深刻的情感的产生，因此费伦齐会利用放松技术来获得丰富的分析材料。病人越放松，他就越容易通过身体表情和暂时的症状与分析师进行交流。费伦齐注意到，这些身体表现代表了童年期创伤的生理记忆。随着病人的放松，先前被割裂的记忆可能会浮现出来，然后病人才能接受分析。费伦齐在谈到自己采取的放松技术时表示：

> 在与安娜·弗洛伊德讨论我的一些技术措施时，她做出了以下评论："你对待你的病人就像我对待我的儿童分析中的孩子一样。"……这让我想起了在我最近写的一篇关于"不受欢迎的"孩子的心理（《不受欢迎的孩子和他的死本能》）的短文中，我对阻抗进行了实际的审视，给予了一种热情的对待。毫无疑问，我提出的放松技术进一步减少了儿童分析与成人分析之间的差异（Ferenczi，1931）。

如前所述，费伦齐对精神分析的治愈可能性充满信心。对他来说，与他那个时代的大多数分析师不同，病人的阻抗和自恋并不一定是导致其无法被分析的决定性因素。他对创伤病人的观察、对分析的考虑，以及对移情的管理——反移情，以及阻抗和自恋是不仅限于病人的心理现象这一事实——使他得出结论，不可分析性的问题是由用于创伤病人的传统分析程序在技术上的不足导致的，于是我们有必要修正技术，使其适应新的需求。因此，在面对诸如无法进行自由联想、负性移情、治疗中断等阻碍时，费伦齐开始使用一些在儿童分析中已经被普遍使用的技术。他还开发了一些特别有效的治疗方法，用于所谓的"难治病例"（创伤病人、边缘型病人和退行性病人）。

问答游戏

由于分析师冷漠的、缺乏坦诚的态度，以及分析师未能认识到自己的错误是重现童年期创伤的因素，费伦齐放弃了诠释和对其他套路式问题的分析，并开始使用另一种技术创新——问答游戏——来与病人互动。这项技术之所以有效，是因为它能够提供与病人特殊的分裂记忆内容相适应的沟通方式，也就是说，分析师使用这项技术，可以与病人人格中被解离的和幼稚的部分进行直接接触。这种工作方式也使病人能够表达其储存于人格分裂部分的心理痛苦，而这些人格状态会在治疗过程中分阶段地表现出来。

类似于分析师与儿童病人之间的沟通模式，这样的问答游戏和其他技术也让他能与一些成年病人进行沟通，因为这样有利于一些记忆的浮现，而这些记忆内容曾因早年的创伤经历而被解离掉，有时无法通过自由联想得以象征性地表达且难以触及。费伦齐报道的另一个重要发现是，他经常注意到，当行动取代了记忆时，治愈便在分析中达成了。不同于弗洛伊德式的事件解决顺序——记忆、重复和修通（对神经症患者来说，回忆和阐述是解决办法的先决条件）——对于创伤性记忆受到分裂和隔离机制影响的病例，采取相反的解决顺序被证明是有必要的，因为对创伤性病人来说，创伤事件在无意识中不可能被简单地分配，它们会通过病人的身体呈现出来。关于儿童分析与成人分析之间的相似性这一话题，费伦齐认为，成年病人在分析中也应该有权利表现得像一个难缠的儿童一样。用他自己的话来说：

> 在这方面，我要提出一个假设，儿童的情感表达性动作，特别是由力比多驱动的动作，主要可以追溯到充满柔情的母婴关系上，而恶意攻击、激情爆发和性倒错则常常是环境未提供接触性照料所导致的后果。当分析师能够表现出耐心、理解、仁慈和近乎无限的善意，尽可能地满足病人的需要时，对分析是有利的。……病人被我们的行为感动，这与他自己家里发生的事件形成了鲜明的对比，而且，正如我们所知，现在他可以不再重复过去，并将敢于投入地重演他厌恶的过往经历。接下来发生的事情明确、生动地向我们展示了分析师在儿童分析中所发生的事情。例如，病人承认一个错误，握住我们的手，突然请求我们不要打他。通常病人会采用恶毒伤人、讽刺挖苦、冷嘲热讽、极度不友善，甚至是装怪弄丑的方式，来试

图激起我们所谓的隐藏的扭曲心理（Ferenczi，1931）。

费伦齐接着问自己，对于一个成年人的"行动展现"（acting in）分析，分析师的容忍限度应该是多少。同样，他认为应该使用真诚而不是职业性伪善：

在这些情境下，总是扮演一个和善且宽容的人是没有什么益处的；更明智的做法是，真诚地承认病人的行为令我们不快，但是我们必须控制自己，因为我们知道，如果他如此努力地想要成为一个邪恶的人，一定是有原因的（Ferenczi，1931）。

结论

我写本章的目的是向读者提供费伦齐词典所涉及的一小部分内容。通过将"创伤"词条下的某些内容翻译成其他语言，并在此处加以介绍，我探索了费伦齐对创伤的理解，更具体地说，我揭示了病人在接受精神分析治疗的背景下遭受再次创伤的可能性。

费伦齐的工作对我的帮助是，通过调整治疗方法来适应病人，尽力避免这种潜在的危险。这种调整——通过本章介绍的一些技术——在与遭受创伤和退行的病人一起工作时尤为重要，因为这些病人所处的环境不仅无法满足病人对照护、爱、保护和建立信任的需要，还被证实是具有暴力虐待性和高度致病性的。

（本章由成云翻译。）

· 注 释 ·

1. 费伦齐坚信，他所称的深度心理学是能够治愈疾病的。他过去常说，没有无法分析的病人，因为他们会寻求帮助或继续来接受治疗，治疗师的工作就是找到合适的方法来帮助他们。他的其中一个优秀品质就是他拥有坚定的信念，这驱使他在其他技术之上发展出一系列新技术，其中包括有争议的相互分析。

2. 资料来源：Kahtuni, H. C. and Sanches, G. P. (2009). *Dictionary on the Thought of Sándor Ferenczi—A Contribution to the Psychoanalytic Contemporary Clinic*, Elsevier Editora: Rio de Janeiro e FAPESP: São Paulo. The dictionary was originally written in Portuguese and has not been translated yet. 这部词典最初是用葡萄牙文编写的，至今尚未翻译成英文。

3. 我指的是诱惑理论，弗洛伊德抛弃了这一理论，他更优先考虑的是心理现实而非外部现实，并将起源于童年期并与性欲相关的无意识冲突作为心理痛苦的根源。

4. 我指的是共情、同情、自我观察、判断能力、现实检验能力等。

致谢

许多对费伦齐有非常深刻了解的人，都对完成本书及许多细节给予了很大的帮助。在此尤其要感谢尤迪特·梅萨罗斯的无私且慷慨的指导。

艾德丽安：

感谢我充满智慧的同仁：刘易斯·阿隆、安东尼·巴斯、史蒂文·波提切利（Steven Botticelli）、菲利浦·布隆博格（Phillip Bromberg）、南希·乔杜罗（Nancy Chodorow）、苏珊·科茨（Susan Coates）、史蒂文·库伯（Steven Cooper）、肯·科贝特（Ken Corbett）、缪丽尔·迪门（Muriel Dimen）、山姆·格尔森（Sam Gerson）、弗吉尼亚·戈德纳（Virginia Goldner）、戴维·利希滕斯坦（David Lichtenstein）、唐纳德·莫斯（Donald Moss）、埃亚尔·罗兹马林、斯蒂芬·塞利格曼（Stephen Seligman）、简·蒂尔曼（Jane Tillman）和琳恩·泽温（Lynne Zeavin），他们所有人都给我的周围创造了有智慧的对话和氛围，如氧气一般。

我要感谢我的家人对我的极大支持和关怀：洛娜（Lorna）、凯特（Kate）、贾斯汀（Justin）、杰克（Jake）和菲利浦（Philip）。我时刻记得我深爱的罗伯特·斯克拉（Bobert Sklar，1936–2011），他一直鼓励我编写并出版本书，献给全世界。

史蒂文：

感谢我亲密的朋友和同事刘易斯·阿隆、加利特·阿特拉斯、莎莉·比约克伦德（Sally Bjorklund）、希拉里·格里尔（Hillary Grill）、莎琳·莱夫（Sharyn Leff）和卡琳·谢尔曼-迈耶（Caryn Sherman-Meyer），你们用多种方式滋养着我的生活。感谢金·伯恩斯坦（Kim Bernstein）、玛格丽特·布莱克（Margaret Black）、帕梅拉·费尔德曼（Pamela Feldman）、肯·弗兰克（Ken Frank）、埃伦·弗里斯（Ellen Fries）、琳达·霍普金斯（Linda Hopkins）、史蒂文·克诺布劳赫（Steven Knoblauch）、克莱姆·洛（Clem Loew）、克里斯汀·朗（Kristin Long）、帕梅拉·拉布（Pamela Raab）、马克·肖尔斯（Marc Sholes）和瑞秋·索弗（Rachel Sopher），是你们给予了我专业上的和个人的支持。感谢我的研究团队，感谢我的家人和朋友，尤其是菲利斯（Phyllis）、丹尼（Danny）、阿特·库查克（Art Kuchuck）、朱迪思·扬（Judith Young）、佩利格里斯一家（the Peligris）、斯特劳斯（Strausses）、乔德·雷迪克（Jodd Readick）、赫伯·斯特恩（Herb Stern）、艾玛（Emma）、亚丽（Yali）和米娅·科赫（Mia Koch）。一直以来，感谢戴维·弗洛尔（David Flohr）对我的爱和付出，帮助我坚持下来。

　　我很荣幸能在美国国家心理治疗机构工作，并获得智慧上的挑战和情绪上的滋养，感谢我的董事会成员和更大机构的成员能够给我提供这一机会。感谢《精神分析视角》的朋友和同事，以及国际性关系精神分析和心理治疗协会的董事会成员。

　　让我们一起向泰勒-弗朗西斯出版集团表示深切的感谢，是该公司多年来出版并支持着《关系性视角系列丛书》。特别感谢出版人凯特·霍伊斯（Kate Hawes）、高级编辑助理柯尔斯顿·布坎南（Kirsten Buchanan）和编辑助理苏珊·威肯登（Susan Wickenden），是他们的耐心、支持和关怀才指导和引领我们完成书稿。感谢安妮丽莎·佩德森（Annelisa Pedersen）在准备书稿时提供的热心、细致的帮助。

　　最后，感谢本书所有章的作者，是你们完成了修订、编辑和许多沟通，最终使我们都引以为豪的本书得以出版。

参考文献

考虑到环保，也为了节省纸张、降低图书定价，本书编辑制作了电子版参考文献。用手机微信扫描下方二维码，即可下载。

动态勘误表

请扫描下方二维码查看。

版权声明